数控车削加工实训

主　编　相付阳　王淑霞
副主编　赵金凤　陈秋霞　吴瑞莉　郭　君
参　编　崔秀芹　王振宝　赵大青　王泉国
　　　　井新文　王泽琪　张琳吝

机 械 工 业 出 版 社

本书是基于工作过程的双证融通、工学结合项目化教材。根据数控车床加工的典型零件和企业需求，本书构建了可调式哑铃的加工和曲面哑铃的加工两个教学项目，详细介绍了轴类、盘类、套类、螺纹类、圆弧类等典型零件的手工及自动编程与加工工艺。

本书可作为职业院校的职业能力课程教材，同时也可作为企业人员培训的参考书。

为便于教学，本书配套有视频教学资源，选择本书作为教材的教师可登录 www.cmpedu.com 网站，注册、免费下载。

图书在版编目（CIP）数据

数控车削加工实训/相付阳，王淑霞主编. —北京：机械工业出版社，2019.8（2025.1 重印）

“十三五”职业教育规划教材

ISBN 978-7-111-63171-2

Ⅰ.①数… Ⅱ.①相… ②王… Ⅲ.①数控机床-车削-加工工艺-职业教育-教材 Ⅳ.①TG519.1

中国版本图书馆 CIP 数据核字（2019）第 140090 号

机械工业出版社（北京市百万庄大街 22 号 邮政编码 100037）
策划编辑：齐志刚 责任编辑：齐志刚 安桂芳
责任校对：陈立辉 潘 蕊 封面设计：张 静
责任印制：郜 敏
北京富资园科技发展有限公司印刷
2025 年 1 月第 1 版第 2 次印刷
184mm×260mm · 14.5 印张 · 353 千字
标准书号：ISBN 978-7-111-63171-2
定价：36.00 元

电话服务
客服电话：010-88361066
010-88379833
010-68326294

网络服务
机 工 官 网：www.cmpbook.com
机 工 官 博：weibo.com/cmp1952
金 书 网：www.golden-book.com
机工教育服务网：www.cmpedu.com

编审委员会

主　　任　祝瑞花

副 主 任　李新华

委　　员　张　欣　庞继伟　郭　成　于延军　王广勇　牟红霞
王长东　许玲萍　张玉杰　李占锋　韩玉勇　蔡　强
周海燕　柳佳丽　陈　军　刘福祥　李长军　牛司余
张　燕　宋增祥　冯建雨　刘　慧　林秀娟　尚德波
解永辉　李海庆　贾秋霜　苏慧祎　张士印　刘炳昌
王泽琪　吴瑞莉　陶娜娜　靳宗申　刘兴成　史卫东
曲建辉　周重锋

参与学校　山东职业学院　烟台职业学院　枣庄科技职业学院
山东凯文科技职业学院　莱芜职业技术学院
泰安技师学院　临沂技师学院　山东理工职业学院
威海职业学院　潍坊职业学院　烟台工程职业学院
潍坊科技学院　德州职业技术学院　淄博职业学院
聊城市技师学院　枣庄科技职业学院　临沂职业学院
烟台船舶工业学校　山东轻工工程学校　临沂市工业学校
博兴县职业中等专业学校

参与企业　济南科明数码技术股份有限公司
山东辰榜数控设备有限公司

前　言

为了更好地服务山东省职业教育、深化教学改革，依据《山东省中职与五年制高职教材开发说明》（2016 年 6 月 29 日）要求，保证高质量教材进课堂，全面提高教育教学质量，机械工业出版社和山东职业学院于 2016 年 9 月共同举办了山东省高等职业院校“机械制造与自动化专业”“数控技术专业”教材建设研讨会。在会上，来自全省相关专业的骨干教师、企业专家研讨了新的职业教育形势下的课程体系和内容。本书是根据山东省五年制高等职业教学指导方案和会议精神，结合专业培养目标以及现阶段的教学实际而编写的。

数控车削加工实训是一门实践性、应用性很强的实训课程。为了适应高等职业教育对能力培养的要求，本书采用了项目式的编写形式，根据《数控车床操作工》标准对中级工的要求，结合企业产品，构建了可调式哑铃的加工和曲面哑铃的加工两个教学项目，详细介绍了轴类、盘类、套类、螺纹类、圆弧类等典型零件的手工及自动编程与加工工艺。

本书具有以下特色：

1. 以工学结合人才培养模式的改革与实践为基础，按照典型性、对知识和能力的覆盖性、可行性原则，遵循认知规律与能力形成规律，设计教学载体，梳理理论知识，明确学习内容，使学生在工作情境中“学中做、做中学”。

2. 打破传统教材按章节划分理论知识的方法，将理论知识按照相应教学载体进行重构，并对知识内容以不同方式进行层面划分，通过任务的完成使学生学有所用、学以致用，与传统教材的理论体系有着本质的区别。

3. 体现了以学生为主、教师为辅的教学思路。通过理实一体化的教学，引导学生自学、查阅资料、相互交流，教师起引导和指导的作用。

4. 以学习过程进行教学评价，强调学习过程的重要性，而不是仅仅以期末笔试定成绩。

5. 内容充分体现新知识、新技术、新工艺和新方法，突出工艺要领和操作技能的培养，具有先进性和实践性。

本书由相付阳、王淑霞任主编，赵金凤、陈秋霞、吴瑞莉、郭君任副主编，全书由相付阳、赵金凤统稿。本书的编写分工为：赵金凤、王淑霞负责编写项目一的任务一、二，陈秋霞、吴瑞莉负责编写项目一的任务三、四，相付阳、崔秀芹、井新文负责编写项目二，王振宝、赵大青、王泉国负责编写项目一的任务五、六，郭君负责全部绘图，王泽琪、张琳吝负责教案及课件制作。

由于编者水平所限，书中错误不妥之处，敬请指正。

编　者

目　录

项目一

可调式哑铃的加工

哑铃是强身健体的一种健身器材，其种类很多，有固定重量的哑铃和可调节重量的哑铃两种。每副哑铃的总重量可达到3~5kg，可根据需要选取。哑铃一般用生铁铸成，中间是铁棒，两端根据需要做成各种形状。可调式哑铃装配图如图1-1所示，其主要由螺纹哑铃轴、调整垫圈、阶梯孔配重套、锥孔配重套和螺母五部分组成，阶梯孔配重套和锥孔配重套的外圆尺寸相同。可调式哑铃可根据需要选择配件。本项目通过可调式哑铃的加工，让学生掌握较复杂零部件的编程与加工方法。

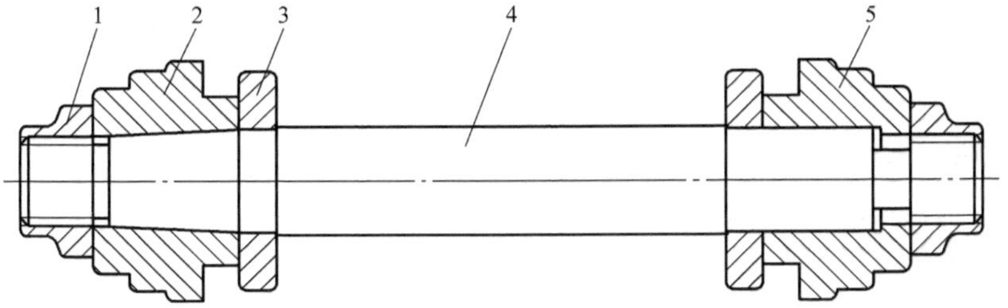

图1-1　可调式哑铃装配图

1—螺母　2—锥孔配重套　3—调整垫圈　4—螺纹哑铃轴　5—阶梯孔配重套

任务一　数控车床操作

数控车床是目前使用最广泛的数控机床之一。数控车床主要用于加工轴类、套类、盘类等回转体零件，通过数控加工程序的运行，可自动完成内外圆柱面、圆锥面、螺纹和端面等工序的切削加工，并能进行车槽、钻孔、扩孔以及铰孔等工作。

【任务目标】

1. 知识目标

1）熟悉数控车床的组成及各部分作用。

2）掌握数控车床的种类。

3）熟悉数控车床操作面板各按钮的含义和作用。

2. 能力目标

1）能合理选择数控车床。

2）能熟练操作数控车床。

3）能进行数控程序的输入与编辑。

3. 素质目标

1）具备规范操作的能力。

2）具备自我学习的能力。

【任务分析】

本任务主要以数控车床操作为主，通过仿真软件和实际车床操作练习，了解数控车床的结构及性能，掌握数控系统操作面板各按钮的作用、数控车床的操作方法、数控车床安全文明操作规程等相关知识，能熟练操作数控车床。

【知识储备】

一、数控车床的组成

数控车床一般由输入/输出设备、计算机数控装置、伺服单元、驱动装置、检测装置、可编程序控制器、机床 I/O 电路和装置、机床本体及辅助装置组成。

1. 输入/输出设备

输入装置的作用是将控制介质（将零件加工信息传送到数控装置去的程序载体）上的数控代码传递并存入数控系统内，如存到移动硬盘、U 盘、软盘等，如图 1-2 所示。输出装置的作用是将数控程序、代码或数据进行打印或显示等。数控系统一般配有 CRT 显示器（即使用阴极射线管的显示器）或点阵式液晶显示器，显示信息丰富，有些还能显示图形。

a) 闪存卡　　b) 移动硬盘　　c) U盘　　d) CRT显示器

图 1-2　输入/输出设备

2. 计算机数控（CNC）装置

（1）组成　数控装置是数控机床的核心，主要包括计算机系统、位置控制板、PLC 接口板、通信接口板、特殊功能模块以及相应的控制软件等。

（2）作用　接收控制介质上的数字化信息，经过控制软件或逻辑电路进行编译、运算和逻辑处理后，输出各种信号和指令，控制机床的各个部分，进行规定的、有序的运动。

3. 伺服单元、驱动装置和检测装置

（1）伺服单元　伺服单元是数控装置和机床本体的联系环节，它接收数控装置的指令信息，并按指令信息的要求控制执行部件的进给速度、方向和位移。它把来自 CNC 装置的微弱指令信号放大成控制驱动装置的大功率信号。常用的位移执行机构有功率步进电动机和直流伺服电动机和交流伺服电动机，如图 1-3a 所示。

（2）驱动装置　驱动装置把经过放大的指令信号变为机械运动，通过简单的机械连接部件驱动机床，使工作台精确定位或按规定的轨迹做严格的相对运动，最后加工出图样所要求的零件。

（3）检测装置　检测装置把机床工作台的实际位移转变成电信号反馈给 CNC 装置，供 CNC 装置与指令值比较产生误差信号，以控制机床向消除该误差的方向移动。检测装置安装在数控机床的工作台或丝杠上，数控系统按有无检测装置可分为开环系统和闭环系统，而按检测装置安装的位置不同可分为全闭环数控系统与半闭环数控系统。常用的检测装置有直线光栅、光电编码器、圆光栅和绝对编码尺等，如图 1-3b 所示。

a) 伺服电动机、驱动装置　　b) 编码器

图 1-3　伺服单元、驱动装置和检测装置

4. 可编程序控制器（PLC）、机床 I/O 电路和装置

（1）组成

1）PLC：用于完成与逻辑运算有关顺序动作的 I/O 控制，由硬件和软件组成，如图 1-4 所示。

2）机床 I/O 电路和装置：实现 I/O 控制的执行部件。

（2）作用　保证灵敏、准确地跟踪 CNC 装置指令。

1）接收 CNC 的 M、S、T 指令，对其进行译码并转换成对应的控制信号，控制辅助装置完成机床相应的开关动作。可编程序控制器的特点：响应快、性能可靠、易于使用、编程和修改程序快捷方便，并可直接驱动机床电器。

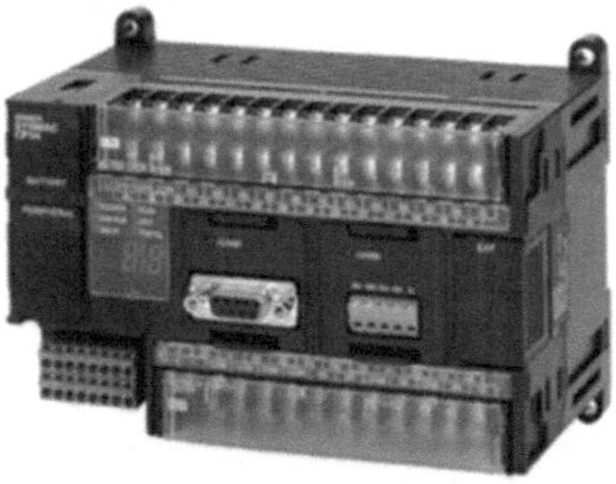

图 1-4　可编程序控制器

2）接收操作面板和机床的 I/O 信号，送给 CNC 装置，经其处理后，输出指令控制 CNC 系统的工作状态和机床的动作。

PLC 具有与计算机类似的一些功能元器件和单元，包括 CPU、存储器、与外部设备进行数据通信的接口以及系统电源等。为与现场信号进行交换，PLC 还具有 I/O 信号接口。

5. 机床本体

机床本体是数控机床的主体，是用于完成各种切削加工的机械部分。它包括主运动部件、进给运动执行部件（如滑板及其传动部件）和床身等，如图 1-5 所示。

a) 进给部件　　b) 床身

图 1-5　机床本体

6. 辅助装置

辅助装置主要包括工件自动交换装置、刀具自动交换装置、排屑装置和对刀仪等，还有冷却、润滑、夹紧等辅助装置，如图 1-6 所示。

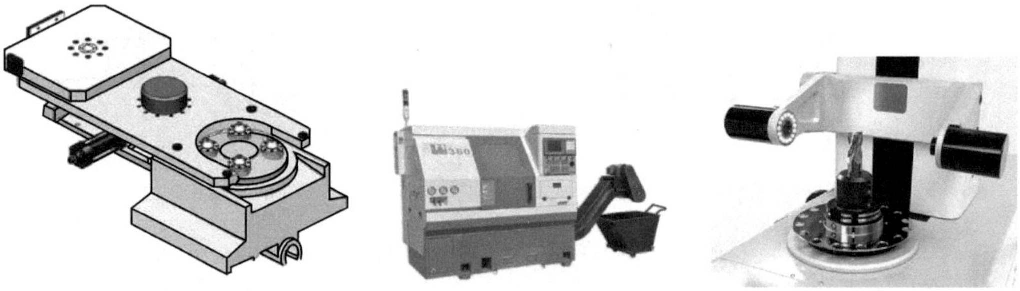

a) 自动交换装置　　b) 排屑装置　　c) 对刀仪

图 1-6　辅助装置

二、数控车床的分类

数控车床的品种规格繁多，从不同的技术或经济指标出发，可以对数控车床进行各种不同的分类。根据数控车床的功能和组成，一般可以按下面几种原则进行分类。

1. 按进给伺服系统控制方式分类

数控车床按进给伺服系统控制方式分类，见表 1-1。

表 1-1　数控车床按进给伺服系统控制方式分类

名称	特点	图片展示
开环控制系统数控车床	车床系统内没有位置检测反馈装置。这类车床的控制精度主要取决于伺服系统的传动链及步进电动机本身，控制精度不高。但其结构简单，反应迅速，工作稳定、可靠，调试、维修方便	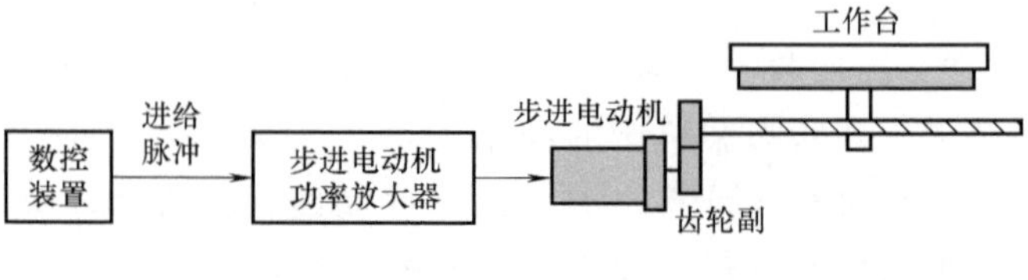

（续）

<table>
<tr><th>名称</th><th>特点</th><th>图片展示</th></tr>
<tr><td>半闭环控制系统数控车床</td><td>车床控制系统的位置检测装置不是测量工作台的实际位置，而是测量伺服电动机的转角，经过推算间接测量工作台位移，不能补偿数控机床传动链零件的误差</td><td>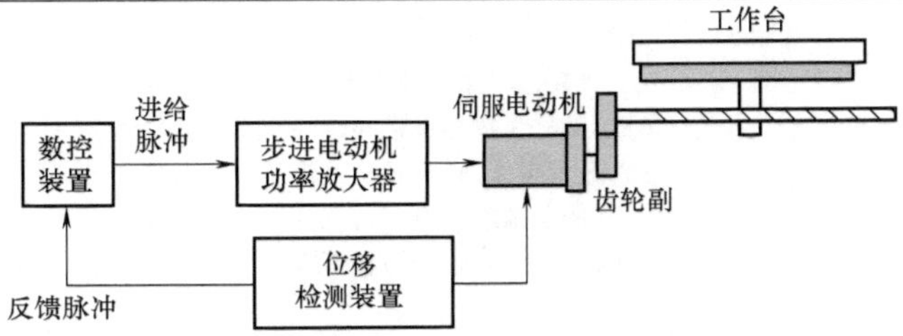
</td></tr>
<tr><td>全闭环控制系统数控车床</td><td>车床的控制精度很高，所采用的全闭环伺服系统在车床的控制过程中形成全部位置随动控制环路，自动检测并补偿所有的位移误差。但其结构复杂，价格高</td><td>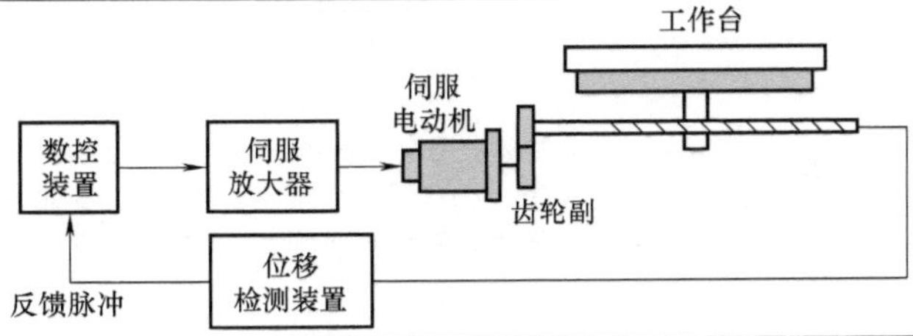
</td></tr>
</table>

2. 按功能水平分类

（1）经济型数控车床　一般指对普通车床的进给系统进行改造后形成的简易型数控车床，采用步进电动机驱动的开环伺服系统，控制系统采用单片机或单板机，结构简单、价格低廉、自动化程度和功能都比较差，车削加工精度也不高，适用于要求不高的回转类零件的车削加工。

（2）标准数控车床　根据车削加工要求在结构上进行专门设计并配备通用数控系统而形成的数控车床，数控系统功能强，自动化程度和加工精度也比较高，适用于一般回转类零件的车削加工。这种数控车床可同时控制两个坐标轴，即 X 轴和 Z 轴。

（3）车削加工中心　车削加工中心是在标准数控车床的基础上，增加了 C 轴和动力刀具系统，更高级的数控车床还带有刀库，可以控制 X、Z 和 C 三个运动坐标轴，联动运动坐标轴可以是（X，Z）、（X，C）或（Z，C）。由于增加了 C 轴和动力刀具系统，车削加工中心的功能得到了很大的提升，除可以进行一般车削加工外，还可以进行径向和轴向铣削、曲面铣削、中心线不在零件回转中心的孔和径向孔的钻削加工等。

（4）柔性加工单元　柔性加工单元（Flexible Manufacturing Cell，FMC）是由数控车床和机器人等构成的系统，如图 1-7 所示。它能实现工件搬运、装卸的自动化和加工调整准备的自动化操作。

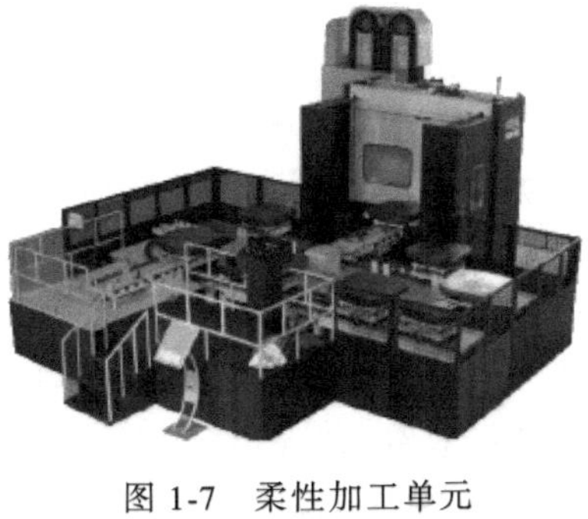

图 1-7　柔性加工单元

3. 按主轴的配置形式分类

数控车床按主轴的配置形式分类，见表 1-2。

三、数控车床的用途与特点

1. 数控车床的用途

数控车床主要用来加工回转体零件。车削加工是工件旋转做主运动和车刀做进给运动的切削加工方法。基本的车削加工内容有车外圆、车端面、切断和车槽、钻孔、车孔、车螺纹、车圆锥面、车圆弧面和车非圆曲面等。

表 1-2 数控车床按主轴的配置形式分类

名称	特点	图片展示
卧式数控车床	卧式数控车床是指主轴轴线处于水平位置的车床,又分为数控水平导轨卧式车床和数控倾斜导轨卧式车床,倾斜导轨结构的车床具有较大刚性,且易于排除切屑。其主要用来加工轴向尺寸较大、径向尺寸较小的轴类零件	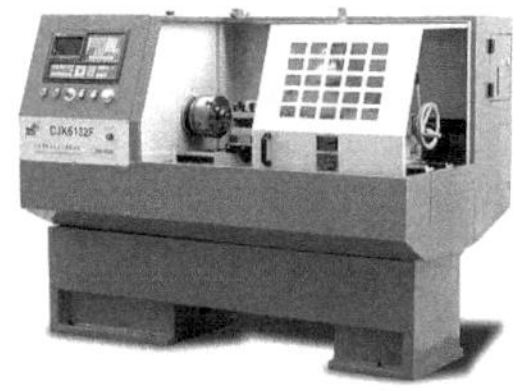
立式数控车床	立式数控车床是指主轴轴线垂直于水平面的车床。其有一个直径较大的圆形工作台,主要用来加工径向尺寸较大、轴向尺寸较小的盘类零件	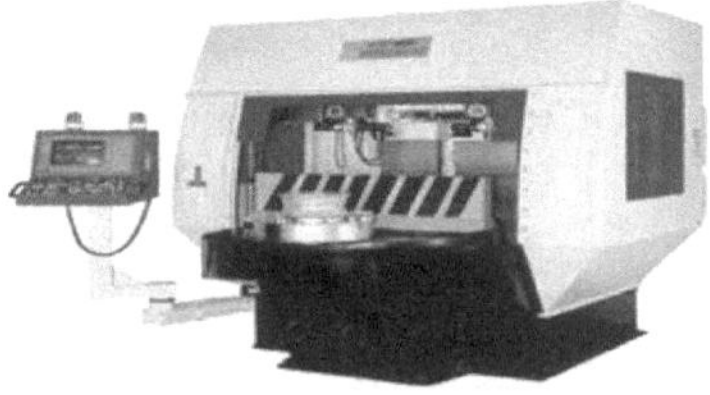

2. 数控车床的特点

(1) 适应性强　当改变加工零件时，数控车床只需更换零件的加工程序，不必用凸轮、靠模、样板或其他模具等专用工艺装备，且可采用成组技术的成套夹具。因此，其生产准备周期短，有利于机械产品的迅速更新换代。

(2) 适合加工复杂型面的零件　由于数控车床能实现两轴或两轴以上的联动，所以能完成复杂型面的加工，特别是可用数学方程式和坐标点表示的形状复杂的零件。

(3) 加工精度高，质量稳定　数控车床有较高的加工精度，一般为 0.005~0.01mm。数控车床的加工精度不受零件复杂程度的影响，车床传动链的反向齿轮间隙和丝杠的螺距误差等都可以通过数控装置自动进行补偿，其定位精度比较高，同时还可以利用数控软件进行精度校正和补偿。数控车床运行数控程序自动进行加工，可以避免人为的误差，这就保证了零件加工质量的稳定性。

(4) 生产率高　在数控车床上可以采用较大的切削用量，有效地节省了机动工时。数控车床还有自动调整、自动换刀和其他辅助操作等自动化功能，使辅助时间大为缩短，而且一般不需工序间的检验与测量，所以比普通车床的生产率高 3~4 倍，甚至更高。

数控车床的主轴转速及进给范围都比普通车床大。目前数控车床的最高进给速度可达 10m/min 以上。数控车床的加工时间利用率高达 90%，而普通车床仅为 30%~50%。

(5) 工序集中，一机多用　数控车床特别是车削加工中心，在一次装夹的情况下，几乎可以完成零件的全部加工工序，一台数控车床可以代替数台普通车床。这样可以减少装夹误差，节约工序之间的运输、测量和装夹等辅助时间，还可以节省车间的占地面积，带来较高的经济效益。

(6) 减轻劳动强度，改善劳动条件　在输入程序并启动后，数控车床就自动地连续进行加工，直至零件加工完毕。这样就简化了人工操作，使劳动强度大大降低。

(7) 价格较高且调试和维修较复杂　数控车床是一种技术含量和价格都较高的设备，而且要求具有较高技术水平的人员来操作和维修。

四、数控系统和数控车床的操作面板

1. 数控系统操作面板

CRT/MDI 操作面板与系统有关，不同的系统其面板也不同，由系统制造厂家确定。现以 FANUC 0i 系统为例学习数控系统操作面板，如图 1-8 所示，它由 CRT 显示器与编辑键盘两部分组成，各控制按钮的名称及用途见表 1-3。

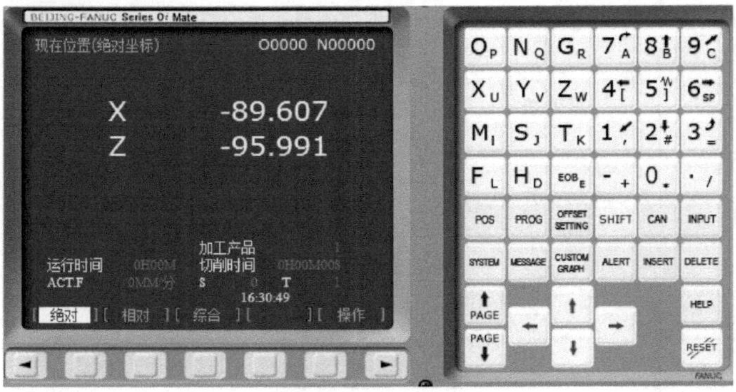

图 1-8　FANUC 0i 数控系统操作面板

表 1-3　FANUC 0i 数控系统操作面板控制按钮的名称及用途

类别	图标	按钮名称	用　　途
功能	POS	位置显示按钮	位置显示界面，显示刀具的坐标位置，有三种方式
	PROG	程序显示按钮	程序的显示、编辑界面。在编辑方式下，编辑和显示内存中的程序；在 MDI 方式下，输入和显示 MDI 数据；在自动执行方式下，显示程序指令值
	OFFSET SETTING	参数输入界面按钮	参数输入界面。按第一次进入坐标系设置界面，按第二次进入刀具补偿参数界面，进入不同的界面以后，用“PAGE”按钮切换
	SYSTEM	系统参数界面按钮	用于参数的设定、显示及自诊断功能数据的显示
	MESS-AGE	信息界面按钮	信息界面，如“报警”
	CUSTOM GRAPH	图形显示按钮	图形参数设置界面
	HELP	帮助按钮	系统帮助界面
复位	RESET	复位按钮	使所有操作停止，如解除报警、CNC 复位等

（续）

类别	图标	按钮名称	用　　途
编辑	ALERT	替代按钮	用输入的数据替代光标所在处的数据
	DELETE	删除按钮	删除光标所在处的数据，也可删除一个数控程序或全部数控程序
	INSERT	插入按钮	把输入域之中的数据插入到当前光标之后的位置
	CAN	消除按钮	消除输入域内的数据
	EOB E	回车换行按钮	程序段结束符号“;”被输入
	SHIFT	上档按钮	上档字母、数字的输入
翻页	↑ PAGE	翻页按钮	向前翻页
	↓ PAGE		向后翻页
光标移动	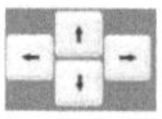	光标移动按钮	向上、下、左、右移动光标
输入	INPUT	输入按钮	把输入域内的数据输入参数界面或者输入一个外部的数控程序
数字/字母		数字/字母按钮	用于输入数据到输入区域，系统自动判别取字母还是取数字

2. 数控车床操作面板

数控车床操作面板是由机床制造厂家确定的，机床的类型不同，其开关的位置、按钮的功能及排列顺序也有一定的差异。国产机床多用中文名字标示，进口机床多用英文名字标示，还可用标准图标标示。数控车床操作面板如图 1-9 所示，各主要按钮的名称及用途见表 1-4。

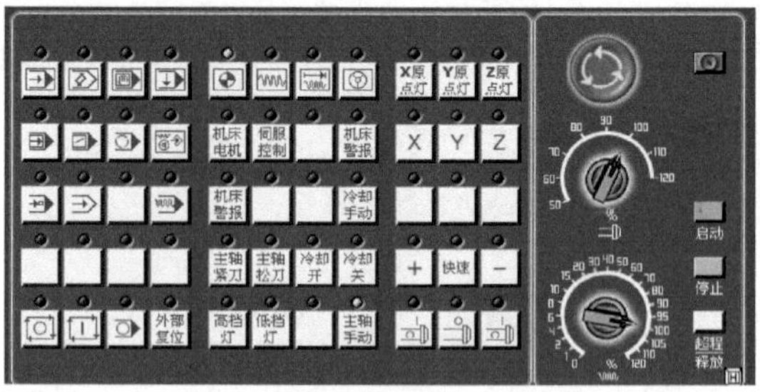

图 1-9　数控车床操作面板

表 1-4　数控车床操作面板各主要按钮的名称及用途

类别	图标	按钮名称	用　　途
电源开关		系统启动、停止按钮	在开机和关机操作中用以开启和关闭数控系统

（续）

类别	图标	按钮名称	用　途
超程报警急停		超程释放按钮	当发生超程报警时,红灯亮。利用 JOG 功能向反方向移动,解除超程报警
		急停按钮	用于锁住正在运行的机床,使机床立即停止运动
模式选择按钮		自动执行(AUTO)按钮	按下该按钮后,可自动执行程序。在这种模式下,可选择六种不同的运行形式
		编辑(EDIT)按钮	可以对数控程序进行输入和编辑
		手动数据输入(MDI)按钮	手动输入程序让机床自动加工,也可操作系统面板设置必要的参数
		在线加工(DNC)按钮	通过 RS-232 通信接口,用电缆线连接计算机和数控机床,选择加工程序边传输边加工
		回参考点(REF)按钮	手动回参考点
		手动连续进给按钮	可手动切削连续进给和手动快速进给或点动机床
		增量进给(INC)按钮	先选择进给轴,再选择增量步长
		手轮进给操作(HND)按钮	通过操作手轮,在 X、Z 轴两个方向进行精确移动。对刀时常用此按钮
在自动执行模式下六种运行形式按钮		单程序段按钮	每按下一次循环启动按钮,机床将执行一段操作后暂停。再次按下循环启动按钮,则机床再执行一段程序暂停。采用此种方法可进行程序及操作检查
		程序段跳段按钮	程序段前加“/”符号的程序段将被跳过执行
		选择停止按钮	在自动执行的程序中出现“M01;”程序段时,程序将停止执行。再次按下循环启动按钮后,系统将继续执行 M01 以后的程序
		程序重启动按钮	程序将重新从程序开始处启动
		机床锁住按钮	在自动运行过程中刀具的移动功能将被限制执行。但系统显示程序运行时刀具的位置坐标,因此该功能主要用于检查程序是否编制正确
		空运行按钮	在自动运行过程中刀具按参数指定的速度快速运行,该功能主要用于检查刀具的运行轨迹是否正确

（续）

类别	图标	按钮名称	用　　途
进给速度旋钮		进给速度倍率旋钮	在自动运行中，对进给速率进行倍率调整
		手动连续进给速度旋钮	选择手动连续进给的速度
循环启动执行按钮		循环启动开始按钮	在自动运行状态下，机床自动运行程序
		循环启动停止按钮	在循环启动状态下，程序运行及刀具运动将处于暂停状态，其他指令如主轴转速、冷却状态等保持不变
		单段执行按钮	每按下一次该按钮，机床将执行一段程序后暂停
主轴功能	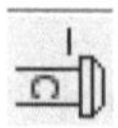	主轴正转按钮	选择主轴正转、停转、反转起动
	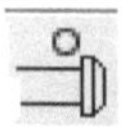	主轴停转按钮	
	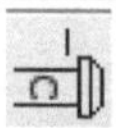	主轴反转按钮	
		主轴转速调节旋钮	通过旋转该旋钮来调节主轴旋转倍率。在 MDI 或自动方式下，当 S 代码的主轴转速偏高或偏低时，可以用来修调程序中编制的主轴转速
主轴高低档转换按钮	高档灯	主轴高档按钮	主轴高、低档转换
	低档灯	主轴低档按钮	
用户自定义按钮	主轴紧刀　主轴松刀	刀具的松开与夹紧按钮	用于换刀过程中的装刀与卸刀
	冷却开　冷却关	冷却按钮	对主轴和刀具进行冷却

【任务实施】

一、任务准备

1）准备相关教学资料，包括教材、教参、多媒体课件、视频文件、工作任务书等。

2）准备教学用辅具、量具、刀具；选用 FANUC 0i 系统数控车床，计算机及仿真软件。

3）量具选用。

① 钢直尺：0~300mm。

② 游标卡尺：0.02mm/0~150mm。

4）数控车床操作规程。

二、开机与关机

数控车床开、关机步骤，见表 1-5。

表 1-5　数控车床开、关机步骤

操作名称	操作步骤
开机	1)首先检查机床的初始状态,以及控制柜的前、后门是否关好
	2)机床电源开关一般位于机床的侧面或背面,在使用时,必须先将主电源开关置于“ON”档
	3)确定电源接通后,按下机床操作面板上绿色的“系统启动”按钮,系统自检后 CRT 显示器上出现位置显示界面。注意:在出现位置界面和报警界面之前,请不要接触 CRT/MDI 操作面板上的按钮,以防发生意外
关机	1)确认机床的运动全部停止后,按下机床操作面板上红色的“系统关闭”按钮,CNC 系统电源被切断
	2)将主电源开关置于“OFF”档,切断机床的电源

三、手动操作方式

数控车床手动操作方式，见表 1-6。

表 1-6　数控车床手动操作方式

操作名称		操作步骤	操作提示
手动返回参考点		1)按下机床操作面板上的“回参考点”按钮 2)分别使各轴向参考点方向手动进给,先按+X“↓”按钮,再按+Z“→”按钮,当机床面板上的“X 轴回参考点”和“Z 轴回参考点”指示灯亮时,表示已回到参考点	数控系统通电后,必须回参考点,若发生意外而按下急停按钮,则必须重新回一次参考点;为了保证安全,防止刀架与尾座相撞,在回参考点时应首先进行 X 轴回参考点,再进行 Z 轴回参考点
手动进给操作	手动连续进给操作	1)按下机床操作面板上的“手动”按钮 2)选择移动轴,按 X 轴“↓”“↑”按钮或 Z 轴“←”“→”按钮所选择的轴方向移动 3)同时按下“快移”按钮,各轴可快速移动	手动只能单轴运动。把方式选择开关置为“手动”位置后,先前选择的轴并不移动,需要重新选择移动轴
	手动增量进给操作	1)按下机床操作面板上的“手动”按钮 2)选择移动轴,按 X 轴“↓”“↑”按钮或 Z 轴“←”“→”按钮所选择的轴方向进行增量移动	进行手动连续进给、增量进给或手轮进给操作时,按下“×1—F0”“×10—25%”“×100—50%”“×1000—100%”按钮,可选择不同的进给速度,其中“×1—F0”为移动 0.001mm,“×10—25%”为移动 0.01mm,“×100—50%”为移动 0.1mm,“×1000—100%”为移动 1mm
	手轮进给操作	1)按下机床操作面板上的“X 手摇”或“Z 手摇”按钮 2)转动手摇脉冲发生器,实现手轮进给	
主轴旋转的操作		1)按下机床操作面板上的“手动”按钮 2)按下“主轴正转”按钮或“主轴反转”按钮,可使机床主轴正、反转,按下“主轴停止”按钮,可使机床主轴正、反转暂停 3)按下“主轴点动”按钮,将使机床主轴旋转,松开后,主轴则停止旋转 4)在主轴旋转过程中,可以通过“主轴倍率修调”旋钮对主轴转速实现无级调速。“主轴倍率修调”档位为 50%~120%,在执行加工程序的过程中,也可对程序中指定的转速进行调节	在开机后,主轴的旋转必须在“MDI”方式下起动

（续）

操作名称	操作步骤	操作提示
选刀操作	1)按下机床操作面板上的“手动”按钮 2)按下“手动选刀”按钮,根据刀架上的刀位数字,可选择不同刀位号	按一下“手动选刀”按钮,刀架依次转动一个刀位

四、MDI 操作方式

1）按下机床操作面板上的“MDI”按钮。

2）按下“PROG”按钮，进入 MDI 输入窗口。

3）在数据输入行输入一个程序段，按“EOB”按钮，再按“INSERT”按钮确定。

4）按“循环启动”按钮，执行输入的程序段。

五、程序的编辑操作方式

按下机床操作面板上的“编辑”按钮。在系统操作面板上，按“PROG”按钮，CRT 显示器出现编程界面，系统处于程序编辑状态，按程序编制格式进行程序的输入和修改，然后将程序保存在系统中。也可以通过系统软键的操作，进行程序选择、程序复制、程序改名、程序删除、通信、取消等操作。

1. 程序的输入

1）置于“编辑”方式。

2）按“PROG”按钮，进入程序输入界面，如图 1-10 所示。

3）输入地址 O 及要存储的程序号（四位数字），输入的程序名不可以与已有的程序名重复。

4）先按“INSERT”按钮，再按“EOB”按钮，可以存储程序号，然后在每个字的后面输入程序，按“EOB”按钮用“INSERT”存储。

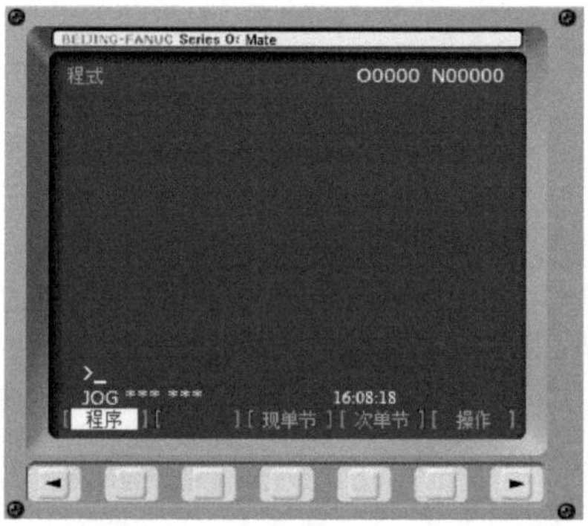

图 1-10　程序输入界面

2. 程序的检索

1）置于“编辑”方式。

2）按“PROG”按钮，输入地址和要检索的程序号。

3）按光标移动按钮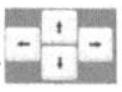向下的箭头，在 CRT 显示器上显示已检索出的程序。

3. 程序的检查

1）置于“编辑”方式。

2）按“PROG”按钮，输入地址。

3）按“PAGE↑”与“PAGE↓”按钮，或者使用光标移动键来检查程序。

4. 程序的修改

1）置于“编辑”方式。

2）按“PROG”按钮，输入地址选择要编辑的程序。

3）按“PAGE↑”与“PAGE↓”按钮，或者使用光标移动按钮来检查程序。

4）将光标移动到要变更的字，进行“CAN”“ALERT”“SHIFT”等操作。

5. 程序的删除

1）置于“编辑”方式。

2）按“PROG”按钮，输入地址“O××××”选择要删除的程序。

3）按“DELETE”按钮，“O××××”程序被删除。

4）删除全部程序。输入“O-9999”后按“DELETE”按钮，则可将所有程序从程序存储器中删除。

6. 后台编辑

1）置于“自动”方式。

2）按“PROG”按钮，再按“BG-EDT”按钮，进入后台编辑功能界面，可进行程序的编辑。

六、数据的显示与设定

1. 偏置量设置

1）按“OFFSET/SETTING”主功能按钮。

2）按“补正”“SETTING”“坐标系”“操作”对应的软键，显示所需要的界面。

3）将光标移向需要变更的偏置号位置。

4）由数据输入按钮输入偏置量。

5）按“INPUT”按钮，确认并显示偏置量。

2. 参数设置

1）按“SYSTEM”按钮和“PAGE”按钮与菜单扩展按钮显示设置参数界面。

2）将光标移至要设定参数的位置，输入设定的数值后按“INPUT”按钮。在设定数值前，必须将“OFFSET/SETTING”主功能下的“SETTING”参数读写功能打开，置于“1”的档位。

3. 信息数据的显示

按“MESSAGE”按钮和菜单扩展按钮“>”显示报警界面、报警履历和外部信息等数据信息。

七、对刀操作

对刀就是在机床上设置刀具偏移值或设定工件坐标系的过程。

1. 工件棒料与刀具的装夹找正

（1）工件棒料的装夹　装夹工件棒料时，应使自定心卡盘夹紧工件棒料，并有一定的夹持长度，棒料的伸出长度应考虑到零件的加工长度及必要的限位安全距离等。棒料中心线应尽可能与主轴中心线重合。如果装夹外圆已经精车的工件，则必须在工件外圆上包一层铜皮，以防止损伤外圆表面。

（2）工件棒料的找正　找正时，必须将工件的加工表面回转轴线（同时也是工件坐标系 Z 轴）找正到与车床主轴回转中心重合。找正方法与在普通车床上找正工件相同，一般为打表找正。通过调整卡爪，使工件坐标系 Z 轴与车床主轴的回转中心重合。

单件生产工件偏心安装时，常采用找正装夹。用自定心卡盘装夹较长的工件时，工件离卡盘夹持部分较远处的旋转中心不一定与车床主轴旋转中心重合，这时必须用划针或百分表找正。

（3）刀具的装夹　刀具的装夹与在普通车床上装夹相同，但应注意以下几点：

1）车刀不能伸出太长。

2）刀尖应与主轴中心线等高。

3）装夹螺纹刀时，应用螺纹样板进行装夹。

4）切槽刀要装正，以保证两副偏角对称。

2. 设置主轴旋转

1）按下机床操作面板上的“MDI”按钮。

2）按下“PROG”按钮，进入“MDI”输入界面。

3）在数据输入行输入“M03 S600”，按“EOB”按钮，再按“INSERT”按钮确定。

4）按“循环启动”按钮，主轴正转。

3. 选择刀具，确定刀位

1）在手动方式下调用刀具号，再确定刀补号。

2）在 MDI 方式下直接调用刀具号和刀位号。

4. 设置 *X* 轴方向的刀具偏移值

1）起动主轴正转，按下机床操作面板上的“手动”按钮，移动刀架使其靠近工件。

2）切换至“Z 手摇”按钮，沿着 *Z* 轴的负方向进给，试切工件的外圆，保证量具能测量外圆直径表面即可，试车削不宜过长，如图 1-11 所示。

3）车削后，沿着 *Z* 轴的正方向退刀，不能移动 *X* 轴。

4）按“主轴停止”按钮，测量已车削外圆的直径 *d*，将它记录下来。

5）按“OFFSET SETTING”主功能按钮，进入参数设定界面；先按“补正”对应的软键，再按“形状”对应的软键，出现刀具补正界面，如图 1-12 所示。

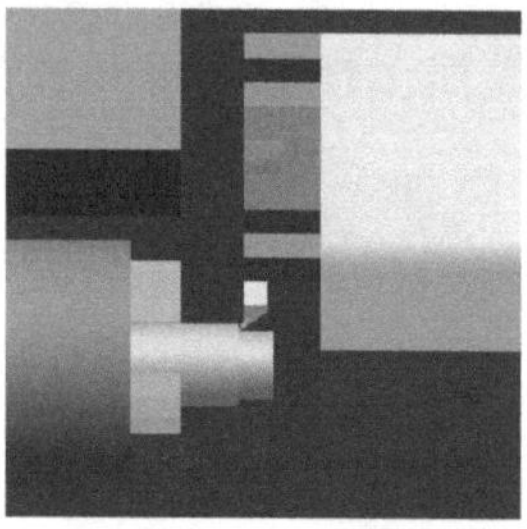

图 1-11　试切工件外圆

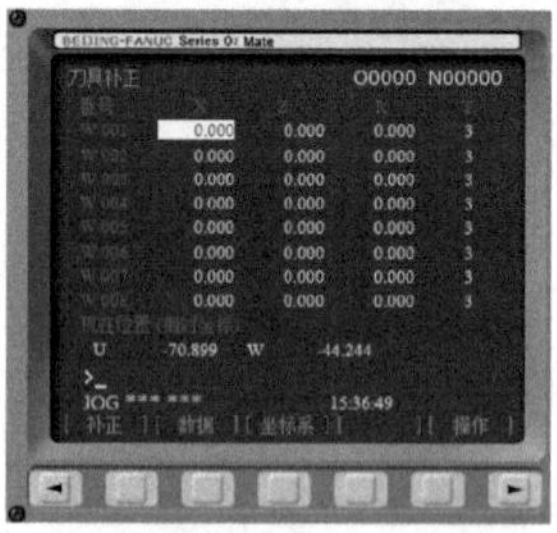

图 1-12　刀具补正界面

6）将光标移至要补偿的刀具号，G01→X、G02→X、G03→X、G04→X，以此类推；输入测量的外圆直径：“X（d）”，按“测量”对应的软键，*X* 向的刀具偏移值自动存入，即完成 *X* 轴方向的对刀。

5. 设置 *Z* 轴方向的刀具偏移值

1）起动主轴正转，按下机床操作面板上的“手动”按钮，移动刀架使其靠近工件。

2）切换至“X手摇”按钮，沿着 X 轴的负方向进给，试切工件端面，如图1-13所示。

3）车削后，沿着 X 轴的正方向退刀，不能移动 Z 轴。

4）按“主轴停止”按钮，按“OFFSET SETTING”主功能按钮，进入参数设定界面；先按“补正”对应的软键，再按“形状”对应的软键，出现刀具补正界面，如图1-12所示。

5）将光标移至要补偿的刀具号，输入“Z0”，按“测量”对应的软键，Z 向的刀具偏移值自动存入，即完成 Z 轴方向的对刀。

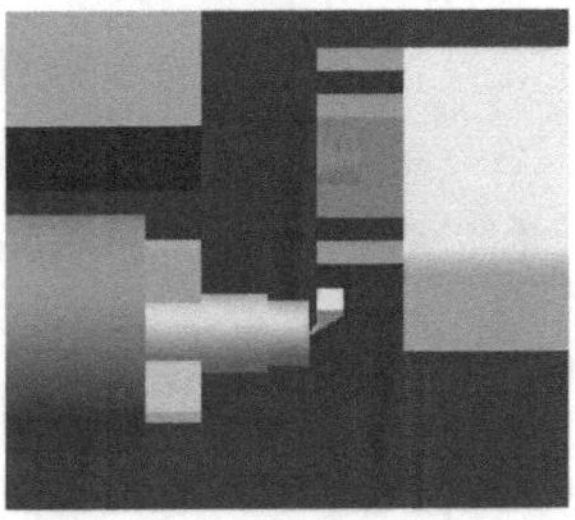

图1-13　试切工件端面

6. 设置刀尖圆弧半径补偿参数

刀尖圆弧半径值与刀尖位置号同样在图1-12所示的界面中进行设定。

1）将光标移至与刀具号相对应的刀尖圆弧半径参数R，输入刀尖圆弧半径值，按“INPUT”按钮。

2）将光标移至与刀具号相对应的刀尖位置参数T，输入刀尖位置号，按“INPUT”按钮。

八、对刀正确性校验

对完各刀具后，各刀具刀位点是否正确，可通过MDI方式进行校验。

1）按下机床操作面板上的“MDI”按钮。

2）按下“PROG”按钮，进入MDI输入界面。

3）输入“T0101 G00 X0. Z50. 0;”，按“INSERT”按钮确认。

4）按“循环启动”按钮执行，即可检查刀具的当前位置是否正确。

九、自动加工操作

1. 加工程序测试

1）选择加工程序，按下机床操作面板上的“自动”按钮。

2）按下“PROG”按钮，再按“检视”对应的软键，使界面显示正在执行的程序及坐标。

3）按下“机床锁住”和“空运行”按钮，机床停止移动，但位置坐标的显示和机床移动时一样。此外，M、S、T功能也可以执行此操作，用于程序的检测。

4）按“循环启动”按钮，程序自动运行。

2. 加工程序图形模拟

该功能主要用于查看刀具的加工路径，验证走刀路线的合理性。其操作步骤如下：

1）按“CUSTOM GRAPH”主功能按钮。

2）按“图形”对应的软键，显示图形界面。

3）按操作面板上的“循环启动”按钮，观察加工图形。

3. 单段功能

若按下“单段”按钮，则执行一个程序段后，机床停止。

1）使用指令 G28、G29、G30 时，即使在中间点，也能执行单程序段停止。

2）固定循环的单程序段停止时，“进给保持”灯亮。

3）M98 P××××；和 M99；程序段不能单程序段停止。但是，M98、M99 的程序中有 O、N、P 以外的地址时，可以单程序段停止。

4. 进给速度倍率

用进给速度倍率旋钮选择程序指定的进给速度百分数，以改变进给速度（倍率），按照刻度可实现 0%~120%的倍率修调。

5. 自动加工

1）自动运行前必须正确安装工件及相应刀具，编辑好程序并进行对刀操作。

2）按下机床操作面板上的“自动”按钮。

3）按下“PROG”按钮，再按“检视”对应的软键，使界面显示正在执行的程序及坐标。

4）按“循环启动”按钮，程序开始自动运行，循环启动指示灯点亮。

5）开始自动运转后，按以下方式执行程序：

① 从被指定的程序中读取一个程序段的指令。

② 解释已读取的程序段指令。

③ 开始执行指令。

④ 读取下一个程序段的指令。

⑤ 预读取下一个程序段的指令，变为立刻执行的状态。该过程也称为缓冲。

⑥ 前一程序段执行结束，因被缓冲了，所以要立刻执行下一个程序段。

⑦ 重复执行④、⑤，直到自动执行结束。

6）使自动运转停止的方法有两种：预先在程序中想要停止的地方输入停止指令；按操作面板上的按钮使其停止。

① 程序停止（M00）。执行 M00 指令之后，自动运转停止。与单程序段停止相同，到此为止的模态信息全部被保存，按“循环启动”按钮，可使其再开始自动运转。

② 任选停止（M01）。与 M00 指令相同，执行含有 M01 指令的程序段后，自动运转停止，但仅限于机床操作面板上的“选择停”开关接通时的状态。

③ 程序结束（M02、M30）。自动运转停止，呈复位状态。

④ 进给保持。在程序运转中，按机床操作面板上的“进给保持”按钮，可使自动运转暂时停止。

⑤ 复位。按 CRT/MDI 操作面板上的复位按钮，外部复位信号可使自动运转停止，呈复位状态。若在移动中复位，则机床减速后将停止。

十、车床的急停操作

在机床手动或自动运行中，一旦发现异常情况，应立即停止机床的运动。使用“急停”按钮或“进给保持”按钮中的任意一个按钮均可使机床停止。

1. 使用“急停”按钮

如果在机床运行时按下“急停”按钮，则机床进给运动和主轴运动会立即停止工作。

待排除故障，重新执行程序恢复机床的工作时，顺时针方向旋转该按钮，按下机床复位按钮复位后，进行手动返回机床参考点的操作。

2. 使用“进给保持”按钮

如果在机床运行时按下“进给保持”按钮，则机床处于保持状态。待急停解除之后，按下“循环启动”按钮恢复机床运行状态，无须进行返回参考点的操作。

十一、位置显示

按下“POS”按钮出现位置显示界面，如图1-14所示，位置显示有三种方式。

1）绝对坐标系：显示刀位点在当前工件坐标系中的位置。

2）相对坐标系：显示操作者预先设定为零的相对位置。

3）综合显示：同时显示当时刀位点在坐标系中的位置。

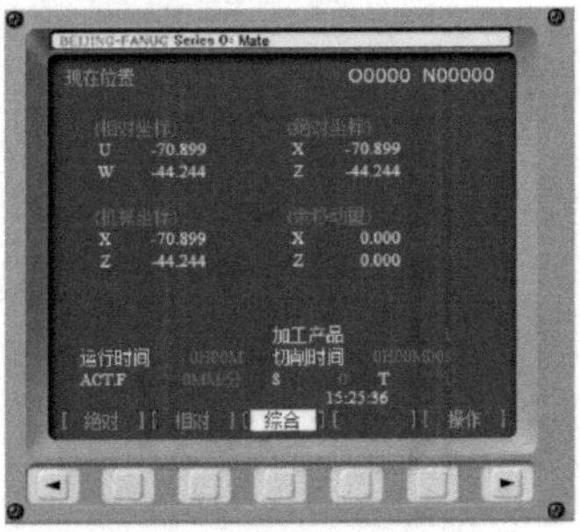

图1-14　位置显示界面

【考核评价】

数控车床操作评分标准，见表1-7。

表1-7　数控车床操作评分标准

姓名		名称	数控车床	时间	60min	总得分	

项目	序号	技术要求	配分	评分标准	考核记录	得分
知识掌握（30分）	1	基本知识（回答问题）	10	回答不完整根据要求扣分		
	2	基本知识（习题）	10	根据习题对错评分标准要求扣分		
	3	基本知识（测验）	10	根据习题对错评分标准要求扣分		
机床仿真操作（30分）	4	仿真软件操作	10	不合理操作每次扣1分		
	5	仿真对刀	10	不正确每次扣1分		
	6	程序编辑	5	不正确每次扣1.5分		
	7	意外情况处理合理	5	误操作每次扣1分		
机床操作（30分）	8	面板的组成及功用	5	操作错误每次扣1分		
	9	程序的编辑操作	5	操作错误每次扣1分		
	10	对刀方法	5	操作错误每次扣1分		
	11	自动加工	5	操作错误每次扣1分		
	12	手动操作方式	5	操作错误每次扣1分		
	13	安全操作	3	违反安全操作规程全扣		
		机床整理	2	不合格全扣		
团队协作（10分）	14	解决问题、团结互助	10	根据情况酌情扣分		

【拓展训练】

数控车床加工安全规范

一、数控车床加工的安全生产要求

1）操作前要戴好防护用品，穿工作服，袖口应扎紧。要戴工作帽，女同志的头发应塞入帽内。夏季禁止穿裙子、短裤和凉鞋上机操作。操作中不准戴手套。

2）操作数控车床前，应仔细阅读并理解车床操作及编程说明书，特别是有关安全操作部分，如急停处理、超程处理和报警处理等；应检查数控车床各按钮及开关是否处在正常位置。

3）车床开始加工前，应闭合车床防护挡板，加工时不能打开防护门。工作时，必须集中精力，注意观察数控车床的加工情况，如有异常及时处理。加工过程中严禁两人或两人以上同时操作同一台数控车床。

4）凡装夹工件、更换刀具、测量加工表面以及主轴变换速度时，须先停机。停机时，不准用手去制动转动的卡盘。车床开动时不准用手去摸工件表面，特别是加工螺纹时，严禁用手去摸螺纹面。

5）床身及导轨上不允许放置工具和工件，更不允许敲击。

6）工件和车刀必须装夹牢固，以防在旋转中发生飞出事故。车削过程中，当要清除切屑时，应该用铁钩子，绝对不允许用手直接去拿，或用量具去清除。

7）使用卡盘时必须装有保险块，以防止卡盘松动。采用液压卡盘的数控车床，选择夹紧的力要恰当。若使用机械卡盘，工件装夹完毕后，应及时取下卡盘扳手，以防开机后飞出伤人。

8）不准在数控车床加工过程中打开电控柜。

二、数控车床操作规程

1）车床通电后，检查电压、气压、油压是否正常，各种开关、按钮和键是否灵活，并对各手动润滑部位进行润滑。

2）首先将 X 坐标轴手动回参考点（机械原点），再使 Z 坐标轴回参考点。如果某轴在回参考点前已在零位，则必须先将该轴移动一段距离后，再进行手动回参考点。

3）确定符合加工工艺要求所需的刀具系统，进行正确安装，并输入相应刀具的补偿值。

4）装夹工件，确定对刀点和换刀点，通过对刀操作建立工件坐标系。

5）输入加工程序，经检索调出程序后，应认真检查核对加工程序。可通过数控车床的图形加工模拟和空运行功能对程序进行校验。

6）手动脉冲发生器进给和手动连续进给时，应先认准所选的是哪个轴，包括其正、负方向，然后再进行操作。

7）首件应采用单段执行方式进行加工，这样可及时处理突发情况，验证加工程序、对刀操作和刀具补偿的正确性，并在后续加工中做适当的调整。

8）在加工过程中注意观察加工状态，并做出必要的处理。刀具重新刃磨或更换后，要重新进行对刀并修改刀具补偿值。加工时应使排屑装置畅通无阻，无卡塞。

9）整批零件加工完成后，应整理核对工艺资料，并存档。按规定清理刀具，并编号入库。

10）清扫机床，对机床进行保养维护。按要求关闭机床电源。

【课后测评】

一、判断题

1.（　　）数控车床的转塔式刀架为卧式转塔刀架。

2.（　　）立式数控车床主要用来加工径向尺寸较大、轴向尺寸较小的大型复杂零件。

3.（　　）全闭环控制系统的数控车床控制精度高，稳定性好。

4.（　　）自动加工过程中，允许打开机床防护门。

二、选择题

1. 在数控机床的组成中，其核心部分是（　　）。

A. 输入装置　　B. 数控装置　　C. 伺服装置　　D. 机床主体

2. 在开环的 CNC 系统中（　　）。

A. 没有位置反馈装置　　B. 有位置反馈装置

C. 除有位置反馈外，还有速度反馈

3. 在 CRT/MDI 操作面板的功能键中，用于刀具偏置数设置的按钮是（　　）。

A. PROG　　B. POS　　C. SYSTEM　　D. OFFSET/SETTING

4. 若要对数控加工程序进行修改，数控系统的工作方式应在（　　）状态下。

A. MDI　　B. EDIT　　C. AUTO　　D. JOG

5. MDI 方式是指（　　）方式。

A. 手动输入　　B. 自动加工　　C. 空运行　　D. 单段运行

三、简答题

1. 数控车床是由哪几部分组成的？

2. 数控车床的特点是什么？

3. 简述数控车床的开、关机步骤。

四、做中学

已知台阶轴的毛坯尺寸为 ϕ40mm×55mm，材料为 45 钢，加工程序如下，试按以下要求完成任务。

1）通过仿真软件编辑台阶轴的加工程序；

2）完成台阶轴的仿真加工。

加工程序：

O0003；

```
G99 G97 M03 T0101 S600 F0.2;
G00 X50.0 Z2.0;
G94 X-1.0 Z00 F0.2;
G00 X50.0 Z2.0;
G71 U2.0 R0.5;
G71 P1 Q2 U0.5 W0.001;
N1 G00 X16.0;
G01 Z-15.05 F0.15;
X27.985;
Z-30.0 F0.10;
X34.95;
Z-40.0 F0.15;
N2 X45.0;
G70 P1 Q2;
G00 X100.0 Z100.0;
M30;
```

任务二　哑铃轴的编程与加工

轴是在数控车床上加工的典型零件之一，常见的轴有台阶轴、细长轴、曲面轴和螺纹轴等，它们的特点是径向尺寸较小，而轴向尺寸较大，加工的部位主要是外表面，这样的零件为轴类零件。

哑铃轴是常见的一种轴类零件，如图 1-15 所示。该零件毛坯尺寸为 $\phi32mm \times 265mm$，材料为 45 钢，生产类型为单件或小批量生产，无热处理工艺要求。下面以哑铃轴为例，制订轴类零件数控加工工艺方案，选择合理的刀具和切削工艺参数，正确编制数控加工工艺。

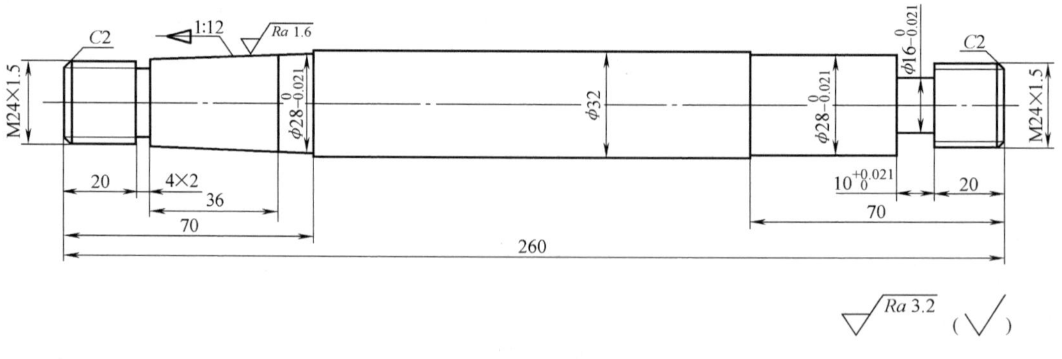

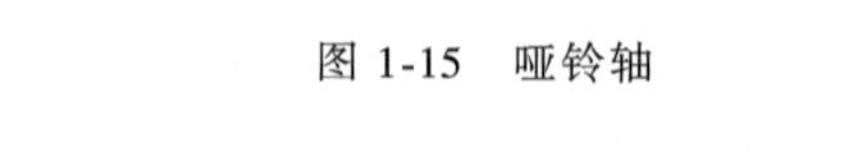

图 1-15　哑铃轴

子任务一　编制哑铃轴的数控加工工艺

【任务目标】

1. 知识目标

1）分析图样，制订零件的加工工艺。

2）工件装夹方法、刀具及切削用量的选择。

3）选择量具。

2. 能力目标

1）能合理选择哑铃轴的加工机床、刀具和切削用量。

2）能编写哑铃轴的数控加工工艺。

3. 素质目标

1）具备制订轴类零件加工工艺的能力。

2）具备自我学习的能力。

3）具备语言表达能力。

【任务分析】

该零件有两处外圆精度要求较高，一处槽的精度要求较高，圆锥面的表面粗糙度值为 $Ra1.6\mu m$，其余为 $Ra3.2\mu m$。该零件主要由外圆、槽、螺纹组成，注意保证精度要求。为了提高工件的刚性，可采用一夹一顶的装夹方法。

【知识储备】

一、数控车床刀具的选择

在数控车床加工中，产品质量和生产率在相当大的程度上受到刀具的制约。虽然数控车床刀具的切削原理与普通车床基本相同，但由于数控加工特性的需要，在刀具参数的选择上，特别是切削部分的几何参数选择上，要满足一定的条件，才能达到数控车床的加工要求，充分发挥数控车床的优势。数控车床对刀具的要求如下：

1. 车刀的性能

（1）强度高　为适应刀具在粗加工或对高硬度材料进行加工时，能采用大的背吃刀量和快走刀的要求，刀具必须具有较高的强度；对于刀杆细长的刀具（如深孔车刀），还应有较好的抗振性。

（2）精度高　为适应数控加工的高精度和自动换刀等要求，刀具及其夹具都必须具有较高的精度。

（3）适应高速和大进给量切削　为提高生产率并适应一些特殊加工的需要，刀具应能满足高切削速度的要求。

（4）可靠性好　为保证数控加工中不会因刀具发生意外损坏及潜在缺陷而影响加工的顺利进行，要求刀具必须具有很好的可靠性和较强的适应性。

（5）寿命长　刀具在切削过程中的不断磨损，会造成加工尺寸的变化，伴随刀具的磨损，还会因切削刃变钝，使切削力增大，导致被加工工件的表面质量下降，这又会加剧刀具磨损，形成恶性循环。因此，在数控车床加工中使用的刀具，不论在粗加工、精加工或特殊加工中都应比普通车床刀具具有更长的使用寿命，以减少更换或修磨刀具及对刀的次数，从而保证工件的加工质量，提高生产率。

2. 车刀的类型

数控车削用的车刀一般分为三类：尖形车刀、圆弧形车刀和成形车刀。常用车刀的种类、形状和用途如图 1-16 所示。

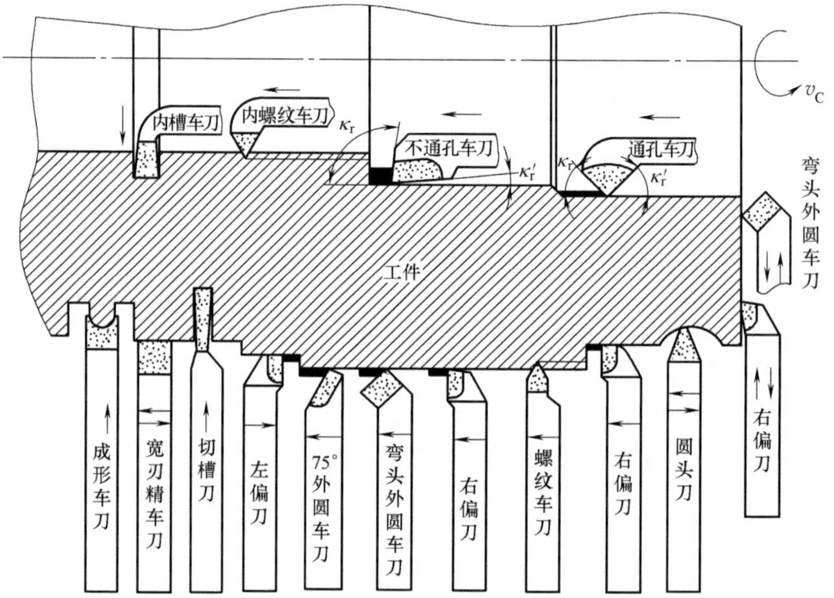

图 1-16 常用车刀的种类、形状和用途

（1）尖形车刀　以直线形切削刃为特征的车刀一般称为尖形车刀。这类车刀的刀尖（同时也为其刀位点）由直线形的主、副切削刃构成，如 90°外圆车刀，左、右端面车刀，切槽（断）车刀及刀尖倒棱很小的各种外圆和内孔车刀。用这类车刀加工工件时，工件的轮廓形状主要由一个独立的刀尖或一条直线形主切削刃位移后得到。

（2）圆弧形车刀　圆弧形车刀的特征是：构成主切削刃的切削刃形状为一圆度误差或线轮廓度误差很小的圆弧。该圆弧刃上每一点都是圆弧形车刀的刀尖，因此，刀位点不在圆弧上，而在该圆弧的圆心上，编程时要进行刀具半径补偿。圆弧形车刀可用于车削内、外圆表面，特别适宜于车削精度要求较高的凹曲面或半径较大的凸圆弧面。

（3）成形车刀　成形车刀俗称样板车刀，其加工工件的轮廓形状完全由车刀切削刃的形状和尺寸决定。数控车削加工中，常见的成形车刀有小半径圆弧车刀、非矩形车槽刀和螺纹车刀等。在数控加工中，应尽量少用或不用成形车刀，当确有必要选用时，应在工艺准备的文件或加工程序单上进行详细说明。

3. 常用车刀的几何参数

刀具切削部分的几何参数对零件的表面质量及切削性能影响极大，应根据零件的形状、刀具的安装位置、加工方法等，正确选择刀具的几何形状及有关参数。

（1）尖形车刀的几何参数　尖形车刀的几何参数主要指车刀的几何角度。其选择方法与普通车削时基本相同，但应结合数控加工的特点，如走刀路线、加工干涉等进行全面考虑。

选择尖形车刀的几何角度时，是否发生干涉，可用作图或计算的方法确定，如副偏角的大小，大于作图或计算所得不发生干涉的极限角度值6°~8°即可。当确定几何角度困难或无法确定（如尖形车刀加工接近于半个凹圆弧的轮廓等）时，应考虑选择其他类型车刀后，再确定其几何角度。

（2）圆弧形车刀的几何参数　圆弧形车刀是以一圆度或线轮廓度误差很小的圆弧形切削刃为特征的车刀，加工过程中使用圆弧形切削刃的不同部位去切削，相当于减少切削刃某一位置的摩擦时间，延长了刀具寿命。

圆弧形车刀的几何参数除了前角及后角外，主要是车刀圆弧切削刃的形状及半径。选择刀尖圆弧半径的大小时，应考虑两点：第一，车刀切削刃的圆弧半径应当小于或等于零件凹形轮廓上的最小曲率半径，以免发生加工干涉；第二，该半径不宜选择得太小，否则既难于制造，还会因刀头强度太弱或刀体散热能力差，使车刀容易受到损坏。

4. 机夹可转位车刀的选用

为了减少换刀时间和方便对刀，便于实现机械加工的标准化，数控车削加工时，应尽量采用机夹刀和机夹刀片，机夹刀片常采用可转位车刀。这种车刀就是把经过研磨的可转位多边形刀片用夹紧组件夹在刀杆上。这种车刀在使用过程中，一旦切削刃磨钝后，通过刀片的转位，即可用新的切削刃继续切削，只有当多边形刀片上所有的切削刃都磨钝后，才需要更换刀片。

（1）刀片材质的选择　常见刀片材料有高速工具钢、硬质合金、涂层硬质合金、陶瓷、立方氮化硼和金刚石等，其中应用最多的是硬质合金和涂层硬质合金刀片。选择刀片材质的主要依据是被加工工件的材料、被加工表面的精度、表面质量要求、切削载荷的大小以及切削过程中有无冲击和振动等。

（2）可转位车刀的选用　由于刀片的形式多种多样，并采用多种刀具结构和几何参数，因此可转位车刀的品种越来越多，使用范围很广。下面介绍与刀片选择有关的几个问题。

1）刀片外形的选择。刀片外形与加工的对象、刀具的主偏角、刀尖角和有效刃数等有关。不同的刀片形状有不同的刀尖强度，一般刀尖角越高，刀尖强度越高，反之亦然。在选用时，应根据加工条件恶劣与否，按重、中、轻切削有针对性地选择。在机床刚性、功率允许的条件下，大余量、粗加工应选用刀尖角较大的刀片；反之，机床刚性和功率小、小余量、精加工时宜选用刀尖角较小的刀片。一般外圆车削常用三角形（T型）、四边形（S型）、80°凸三边形（W型）和80°菱形（C型）刀片。常用刀片的特点与应用场合见表1-8。

2）刀杆头部形式的选择。刀杆头部形式按主偏角和直头、弯头分有15~18种，各种形式规定了相应的代码，国家标准和刀具样本中都一一列出，可以根据实际情况选择。有直角台阶的工件，可选主偏角大于或等于90°的刀杆。一般粗车可选主偏角为45°~90°的刀杆，精车可选主偏角为45°~75°的刀杆；中间切入、仿形车则选主偏角为45°~107.5°的刀杆；工艺系统刚性好时可选较小值，工艺系统刚性差时可选较大值。当刀杆为弯头结构时，既可加工外圆，又可加工端面。

表 1-8　常用刀片的特点与应用场合

刀片形状	特点	应用场合	形状
正三角形(T)	刀尖角小,强度低,寿命短	可用于 60°、90°、93°外圆、端面及内孔车刀,适用于较小的切削用量	
正四边形(S)	刀尖角为 90°,强度及寿命介于三角形与五边形之间	可进行外圆、端面加工及车孔和倒角	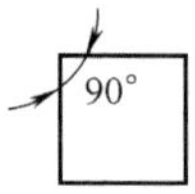
正五边形(P)	刀尖角为 108°,强度高,寿命长	用于加工系统刚性较好的情况,可用于强力切削	
带副偏角三角形(F) 凸三边形(W)	刀尖角都为 80°,刀尖强度、寿命均比三角形好	用于 90°外圆、端面、内孔车刀,工艺系统刚性差者不宜采用	
菱形刀片(V、D)	V 型刀尖角为 35°,D 型刀尖角为 55°。刀尖角小,强度低,寿命短	适用于仿形车床和数控车床刀具	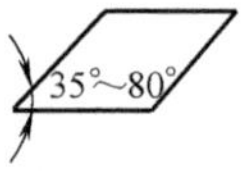
圆形刀片(R)	强度高,寿命长	可用于车曲面、成形面或精车刀具	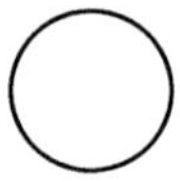

3）刀片后角的选择。常用的刀片后角有 N（0°）、C（7°）、P（11°）、E（20°）等。一般粗加工、半精加工可用 N 型；半精加工、精加工可用 C、P 型，也可用带断屑槽的 N 型刀片；加工铸铁、硬钢可用 N 型；加工不锈钢可用 C、P 型；加工铝合金可用 P、E 型等；加工弹性和恢复性好的材料可选用较大一些的后角；一般孔加工刀片可选用 C、P 型，大尺寸孔可选用 N 型。

4）左右手刀柄的选择。左右手刀柄有 R（右手）、L（左手）、N（左右手）三种。要注意区分左、右刀的方向。选择时要考虑车床刀架是前置式还是后置式、前刀面是向上还是向下、主轴的旋转方向以及需要的进给方向等。

5）刀尖圆弧半径的选择。刀尖圆弧半径不仅影响切削效率，而且关系到被加工表面的表面粗糙度及加工精度。从刀尖圆弧半径与最大进给量关系来看，最大进给量不应超过刀尖圆弧半径尺寸的 80%，否则将恶化切削条件，甚至出现螺纹状表面和打刀等问题。刀尖圆弧半径还与断屑的可靠性有关，为保证断屑，切削余量和进给量有一个最小值。当刀尖圆弧半径减小时，所得到的这两个最小值也相应减小。因此，从断屑可靠性出发，通常对于小余量、小进给车削加工应采用小的刀尖圆弧半径，反之宜采用较大的刀尖圆弧半径。

粗加工时，为提高切削刃强度，应尽可能选取大刀尖圆弧半径的刀片，大刀尖圆弧半径可允许大进给量，在有振动倾向时，则选择较小的刀尖圆弧半径（常用刀尖圆弧半径为 1.2~1.6mm），粗车时进给量不能超过表 1-9 给出的最大进给量。作为经验法则，一般进给量可取为刀尖圆弧半径的一半。

表 1-9　不同刀尖圆弧半径的最大进给量

刀尖圆弧半径/mm	0.4	0.8	1.2	1.6	2.4
最大推荐进给量/(mm/r)	0.25~0.35	0.4~0.7	0.5~1.0	0.7~1.3	1.0~1.8

精加工的表面质量不仅受刀尖圆弧半径和进给量的影响，而且受工件装夹稳定性、夹具和机床的整体条件等因素的影响，在有振动倾向时应选较小的刀尖圆弧半径。涂层刀片比非涂层刀片加工的表面质量高。

6）断屑槽型的选择。断屑槽的参数直接影响着切屑的卷曲和折断，目前刀片的断屑槽型较多，各种断屑槽刀片的使用情况不尽相同。一般可根据工件材料和加工的条件选择合适的断屑槽型和参数，当断屑槽型和参数确定后，主要靠进给量的改变来控制断屑。断屑槽型的特点及其应用场合见表 1-10。

表 1-10　断屑槽型的特点及其应用场合

<table>
<tr><th colspan="2" rowspan="2">槽型分类与名称</th><th rowspan="2">槽型代号</th><th colspan="4">刀片角度</th><th rowspan="2">特点及适用场合</th></tr>
<tr><th>γ_{nt}</th><th>α_{nt}</th><th>λ_{st}</th><th>ε_{rt}</th></tr>
<tr><td rowspan="7">开式断屑槽</td><td>直槽</td><td>A</td><td rowspan="5">20°</td><td rowspan="17">0°</td><td rowspan="7">0°</td><td rowspan="17">由刀片形状决定</td><td>槽宽前、后相等，用于切削用量变化不大的外圆车削与镗孔</td></tr>
<tr><td>外斜槽</td><td>Y</td><td>槽前宽后窄，切屑易折断，宜用于中等背吃刀量</td></tr>
<tr><td>内斜槽</td><td>K</td><td>槽前窄后宽，断屑范围宽，能用于半精加工和精加工</td></tr>
<tr><td>直通槽</td><td>H</td><td>适用范围广，能用于 45°弯头车刀，进行大切削用量切削</td></tr>
<tr><td>外斜通槽</td><td>J</td><td>具有 Y、H 型特点，断屑效果好</td></tr>
<tr><td>平面型直槽</td><td>Z</td><td>16°</td><td>前刀面呈折线，用于加工铸铁等脆性材料，排屑好</td></tr>
<tr><td>变截面槽</td><td>U</td><td>70°</td><td>断屑范围广，粗、精加工，余量不均匀都能适用</td></tr>
<tr><td rowspan="10">封闭式断屑槽</td><td>正刃倾角型</td><td>C</td><td>20°</td><td>6°</td><td>加大了刃倾角，径向力小，用于系统刚性差的情况</td></tr>
<tr><td>切口圆窝槽</td><td>D</td><td>—</td><td></td><td>刃口均匀分布半球面小圆窝，用于钻头镗孔刀，断屑好</td></tr>
<tr><td>一级断屑槽</td><td>V</td><td>15°</td><td rowspan="5">0°</td><td>应用面广，适用于外圆、端面、内孔等的粗车</td></tr>
<tr><td>二级断屑槽</td><td>M</td><td rowspan="2">12°</td><td>断屑范围比 V 型宽，用于背吃刀量变化较大的仿形车床</td></tr>
<tr><td>三级断屑槽</td><td>W</td><td>断屑范围最宽，粗、精加工均适用，要求系统刚性好、功率大</td></tr>
<tr><td>平面型槽</td><td>G</td><td>16°</td><td>用于铸铁等脆性材料的加工，排屑好</td></tr>
<tr><td>小圆窝槽</td><td>O</td><td>—</td><td>小凹坑槽，用于精加工</td></tr>
<tr><td>单凹弧变截面槽</td><td>P</td><td>15°</td><td>0°~10°变值</td><td>具有双重前角变刃倾角、断屑范围广，适用于 0°或正刃倾角车刀</td></tr>
<tr><td>双凹弧变截面槽</td><td>B</td><td>20°</td><td>>0°变值</td><td>一条切削刃有两段参数相同的圆弧，用于精加工、半精加工，断屑稳定</td></tr>
</table>

5. 刀夹

数控车刀一般通过刀夹（座）装在刀架上。刀夹的结构主要取决于刀体的形状、刀架的外形和刀架对主轴的配置三种因素。刀架对主轴的配置形式只有几种，而刀架与刀夹连接部分的结构形式却很多，所以刀夹的结构形式很多，用户在选型时，除满足精度要求外，还应尽量减少种类、形式，以利于管理。

二、切削用量的选择

数控机床加工中的切削用量是表示机床主运动和进给运动速度大小的重要参数，包括背吃刀量、切削速度和进给量。在加工程序的编制工作中，选择好切削用量，确定最佳切削参数，是工艺处理的重要内容之一，也是保证产品质量和提高效率的重要措施。

1. 背吃刀量的确定

背吃刀量是工件已加工表面和待加工表面之间的垂直距离。在“机床—夹具—刀具—零件”这一工艺系统刚性允许的条件下，应尽可能选取较大的背吃刀量，以减少走刀次数，提高生产率。当零件的精度要求较高时，应考虑留出适当的精车余量，其所留精车余量一般比普通车床车削时所留余量小，常取 0.1~0.5mm。

2. 切削速度的确定

切削速度是指切削时，车刀切削刃上某一点相对待加工表面在主运动方向上的瞬时速度，又称为线速度。确定加工时的切削速度可参考表 1-11 列出的数值，还可以根据实践经验来确定。

表 1-11 切削速度参考表

零件材料	刀具材料	背吃刀量 a_p/mm			
		0.12~0.38	0.38~2.40	2.40~4.70	4.70~9.50
		进给量 f/(mm/r)			
		0.05~0.13	0.13~0.38	0.38~0.76	0.76~1.30
		切削速度 v_c/(m/min)			
低碳钢	高速工具钢	—	70~90	45~60	20~40
	硬质合金	215~365	165~215	120~165	90~120
中碳钢	高速工具钢	—	45~60	30~40	15~20
	硬质合金	130~165	100~130	75~100	55~75
灰铸铁	高速工具钢	—	35~45	25~35	20~25
	硬质合金	135~185	105~135	75~105	60~75
黄铜、青铜	高速工具钢	—	85~105	70~85	45~70
	硬质合金	215~245	185~215	150~185	120~150
铝合金	高速工具钢	105~150	70~105	45~70	30~45
低碳钢	高速工具钢	—	70~90	45~60	20~40

主轴转速的确定方法，可根据零件上被加工部位的直径、零件结构和刀具的材料、加工要求等条件所允许的切削速度来确定。在实际生产中，主轴转速可按下式计算：

$$n=\frac{1000v_c}{\pi d} \tag{1-1}$$

式中，n 为主轴转速（r/min）；d 为工件待加工表面直径（mm）；v_c 为切削速度（m/min）。

3. 进给量的确定

进给量是指工件每转一周，车刀沿进给方向移动的距离，单位为 mm/r。它与背吃刀量有着较密切的关系。进给量的选择应注意以下几方面：

1）在满足表面质量要求的条件下，为提高生产率，可选择较高的进给量。

2）切断、车削深孔或用高速工具钢刀具车削时，宜选择较低的进给量，如切断时取 0.05~0.2mm/r。

3）粗车时进给量的取值可大一些，精车时应小一些，如一般粗车时取 0.3~0.8mm/r。

4）进给量应与切削速度和背吃刀量相适应。

三、工件装夹方法的选择

工件的正确安装可使工件在整个切削过程中始终保持正确的位置，保证工件的加工质量和生产率。在数控车床上进行轴类零件加工时，一般可采用以下四种装夹方式：

1）工件较短时，使用普通自定心卡盘装夹，工件安装后一般不需要找正，只控制装夹长度即可。

2）工件较短且是精加工圆柱面时，用软卡爪装夹，并适当增加夹持面的长度，以保证定位准确，装夹稳固。

3）工件较长且较重，精度要求不高时，可采用一夹一顶装夹。

4）同轴度要求高或需经多道工序才能完成的工件，可采用两顶尖方式装夹。

四、数控加工工艺路线的制订

数控加工工艺路线制订与通用机床加工工艺路线制订的主要区别在于，它往往不是指从毛坯到成品的整个工艺过程，而仅仅是几道数控加工工序工艺过程的具体描述。由于数控加工工序一般都穿插于工件加工的整个工艺过程中，因而应注意要与普通加工工艺衔接好。

1. 工序的划分

根据数控加工的特点，数控加工工序的划分一般可按下列方法进行：

(1) 以一次安装、加工作为一道工序　这种方法适合于加工内容较少的工件，加工完毕后即达到待检状态。

(2) 以同一把刀具加工的内容划分工序　有些工件虽然能在一次安装中加工出很多表面，但因程序太长，可能会受到某些限制，如控制系统的限制（内存容量），机床连续工作时间的限制（一道工序在一个工作班内不能结束）等。此外，程序太长会增加错误及检索难度。因此，每道工序的内容不可太多。

(3) 以加工部位划分工序　对于加工表面较多或不能一次装夹完成的工件，可按其结构特点将加工部位分成几个部分，如内腔、外形、曲面或端面，并将每一部分的加工作为一道工序。如图 1-17a 所示，第一次先进行圆柱面加工，然后二次装夹（调头），车削如图 1-17b所示的圆球。

(4) 以粗、精加工划分工序　对于加工中易发生变形和要进行中间热处理的工件，粗

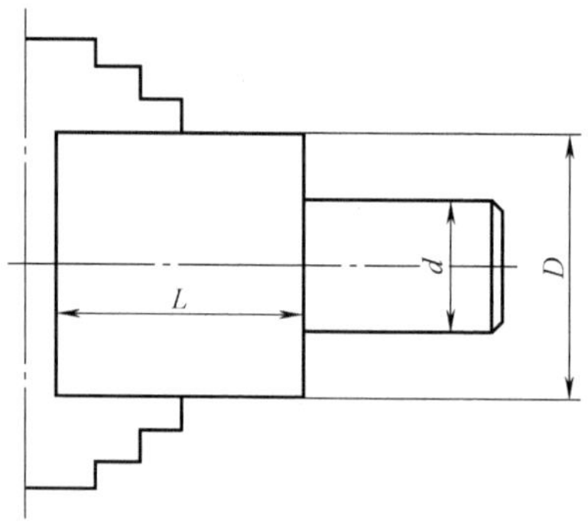

a) 车外圆

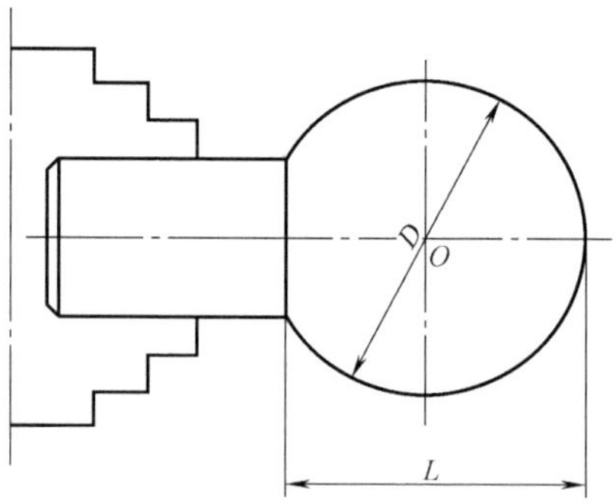

b) 车圆球

图 1-17　以加工部位划分工序

加工后的变形常常需要进行校直，故要进行粗、精加工的工件一般都要将工序分开。

2. 加工方案的确定

加工方案又称工艺方案，数控车床的加工方案包括制订工序、工步及其先后顺序和进给路线等内容。

制订加工方案的方法较多，通常采用与普通车床加工工艺大致相同的方法，如先粗后精、先近后远及先内后外等。

（1）常用加工方案

1）先粗后精。这是数控加工与普通加工都常采用的方案，目的是提高生产率、保证工件的精加工质量。其过程是先安排较大背吃刀量及进给量的粗加工工序，以便在较短的时间内，将大量的加工余量去掉。例如，车削如图 1-18 所示零件时，粗车工序应较快完成，将图中虚线外部分车去。

在制订该方案的过程中，因考虑到精车过程是连续进行的，故粗车后应尽量满足精加工余量均匀性的要求。如图 1-18 所示粗车时，余量是不均匀的，可在该方案中增加一个半精车过程，即可满足精车要求。

2）先近后远。这里所说的近与远，是按加工部位相对于起刀点的位置而言的。一般情况下，特别是在粗加工时，通常安排离起刀点近的部位先加工，远的部位后加工，以便缩短刀具移动距离，减少空行程时间，如图 1-19 所示。对于车削加工，先近后远还有利于保持坯件或半成品的刚性，改善切削条件。

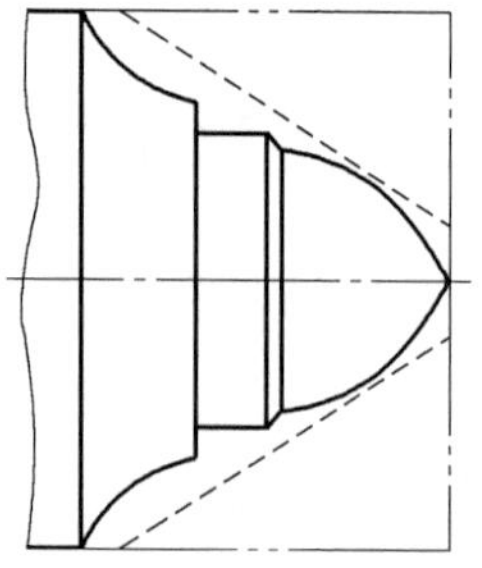

图 1-18　粗车示意图

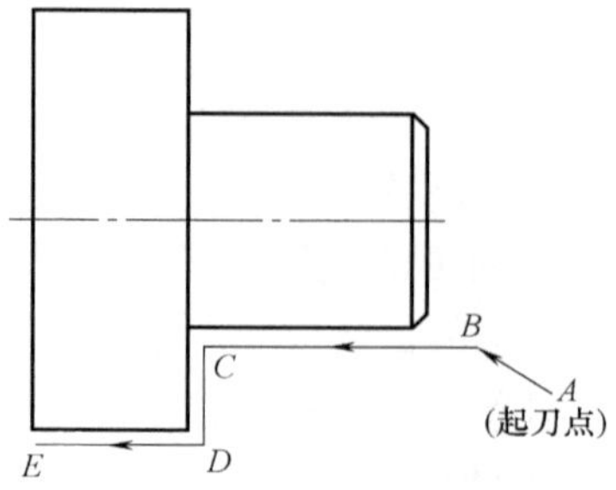

图 1-19　先近后远加工路线

3）先内后外。对既有内表面又有外表面的零件，在制订其加工方案时，通常应安排先加工内形表面，后加工外形表面。这是因为控制内表面的尺寸和几何精度较困难，刀具刚性相应较差，刀尖或切削刃的使用寿命易受到切削热的影响，以及在加工中清除切屑较困难等。

（2）制订加工方案的要求 在制订加工方案的过程中，除了必须严格保证零件的加工质量外，还应注意以下几个方面的要求：

1）程序段最少。在加工程序的编制过程中，为使程序简洁、减少出错率及提高编程工作的效率等，总是希望以最少的程序段实现对零件的加工。

由于机床数控装置具有直线和圆弧插补等运算功能，除非圆曲线等特殊插补功能要求外，精加工程序的段数一般可由构成零件的几何要素及由工艺路线确定的各条程序段直接得到。这时，应重点考虑如何使粗车的程序段数和辅助程序段数为最少。例如，在粗加工时尽量采用车床数控系统的固定、复合循环等功能。

2）进给路线最短。确定进给路线的重点主要在于确定粗加工和空行程路线，因为精加工切削过程的进给路线基本上都是沿零件轮廓顺序进行的。进给路线泛指刀具从对刀点开始运动起，直至返回该点并结束加工程序所经过的路径，包括切削加工的路径及刀具引入、切出等非切削空行程的路径。

在保证加工质量的前提下，使加工程序具有最短的进给路线，不仅可以节省整个加工过程的执行时间，还能减少一些不必要的刀具消耗及机床进给机构滑动部件的磨损等。

巧用起刀点。图 1-20 所示为采用矩形循环方式进行粗车的一般情况。其起刀点 *A* 的设定是考虑到精车等加工过程中需方便地换刀，故设置在离工件较远的位置，同时将起刀点和对刀点重合在一起，按三刀粗车的走刀路线安排如下：

第一刀：*A—B—C—D—A*；第二刀：*A—E—F—D—A*；第三刀：*A—G—H—D—A*。

图 1-21 所示则是巧将起刀点和对刀点分离，起刀点设于 *A* 点位置，仍按相同的切削用量进行三刀粗车，走刀路线安排如下：

第一刀：*A—B—C—D—A*；第二刀：*A—E—F—D—A*；第三刀：*A—G—H—D—A*。

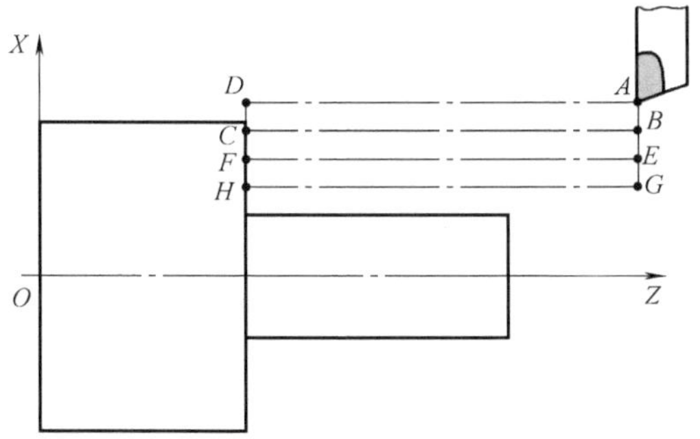

图 1-20 起刀点和对刀点重合

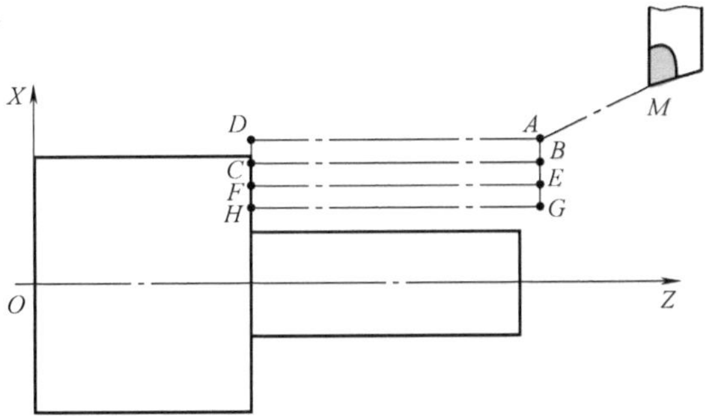

图 1-21 起刀点和对刀点分离

显然，图 1-21 所示的走刀路线比图 1-20 中的短。该方法也可用于其他循环指令格式的加工程序中。

选择最短的切削进给路线，不仅可有效地提高生产率，还可大大降低刀具的损耗。在安排粗加工或半精加工的切削进给路线时，应同时兼顾工件的刚性及加工工艺要求，不要顾此失彼。

图 1-22 所示为粗车同一工件时安排的几种不同切削进给路线的示意图。其中，图 1-22a 表示利用数控系统的封闭复合循环功能，控制车刀每次均按与工件轮廓相同的轨迹进给；图 1-22b 表示利用数控系统的固定循环功能安排的“三角形”进给路线；图 1-22c 表示利用数控系统的轴向粗车复合循环功能安排的“矩形”进给路线。

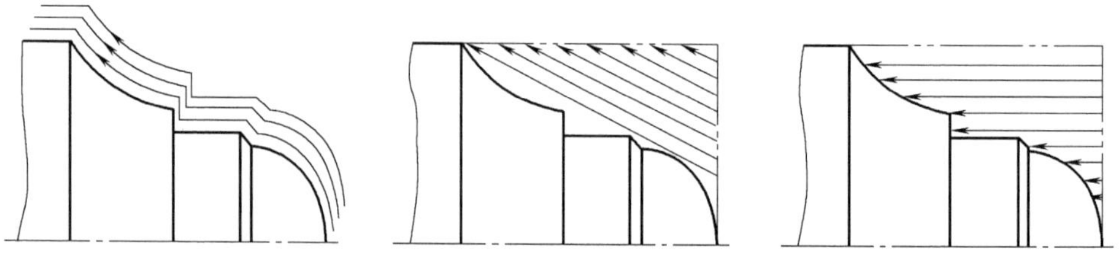

a) 封闭复合循环进给路线　　b)“三角形”进给路线　　c)“矩形”进给路线

图 1-22　切削进给路线对比

对以上三种切削进给路线，经分析和判断后可知矩形循环进给路线的走刀长度总和最短。因此，在同等条件下，其切削所需时间短，刀具的损耗就小。矩形循环加工的程序段格式较简单，所以这种进给路线的安排，在制订加工方案时应用得较多。

3）灵活选用不同形式的切削进给路线。图 1-23 给出了在切削半圆弧凹表面时，可供选用的几种常见的切削进给路线。图 1-23a 表示同心圆形式，图 1-23b 表示等径圆弧形式，图 1-23c 表示三角形形式，图 1-23d 表示梯形形式。不同形式的切削进给路线有不同的特点，了解它们各自的特点，有利于合理安排切削进给路线。

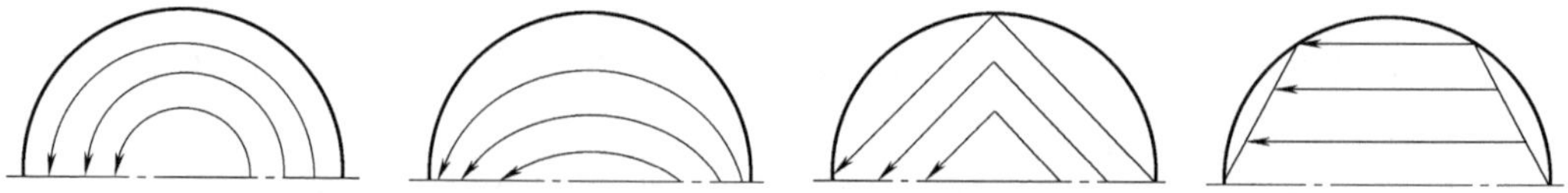

a) 同心圆　　b) 等径圆弧　　c) 三角形　　d) 梯形

图 1-23　切削半圆弧的切削进给路线

【任务实施】

一、哑铃轴加工的机床、刀具选择

1. 设备选择

选用 FANUC 0i 系统数控车床，计算机及仿真软件。

2. 零件毛坯

因零件较长，而且尺寸变化不大，所以选用 ϕ32mm×265mm 棒料，毛坯材质为 45 钢。

3. 工件的装夹

工件较长，位置公差要求不高，使用普通的一夹一顶装夹就能满足要求，如果有同轴度要求，则精加工时应采用两顶尖装夹。

4. 刀具选择

因该零件结构较复杂，尺寸精度要求较高，工件材料为 45 钢，可选择焊接或可转位 90°外圆车刀、车槽刀、梯形螺纹车刀，材料为 YT15。数控加工刀具卡片见表 1-12。

表 1-12　数控加工刀具卡片

产品名称或代号：			零件名称： 哑铃轴		零件图号：	
序号	刀具号	刀具规格及名称	材质	数量	加工表面	备注
1	T01	90°外圆车刀	YT15	1 把	粗、精车外圆、端面及倒角等	R0. 2mm
2	T02	刀头宽 4mm 车槽刀	YT15	1 把	车退刀槽	
3	T03	60°螺纹车刀	YT15	1 把	车螺纹 M24×1. 5	
4	T04	ϕ3mm 中心钻	高速工具钢	1 个	钻中心孔	
编制：			审核：			

二、编制加工工艺

以工件两端面轴心处为工件编程坐标原点，先加工左端外圆，再加工右端。工艺路线安排如下：

1）车削工件右端面，车外圆 ϕ25mm×10mm，钻中心孔。

2）车削工件左端面，车外圆 ϕ25mm×10mm，钻中心孔。

3）一夹一顶车削工件左端 ϕ25mm 外圆柱面至尺寸，M24×1. 5 螺纹至尺寸。

4）工件调头，车右端各部分尺寸至要求。

数控加工工艺卡片见表 1-13。

表 1-13　数控加工工艺卡片

零件名称	哑铃轴	零件图号		工件材质	45 钢	
工序号	程序编号	夹具名称		数控系统	车间	
1	O2001～O2002	自定心卡盘		FANUC 0i		
工步号	工步内容	刀具号	主轴转速 /(r/min)	进给量 /(mm/r)	背吃刀量 /mm	备注
1	车左端面	T01	800	0. 15	1	自动
2	车外圆	T01	800	0. 15	1	自动
3	钻中心孔	T04	1200	0. 1		手动
4	调头车右端面，保证总长	T01	800	0. 15	1	自动
5	车外圆	T01	800	0. 15	1	自动
6	钻中心孔	T04	1200	0. 1		手动
7	一夹一顶粗、精车外圆	T01	800	0. 15	1. 5	自动
8	车宽槽	T02	800	0. 15	4	自动
9	粗、精车螺纹	T03	600			自动
10	调头车左端各外圆	T01	1200	0. 1	0. 5	自动
11	车退刀槽	T02	400	0. 15	4	自动
12	粗、精车螺纹	T03	600			自动
编制		审核		批准		

【考核评价】

哑铃轴数控加工工艺的评分标准，见表 1-14。

表 1-14　哑铃轴数控加工工艺的评分标准

姓名		零件名称	哑铃轴		总得分	
项目	序号	检查内容	配分	评分标准	小组互评	教师评价
加工工艺（50 分）	1	设备	5	设备选择合理		
	2	刀具	10	刀具选择合理		
	3	装夹方法	5	装夹方法合理		
	4	加工工艺	25	合理		
	5	量具	5	选择合理		
实际训练（30 分）	6	任务完成质量	20	质量好		
	7	作业网络互动	10	积极、按时		
团队协作（20 分）	8	小组协作	10	协调		
	9	考勤	10	考勤情况		

【拓展训练】

加工如图 1-24 所示心轴零件，毛坯尺寸为 ϕ32mm×130mm，材料为 45 钢，分析该零件的数控加工工艺，按要求完成下列任务。

1）编写刀具卡片；

2）编写工艺卡片。

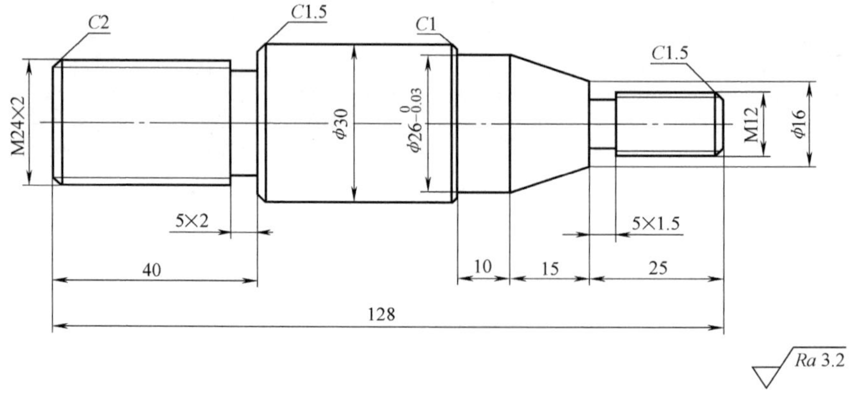

图 1-24　零件图

【课后测评】

一、判断题

1.（　　）由于中心钻直径小，钻削时应取较高的转速。

2. （　　）圆形刀片适用于仿形车床和数控车床刀具。

3. （　　）精基准是用未加工表面作为定位基准面。

4. （　　）数控车床的加工方案包括制订工序、工步及其先后顺序和进给路线等内容。

5. （　　）粗基准可重复使用。

二、选择题

1. 切削用量中对切削温度影响最大的是（　　）。

A. 背吃刀量　　B. 进给量　　C. 切削速度　　D. A、B、C 一样大

2. 定位基准有粗基准和精基准两种，选择定位基准时应遵循基准重合原则，即（　　）统一。

A. 设计基准、粗基准和精基准　　B. 设计基准、粗基准和工艺基准

C. 设计基准、工艺基准和编程原点　　D. 设计基准、精基准和编程原点

3. 单动卡盘是（　　）。

A. 专用夹具　　B. 通用夹具　　C. 组合夹具　　D. 可调夹具

4. （　　）中心孔适用于精度要求较高或工序较多的工件。

A. B 型　　B. A 型　　C. C 型　　D. R 型

5. 90°主偏角常用（　　）刀片。

A. 三角形（T 型）　　B. 圆形（R 型）　　C. 菱形（V 型）

三、简答题

1. 轴类工件的装夹方法有哪些？

2. 对数控车床刀具有哪些要求？

3. 加工螺纹时表面粗糙度值大的原因是什么？

四、做中学

加工如图 1-25 所示螺纹轴零件，毛坯尺寸为 ϕ32mm×65mm，材料为 45 钢，分析该零件的数控加工工艺，按要求完成下列任务。

1）编写刀具卡片；

2）编写工艺卡片。

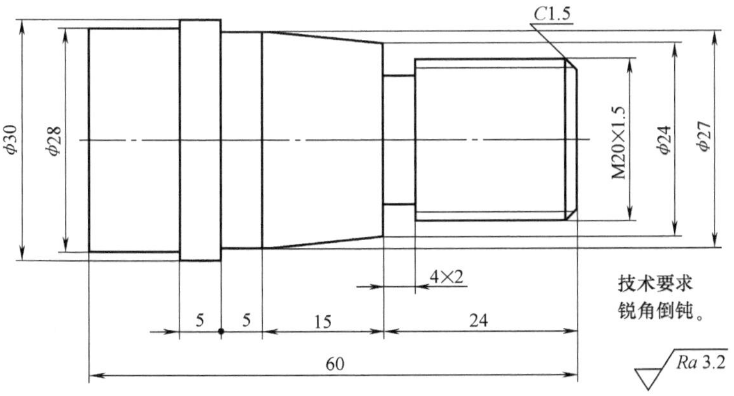

图 1-25　螺纹轴

子任务二　哑铃轴的手工编程与加工

图 1-15 所示为哑铃轴零件图，毛坯尺寸为 ϕ32mm×265mm，材料为 45 钢，生产类型为单件或小批量生产，无热处理工艺要求。以螺纹哑铃轴为例，试正确设定工件坐标系，根据子任务一制订的加工工艺，正确编制数控加工程序并完成零件的加工。

【任务目标】

1. 知识目标

1）掌握指令 G00、G01、G90、G94、G32、G92、G76 的格式及用法。掌握轴向粗车复合循环指令 G71、G70 的运动轨迹及用法。

2）掌握所学数控编程指令字的含义，正确编制工件的加工程序。

2. 能力目标

1）能熟练操作数控车床。

2）能编写哑铃轴的数控加工程序。

3）能对哑铃轴进行仿真加工。

4）能在数控车床上完成零件的加工。

3. 素质目标

1）具备规范操作的能力。

2）具备自我学习的能力。

3）具备语言表达能力。

【任务分析】

该零件的外圆精度要求较高，圆锥面的表面粗糙度值为 $Ra1.6\mu m$，其余为 $Ra3.2\mu m$，主要由三个高精度外圆、一个退刀槽、一个宽槽、两个螺纹组成，注意保证精度要求。可以用 G01 或 G90 指令加工外圆，用 G01、G94 指令加工端面，用 G32、G92 指令加工三角形螺纹，用 G01、G32 指令编程时会使程序段增加，编程烦琐，如果采用固定循环指令 G90 编程会使程序简短，又因螺纹处有倒角，用 G71 指令编程会使程序更简短。通过学习本节内容，使学生掌握简单轴类零件加工的常用指令（G00、G01、G94、G90、G92、G32 等）格式、用法及工件加工与质量分析方法等。

【知识储备】

一、数控车床坐标系的建立

要在数控车床上自动完成工件加工，必须先建立工件坐标系来完成工件的加工程序。我国也相应制定了符合国际标准的数控车床坐标轴和运动方向的标准，并且已在数控加工中广泛应用。

1. 坐标轴和运动方向命名的原则

标准的坐标系是一个笛卡儿坐标系。如图 1-26 所示，规定空间直角坐标系 X、Y、Z 三者的关系及其方向由右手定则判定：大拇指指向为 X 轴的正方向；食指指向为 Y 轴的正方向；中指指向为 Z 轴的正方向。X、Y、Z 各轴的回转运动及其正方向 $+A$、$+B$、$+C$ 分别用右手螺旋法则判定：以大拇指指向 $+X$、$+Y$、$+Z$ 方向，食指、中指的指向就是圆周进给运动的 $+A$、$+B$、$+C$ 方向。

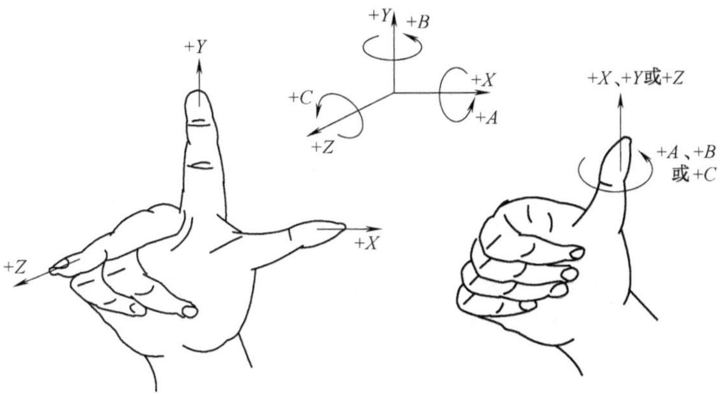

图 1-26　笛卡儿坐标系

（1）运动方向的确定

1）实际编程时，假定刀具相对于静止的工件而运动。当工件运动时，在坐标轴符号上加“′”表示。按相对运动的关系，工件运动的正方向恰好与刀具运动的正方向相反。

2）运动方向的规定：将增大刀具与工件距离的方向确定为各坐标轴的正方向。

3）机床旋转坐标运动的正方向是按照右旋螺纹进入工件的方向，即车床主轴沿顺时针旋转的方向为“$+C'$”。

（2）坐标轴的规定　先确定 Z 坐标轴，再按规定确定 X 坐标轴，最后用右手定则确定 Y 坐标轴。

1）Z 坐标轴：Z 轴与主轴轴线重合，设 Z 轴远离工件（即增大刀具与工件之间的距离）的方向为 Z 轴的正方向，如图 1-27 所示。

2）X 坐标轴：X 轴垂直于 Z 轴，对应于刀架的径向移动，设 X 轴远离工件轴线（即增大刀具与工件之间的距离）的方向为 X 轴的正方向。

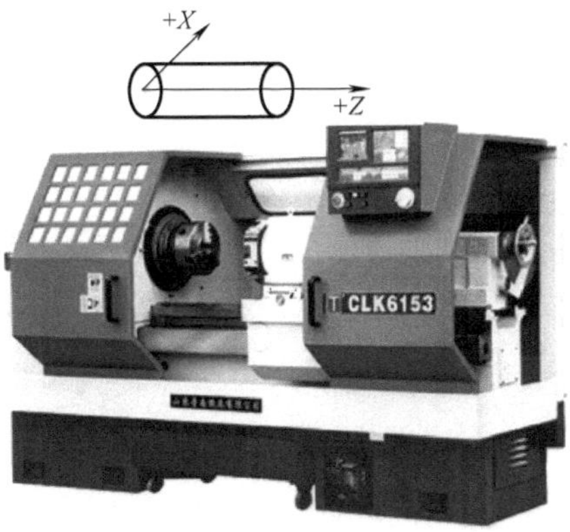

图 1-27　数控车床坐标轴

2. 机床坐标系

（1）机床坐标系的原点　机床坐标系的原点是生产厂家在制造机床时的固定坐标系原点，也称机械零点。它在机床装配、调试时已经确定下来，是机床加工的基准点。机床坐标系是数控机床中所建立的工件坐标系的参考坐标系，一般不作为编程坐标系，仅作为工件坐标系的参考坐标系。数控车床的机床坐标系原点的位置大多规定在其主轴轴线与装夹卡盘之法兰盘端面的交点上，如图 1-28 所示。

数控车床以其主轴轴线方向为 Z 轴方向，刀具远离工件的方向为 Z 轴正方向。X 坐标的方向在工件的径向上，且平行于横向滑板，刀具离开工件旋转中心的方向为 X 轴正方向。卧式数控车床坐标系如图 1-29 所示。

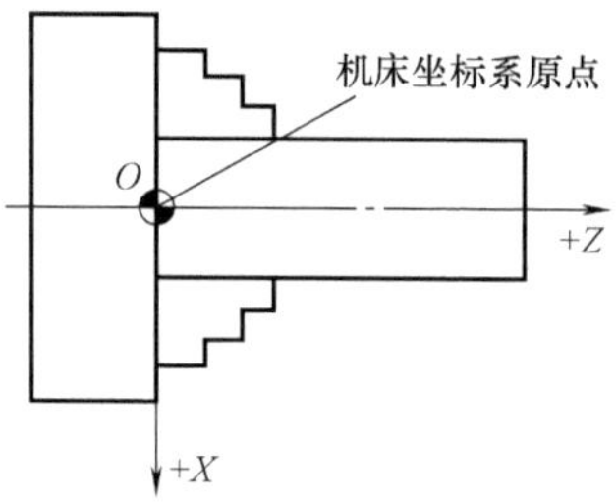

图 1-28 机床坐标系原点

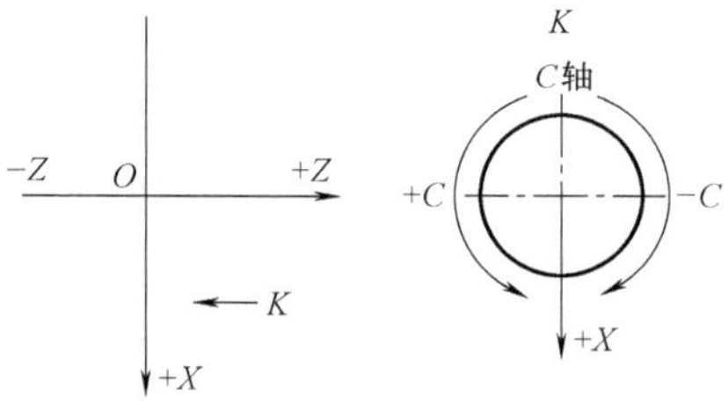

图 1-29 卧式数控车床坐标系

（2）机床参考点 机床参考点为机床上一固定点，其位置由 X 向与 Z 向的机械挡块及电动机零点位置来确定，机械挡块一般设定在 Z 轴和 X 轴正向最大位置。机床通电后，必需手动返回参考点建立机床坐标系，机床坐标系一经建立，就一直保持不变，直至断电。数控车床参考点一般是离机床原点最远的极限点，如图 1-30 所示。

3. 工件坐标系

（1）工件坐标系的定义 工件坐标系（也称编程坐标系）是编程人员根据零件图样及加工工艺等建立的坐标系。工件坐标系一般供编程使用，确定工件坐标系时不必考虑工件毛坯在机床上的实际装夹位置。以编程原点为坐标原点，建立一个 Z 轴与 X 轴的直角坐标系，则此坐标系就称为工件坐标系，如图 1-31 所示。

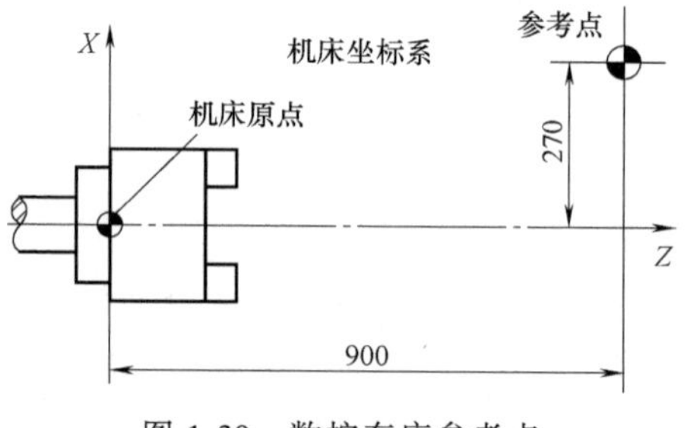

图 1-30 数控车床参考点

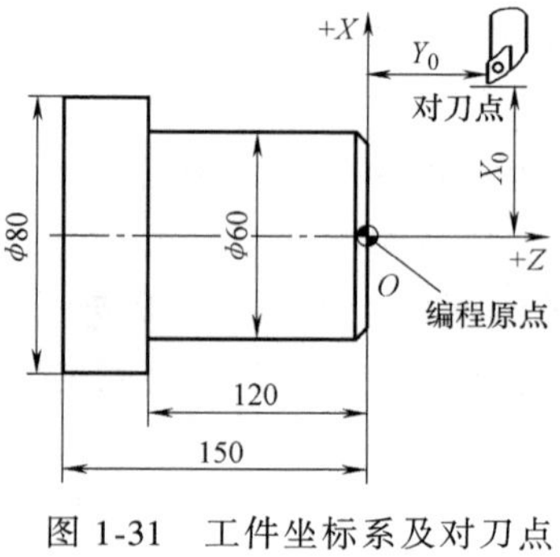

图 1-31 工件坐标系及对刀点

（2）工件原点 工件原点是根据零件图样及加工工艺要求选定的编程坐标系的原点。工件原点应尽量选择在零件的设计基准或工艺基准上，工件坐标系中各轴的方向应该与所使用的数控机床相应的坐标轴方向一致。数控车床上工件的编程原点一般选择在工件轴线与工件右端面或左端面的交点上。如图 1-31 所示，工件原点设在工件右端面与工件轴线的交点处。(工件原点偏置：工件随夹具在机床上安装后，工件原点与机床原点间的距离。)

（3）对刀点 对刀点是数控加工中刀具相对于工件运动的起点，程序也从该点开始执行，故也称其为起刀点或程序起点。

（4）刀位点 用于确定刀具在机床上的位置的刀具上的特定点。车刀的刀位点为刀尖或刀尖圆弧中心；平底立铣刀的刀位点是刀具轴线与刀具底面的交点；球头铣刀的刀位点是球头的球心，钻头的刀位点是钻尖等。采用手动对刀操作，对刀精度较低，且效率低，故有些工厂采用光学对刀镜、对刀仪、自动对刀装置等，以减少对刀时间，提高对刀精度。

（5）换刀点 加工过程中需要换刀时刀具的相对位置点。换刀点往往设在工件、夹具的外部，以能顺利换刀，不碰撞工件、夹具及其他部件为准。

二、加工程序的结构及功能代码

1. 加工程序的结构

加工程序是由遵循一定结构、句法和格式规则的若干个程序段组成的，是数控加工的核心内容，是一系列加工指令的有序集合。一个完整的加工程序应包括程序号、程序内容和结束符号三个部分。

（1）程序号 程序号用作加工程序的开始标识。每个加工程序都有自己专用的程序号。不同的数控系统，程序号地址码也不相同，常用的有%、P、O 等符号，编程时要按照系统说明书的规定去指定，如写成%8、P10、O0001 等形式，否则系统不识别。

（2）程序内容 程序内容由加工顺序、刀具的各种运动轨迹和各种辅助动作的若干个程序段组成。

程序段中各坐标数值输入时应有小数点（不同数控系统有所不同），每段程序最后应加“;”以示此段程序结束。一个程序段定义一个将由数控装置执行的指令行。每个程序段是由若干个指令字组成的，程序段的格式定义了每个程序段中功能字的句法，其结构见表 1-15。

表 1-15 程序段中功能字的结构

N	G	X(U)	Z(W)	F	S	T	M
顺序号	准备功能	坐标字		进给功能	主轴功能	刀具功能	辅助功能

如 N20 G01 X40. Z 60. F0. 1;

（3）结束符号 结束命令表示加工程序结束，如 FANUC、GSK980T 系统中都用 M02 指令表示程序结束；若需光标返回至程序开头，则需使用 M30 指令。

2. 功能代码

（1）准备功能 准备功能又称 G 功能或 G 代码，是由地址字 G 和后面的两位数字来表示的，它用来规定刀具和工件的相对运动轨迹、机床坐标系、坐标平面、刀具补偿、坐标偏置等多种加工操作，其功能见表 1-16。

1）“*”号为默认 G 代码，即在机床系统上电时被初始化为该功能。

2）在同一程序段中可以指定不同组的几个 G 代码且与顺序无关；若在同一程序段中指定同组的 G 代码，则后面的有效。不同系统的 G 代码并不一致，即使同型号的系统，也未必相同，编程时要以系统说明书所规定的代码编程。

3）00 组的 G 代码是一次性 G 代码。

4）模态（续效）指令和非模态（非续效）指令。模态（续效）指令是指数控程序中相应字段的值一经设置，以后一直有效，直至某程序段又对该字段重新设置。模态指令的另一意义是设置之后，以后的程序段中若使用相同的功能，可以不必再输入该字段，否则是非模态（非续效）指令。

表 1-16　准备功能

G 代码	组	功能	G 代码	组	功能
* G00	01	定位(快速移动)	G57	14	选择工件坐标系 4
G01		直线插补	G58		选择工件坐标系 5
G02		顺时针圆弧(CW,顺时针)	G59		选择工件坐标系 6
G03		逆时针圆弧(CCW,逆时针)	G70	00	精车复合循环
G04	00	暂停(Dwell)	G71		内外圆粗车复合循环
G09		停于精确的位置	G72		端面粗车复合循环
G20	06	英制输入	G73		固定形状粗加工复合循环
* G21		米制输入	G74		端面深孔加工循环
* G22	04	内部行程限位,有效	G75		径向切槽循环
G23		内部行程限位,无效	G76		螺纹切削复合循环
G27	00	检查参考点返回	* G80	10	取消固定循环
G28		参考点返回	G83		钻孔循环
G29		从参考点返回	G84		攻螺纹循环
G30		回到第二参考点	G85		正面镗孔循环
G32	01	等螺距螺纹切削	G87		侧面钻孔循环
* G40	07	取消刀尖半径偏置	G88		侧面攻螺纹循环
G41		刀尖半径偏置(左侧)	G89		侧面镗孔循环
G42		刀尖半径偏置(右侧)	G90	01	内外圆柱(圆锥)切削循环
G50	00	修改工件坐标;设置主轴最高转速	G92		螺纹切削固定循环
G52		设置局部坐标系	G94		(锥度)端面切削循环
G53		选择机床坐标系	G96	12	恒线速度控制
* G54	14	选择工件坐标系 1	* G97		恒线速度控制取消
G55		选择工件坐标系 2	G98	05	每分钟进给量
G56		选择工件坐标系 3	* G99		每转进给量

（2）辅助功能　辅助功能也称 M 功能，用于控制加工程序的走向，并用来指定机床辅助动作及状态。它是由字母 M 及其后面的数字组成的，其特点是靠继电器的通断来实现其控制过程。辅助功能代码及其功能见表 1-17。

表 1-17　辅助功能代码及其功能

M 代码	功能	M 代码	功能
M00	程序停止	M06	换刀
M01	计划停止	M08	切削液开
M02	程序结束	M09	切削液关
M03	主轴正转（CW）	M30	程序结束并返回起点
M04	主轴反转（CCW）	M98	子程序调用
M05	主轴停止	M99	子程序结束

三、槽的加工方法

1. 刀具选择与进刀方式

（1）窄、浅槽且精度要求不高的槽　它可采用与槽等宽的刀具直接切入一次成形的方法加工，如图1-32a所示。刀具切入到槽底后可利用延时指令使刀具短暂停留，以修整槽底圆度，退出过程中可采用工进速度。

（2）窄、深槽　为了避免切槽过程中由于排屑不畅，使刀具前部压力过大而出现扎刀和折断刀具的现象，应采用分次进刀的方式，刀具在切入工件一定深度后，停止进刀并回退一段距离，达到断屑和排屑的目的，如图1-32b所示。同时注意尽量选择强度较高的刀具。

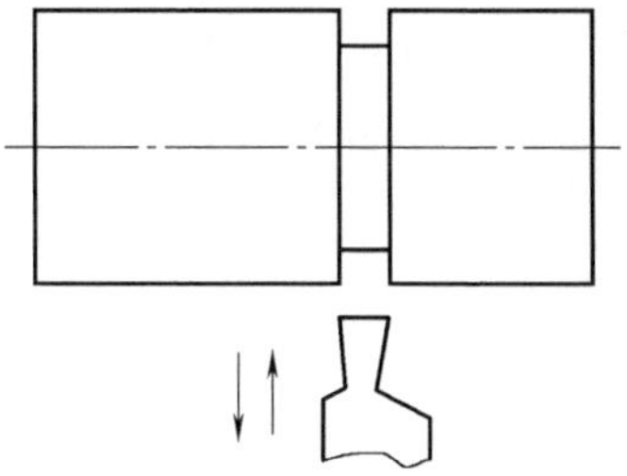
a) 窄、浅槽的加工方式

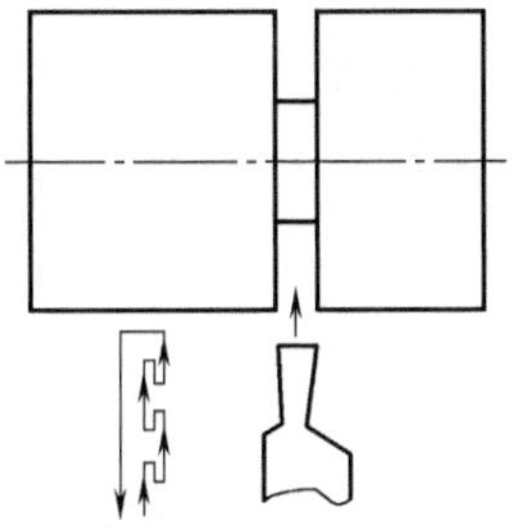
b) 窄、深槽的加工方式

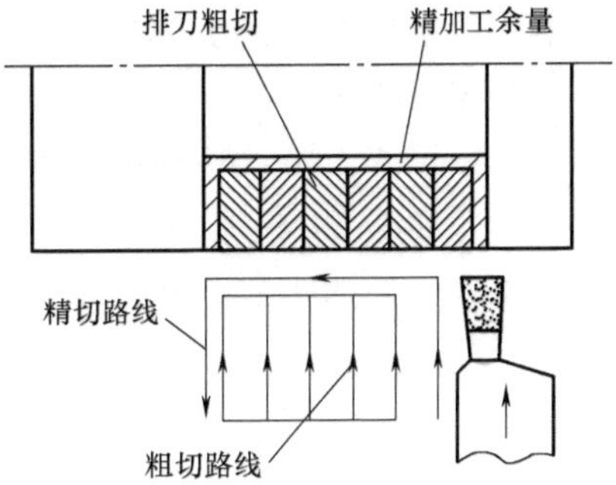

c) 宽槽切削方式

图1-32　外圆槽的加工方式

（3）宽槽　通常把大于一个切槽刀宽度的槽称为宽槽，宽槽的宽度、深度等精度要求及表面质量要求相对较高。在切削宽槽时常采用排刀的方式进行粗切，然后用精切槽刀沿槽的一侧切至槽底，精加工槽底至槽的另一侧，再沿侧面退出，其切削方式如图1-32c所示。

（4）异形槽　对于异形槽的加工，大多采用先切直槽然后修整轮廓的方法进行。

2. 切削用量与切削液的选择

背吃刀量、进给量和切削速度是切削用量三要素，在切槽过程中，背吃刀量受到切槽刀宽度的影响，其调节范围较小。要增加切削稳定性，提高切削效率，就要选择合适的切削速度和进给速度。在普通车床上进行切槽加工时，切削速度和进给速度相对外圆切削要选取得低些，一般取外圆切削的30%～70%。数控车床的各项性能指标要远高于普通车床，在切削用量的选取上同样可以选择相对较高的速度，切削速度可以选择外圆切削的60%～80%，进给速度选取0.05～0.3mm/r。

需要注意的是，在切槽中容易产生振动现象，这往往是由于进给速度过低，或者是由于线速度与进给速度搭配不当造成的，需及时调整，以保证切削稳定。

切槽过程中，为了解决切槽刀刀头面积小、散热条件差、易产生高温而降低刀片切削性能等问题，可以选择冷却性能较好的乳化类切削液进行喷注，使刀具充分冷却。

四、螺纹的加工方法

1. 螺纹的升降速

由于伺服系统的滞后，在螺纹切削的开始及结束部分，螺纹导程会发生变化。为了保证螺纹精度，在数控车床上切削螺纹时必须设置升速进刀段 δ_1 和降速退刀段 δ_2，如图 1-33 所示。因此，加工螺纹的实际长度除了螺纹的有效长度 L 外，还应包括升速段 δ_1 和降速段 δ_2 的距离（即 $L+\delta_1+\delta_2$），其数值与工件的螺距和转速有关，一般大于一个导程。大约计算值为

$$\delta_1 = 3.6\times\frac{Pn}{1800} \tag{1-2}$$

$$\delta_2 = \frac{Pn}{1800} \tag{1-3}$$

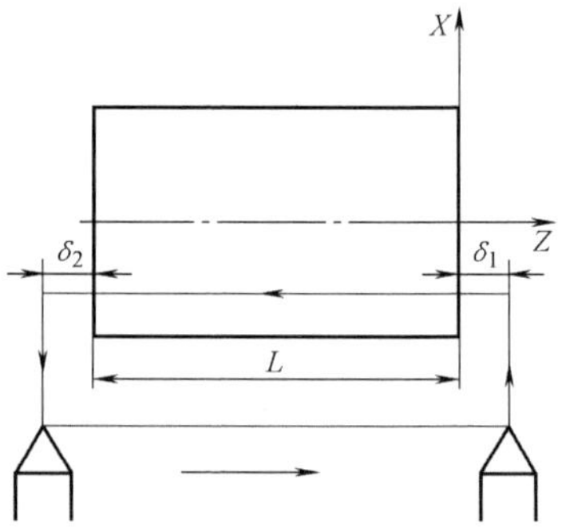

图 1-33　螺纹切削升、降速段

式中，P 为螺距；n 为主轴转速。

2. 进刀方式

数控车床上螺纹切削一般有两种进刀方式：一种是直进法，如图 1-34a 所示；另一种是斜进法，如图 1-34b 所示。当螺纹螺距较大时，可分数次进给。进刀的余量分配方式一般采用递减式，如图 1-34c 所示。

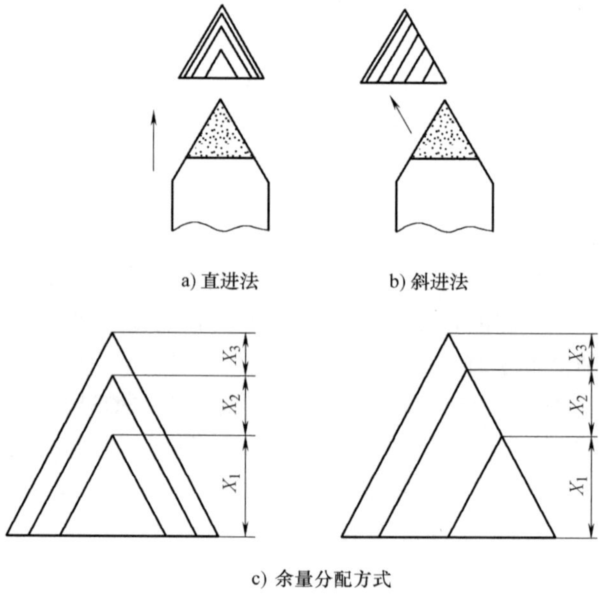

图 1-34　螺纹切削的进刀及分配方式

每次的切削深度应适当，切深过小会增加切削次数，影响加工效率，同时加剧刀具磨损；切深过大会使切削力增大，容易出现扎刀、崩刃及螺纹掉牙现象。因此，切削螺纹时的每次切深应为递减方式，即随着螺纹深度的增加，要相应减小每次的切削深度。

3. 螺纹加工进给量与走刀次数的确定

螺纹加工中，每次吃刀的进给量（背吃刀量）与走刀次数直接影响螺纹的加工质量，车削螺纹的走刀次数和背吃刀量参考数据见表 1-18。

表 1-18　车削螺纹的走刀次数和背吃刀量参考数据

三角形螺纹								
螺距/mm		1.0	1.5	2.0	2.5	3.0	3.5	4.0
牙深(半径值)/mm		0.649	0.974	1.299	1.624	1.949	2.273	2.598
走刀次数及背吃刀量(直径值)/mm	1次	0.7	0.8	0.9	1.0	1.2	1.5	1.5
	2次	0.4	0.6	0.6	0.7	0.7	0.7	0.8
	3次	0.2	0.4	0.6	0.6	0.6	0.6	0.6
	4次		0.16	0.4	0.4	0.4	0.6	0.6
	5次			0.1	0.4	0.4	0.4	0.4
	6次				0.15	0.4	0.4	0.4
	7次					0.2	0.2	0.4
	8次						0.15	0.3
	9次							0.2

注：表中走刀次数和背吃刀量根据工件材料及刀具的不同可酌情增减。

五、常用指令

1. 快速点定位指令 G00

G00 指令是模态代码，它使刀具从当前所在点快速移动到下一个目标点位置。

(1) 指令格式

G00 X(U)__ Z(W)__;

其中，X、Z 为绝对编程时，终点的绝对坐标值；U、W 为增量编程时，终点相对于前一点的增量坐标值。

数控车床一般有两个坐标控制轴，即 *X* 轴和 *Z* 轴。编程方法可以用绝对坐标编程或增量坐标编程，也可以在一个程序段中混合使用两种方法，称为混合编程。对于 *X* 轴和 *Z* 轴，增量编程所用的增量指令分别是 U 和 W。

如图 1-35 所示，*A* 点坐标为（X42.，Z2.），*B* 点坐标为（X20.，Z2.）。车刀由 *A* 点快速移动到 *B* 点的程序段为：

G00 X20.0 Z2.0;（绝对坐标编程）

G00 U-22.0 W0;（增量坐标编程）

G00 X20. W0;（混合坐标编程）

当用绝对值编程时，X、Z 后面的数值是终点位置在工件坐标系中的坐标值。当用相对值编程时，U、W 后面的数值是终点与当前点之间的距离和方向。

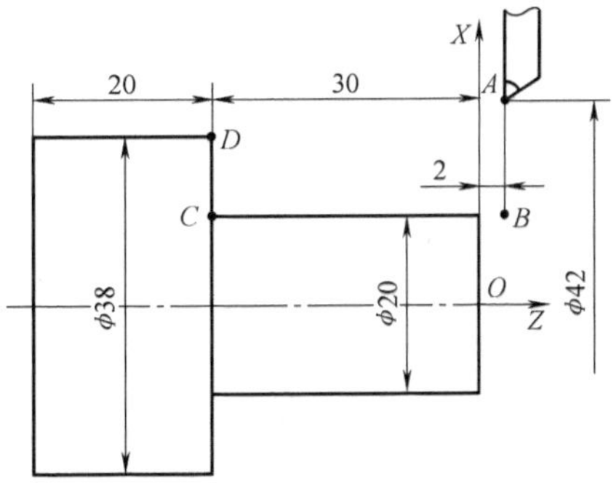

图 1-35　快速点定位

(2) 说明

1) G00 的执行过程：刀具由程序起始点加速到最大速度，然后快速移动，最后减速到终点，实现快速点定位。

2) 刀具的实际运动路线有时不是直线，而是折线，因此使用 G00 时，要注意刀具与工件是否发生干涉，对不适合联动的场合，两轴可单动。

2. 直线插补指令 G01

G01 指令是模态代码，它是直线插补指令，规定刀具在 *XOZ* 平面内以插补联动方式按指定的进给速度 F 做任意的直线运动。

（1）指令格式

G01 X(U)__ Z(W)__ F __;

其中，X、Z 为绝对编程时，终点的绝对坐标值；U、W 为增量编程时，终点相对于前一点的增量坐标值；F 为进给速度。

例如，用直线插补指令编写图 1-36 所示零件的加工程序（车刀由 *B*→*C*）如下：

绝对坐标编程：

G01 X25. Z13. F0. 1;

增量坐标编程：

G01 U0 W-22. F0. 1;

（2）说明

1）G01 指令后的坐标值取绝对值编程还是增量值编程，由编程者根据情况决定。

2）进给速度由 F 指令决定。F 指令也是模态指令，即程序中的 F 指令在没有新的 F 指令以前一直有效，不必在每个程序段中都写入 F 指令。

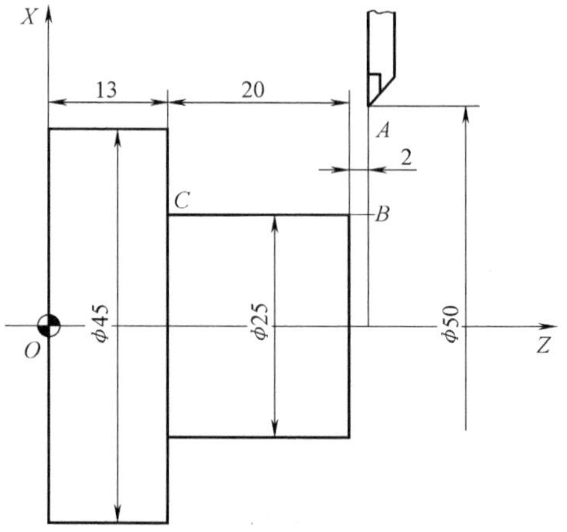

图 1-36　直线切削循环

3. 内外圆柱切削循环指令 G90

（1）指令格式

G90 X(U)__ Z(W)__ F __;

其中，X、Z 为绝对编程时，终点的绝对坐标值；U、W 为增量编程时，终点相对于前一点的增量坐标值；F 为进给速度。

如图 1-37 所示，当程序执行 G90 切削循环指令时，刀具从循环起点开始按矩形循环，最后又回到循环起点。显然，运行一句 G90 指令相当于运行四句 G00 和 G01 指令，可以大大简化粗车程序，使程序更加简洁。图 1-37 中 1R、4R 表示第 1、4 两步为 G00 快速移动，2F、3F 表示第 2、3 两步为按 F 指定的进给速度切削进给，其加工顺序按 1→2→3→4 进行，U 和 W 的正负号（+/-）在增量坐标程序中是由 1 和 2 的方向决定的。

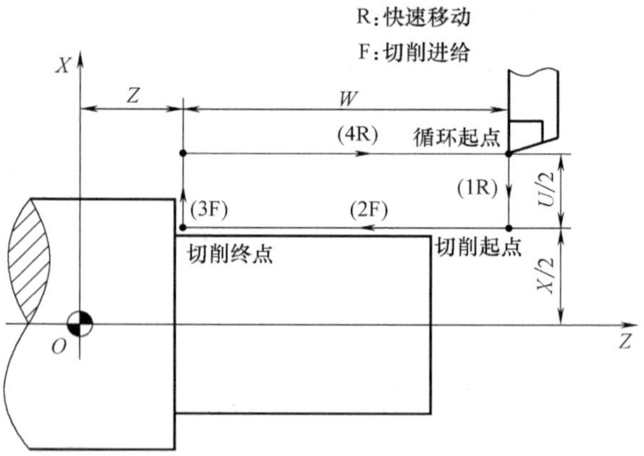

图 1-37　直线切削路径

（2）说明

1）在切削循环过程中，M、S、T 等功能不能改变，如需改变，须在 G00 或 G01 状态下变更。

2）每执行完一句 G90 切削循环后，车刀返回循环起点。

4. 端面切削循环指令 G94

（1）指令格式

G94 X(U)__ Z(W)__ F__;

其中，X、Z 为绝对编程时，终点的绝对坐标值；U、W 为增量编程时，终点相对于前一点的增量坐标值；F 为进给速度。

如图 1-38 所示，当程序执行 G94 切削循环指令时，刀具从循环起点开始按矩形循环，最后又回到循环起点。G94 切削循环指令同样可以简化编程。其运行轨迹按 1R→2F→3F→4R 进行，增量坐标编程时 U 和 W 的正负号（+/-）取决于 1 和 2 的方向。

（2）说明　G94 与 G90 切削循环的区别在于：G90 切削循环第一步移动 X 轴，G94 切削循环第一步移动 Z 轴。

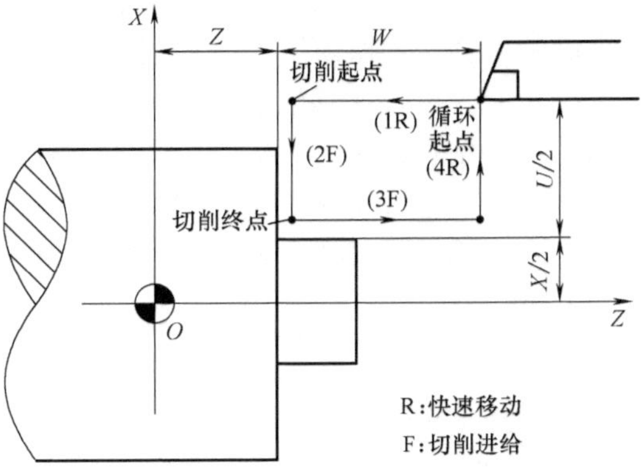

图 1-38　端面切削循环

5. 精车复合循环指令 G70

（1）指令运动轨迹　G70 指令轨迹由 ns~nf 程序段的编程轨迹决定。刀具从循环起点位置沿着 ns~nf 程序段给出的工件精加工轨迹进行精加工，在 G71、G72 或 G73 进行粗加工后，用 G70 指令进行精车，单次完成精加工余量的切削。

（2）指令格式

G70 P<u>ns</u> Q <u>nf</u>;

其中，ns 为精车轨迹的第一个程序段的程序段号；nf 为精车轨迹的最后一个程序段的程序段号。

G70 必须在 ns~nf 程序段后编写。

提示：执行 G70 精加工循环时，ns ~ nf 程序段中的 F、S、T 指令有效；G96、G97、G98、G99、G40、G41、G42 指令在执行 G70 精加工循环时有效；同一程序中需要多次使用复合循环指令时，ns~nf 不允许有相同的程序段号。

6. 内外圆粗车复合循环指令 G71

（1）指令运动轨迹　数控系统根据精车轨迹、精车余量、进给量、退刀量等数据自动计算粗加工路线，沿与 Z 轴平行的方向切削，通过多次进刀、切削、退刀的切削循环完成工件的粗加工，G71 的起点和终点相同。本指令适用于非成形毛坯（棒料）的成形粗车，其运动轨迹如图 1-39 所示。

精车轨迹为 $A \rightarrow B \rightarrow C$；粗车轨迹为精车轨迹按精车余量（$\Delta u$、$\Delta w$）偏移后的轨迹，是执行 G71 形成的轨迹轮廓。

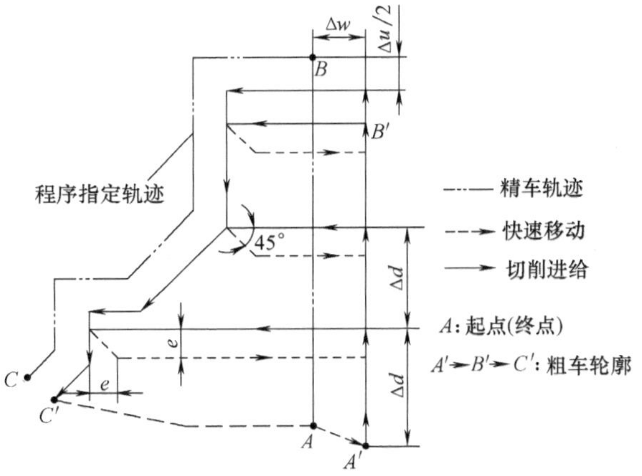

图 1-39　G71 指令运动轨迹

精车轨迹的 A、B、C 点经偏移后对应粗车轮廓的 A'、B'、C'点，G71 指令最终的连续切削轨迹为 $B'\rightarrow C'$。

（2）指令执行过程

1）从起点 A 快速移动到 A'，X 向移动 Δu，Z 向移动 Δw。

2）从 A'点沿 X 轴移动 Δd（进刀），进刀方向与 $A\rightarrow B$ 的方向一致。

3）沿 Z 轴切削进给到粗车轮廓，进刀方向与 $B\rightarrow CZ$ 向变化一致。

4）沿 X 轴、Z 轴按切削进给速度退刀 e（45°直线），退刀方向与各轴进刀方向相反。

5）沿 Z 轴以快速移动速度退回到与 A'点 Z 轴绝对坐标相同的位置。

6）沿 X 轴再次进刀→切削→退刀循环，直至到达或超过 B'点后，沿 X 轴进刀至 B'点。

7）沿粗车轮廓从 B'点切削进给至 C'点。

8）从 C'点快速移动到 A 点，G71 循环结束。

（3）指令格式

G71 U $\underline{\Delta d}$ R$\underline{e}$ F __ S __ T __；

G71 P$\underline{ns}$ Q$\underline{nf}$ U$\underline{\Delta u}$ W$\underline{\Delta w}$；

N __(ns)……；

……；

……F；

……S；

……；

N __(nf)……；

其中，Δd 为粗车时 X 轴的背吃刀量（半径值，无符号）；e 为粗车时 X 轴的退刀量（半径值，无符号）；ns 为精车轨迹的第一个程序段号；nf 为精车轨迹的最后一个程序段号；Δu 为 X 轴的精车余量（直径值，有符号）；Δw 为 Z 轴的精车余量（有符号）；F 为切削进给速度；S 为主轴转速；T 为刀具号、刀具偏置号。

（4）留精车余量时坐标偏移方向　Δu、Δw 反映了精车时坐标偏移和切入方向，按 Δu、Δw 的符号有四种不同的组合，如图 1-40 所示。图中 $B\rightarrow C$ 为精车轨迹，$B'\rightarrow C'$为粗车轮廓，A 为起刀点。

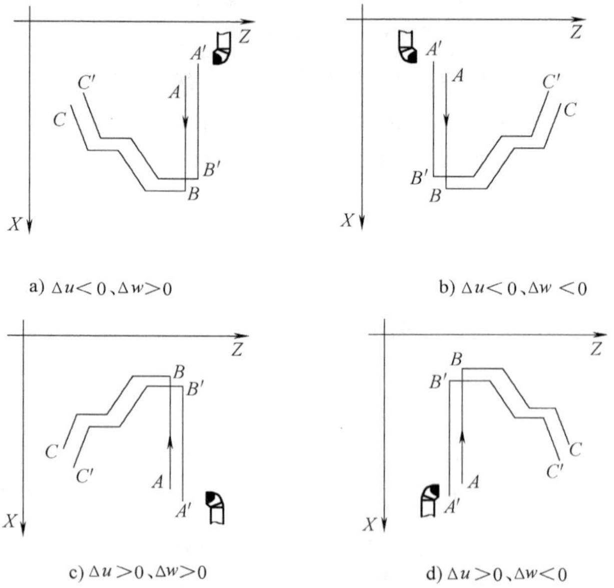

a) $\Delta u<0$、$\Delta w>0$　b) $\Delta u<0$、$\Delta w<0$

c) $\Delta u>0$、$\Delta w>0$　d) $\Delta u>0$、$\Delta w<0$

图 1-40　Δu、Δw 正负号的确定

通过图 1-40，在确定 Δu、Δw 的正负号时，可以简单地总结为两句话：当 X 轴方向向远离工件的方向留精加工余量时，Δu 的符号为正，反之为负；当 Z 轴方向向远离工件的方向留精加工余量时，Δw 的符号为正，反之为负。

（5）指令说明

1）ns～nf 程序段必须紧跟在 G71 程序段后编写。

2）执行 G71 时，ns～nf 程序段仅用于计算粗车轮廓，程序段并未被执行。ns～nf 程序段中的 F、S、T 指令在执行 G71 时无效，G71 程序段中的 F、S、T 指令有效。执行 G70 精加工循环时，ns～nf 程序段中的 F、S、T 指令有效。

3）G96、G97、G98、G99、G40、G41、G42 指令在执行 G71 循环时无效，在执行 G70 精加工循环时有效。

4）Δd、Δu 都用同一地址 U 指定，其区分是根据该程序段有无指定 P、Q 指令。

提示：

1）精车轨迹（ns～nf 程序段），X 轴、Z 轴的尺寸都必须是单调变化。

2）ns～nf 程序段中，不能有子程序调用指令，如 M98 或 M99。

3）同一程序中多次使用复合循环指令时，ns～nf 不允许有相同程序段号。

7. 单槽加工

（1）单窄槽的加工指令 G01　哑铃轴零件左端是单槽，即螺纹退刀槽。退刀槽一般对表面质量、尺寸精度、圆度和表面质量的要求都不高。因此，选用与槽等宽的 4mm 切槽刀，采取直接切入槽底后暂停修整槽底圆度，然后慢速退刀修正侧面的方式进行加工。工件坐标系原点选在工件右端面中心，采用切槽刀左刀尖为刀位点对刀。

（2）宽、深槽的加工指令 G75　哑铃轴零件右端是宽槽，这样的槽用宽刃刀直接切出是不现实的。这里选用 4mm 切槽刀，采用径向切槽循环指令 G75 进行加工。

1）指令介绍。G75 指令格式：

G75 R$\underline{e}$;

G75 X(U)__ Z(W)__ P $\underline{\Delta i}$ Q$\underline{\Delta k}$ R $\underline{\Delta d}$ F __;

其中，e 为切槽过程中径向（X）退刀量。该值为模态值，半径值，单位为 mm；X、Z 为最大切深点的 X、Z 轴绝对坐标值；U、W 为最大切深点的 X、Z 轴增量坐标值；Δi 为切槽过程中径向（X）的退刀量，半径值，单位为 μm；Δk 为沿径向切完一个刀宽后退出，在 Z 向的移动量，单位为 μm，其值小于刀宽；Δd 为刀具切到槽底后，在槽底沿 $-Z$ 方向的退刀量，单位为 μm，最好取 0。

图 1-41 所示为 G75 径向切槽循环指令的切削路径。

在切槽过程中，刀具从槽的一侧开始切削，切入过程有回退断屑动作，且切到槽底后退至切入起始点，然后位移一个小于刀宽的距离，再次开始切槽。完成整个槽宽度的切削后，对槽的两个侧面和槽底进行精加工。

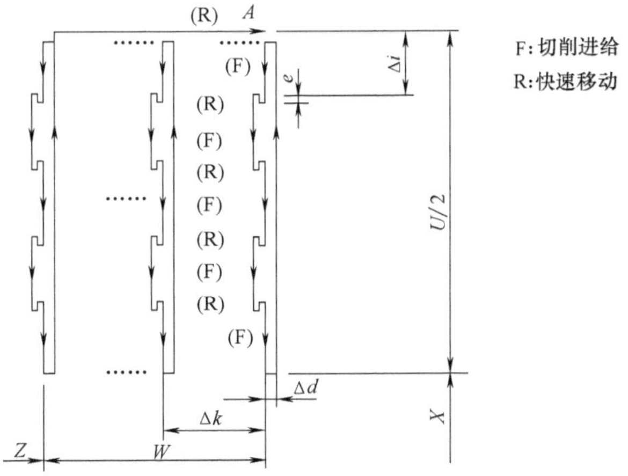

图 1-41　G75 径向切槽循环指令的切削路径

2）注意事项。

① 工件加工过程中，槽的定位是非常重要的，编程时要引起重视。

② 切槽刀通常有三个刀位点，编程时可根据基准标注情况进行选择。

③ 切宽槽时应注意计算刀宽与槽宽

的关系。

（3）多槽加工子程序调用指令 M98　在加工圆周刀具、轧辊等工件时，经常会遇到相似的多槽加工。这种工件槽多且尺寸相同，在编制其加工程序时会出现内容重复现象，增加了编程的工作量。为此在利用 G01 或 G75 指令的同时还应采用子程序调用指令（M98），来编制该零件的加工程序，以减少编程工作量，缩短加工程序的长度。

1）指令格式：

M98 P××××（循环次数） ××××（子程序号）；

2）说明：

① 子程序号与主程序号相似，不同的是子程序用 M99 结束。

② 子程序执行完请求的次数以后返回到主程序 M98 的下一句继续执行。如果子程序后没有 M99，将不能返回主程序。

③ 省略循环次数时，默认循环次数为 1 次。

④ 子程序可以由主程序调用，已被调用的子程序也可以调用其他的子程序。从主程序调用的子程序称为一重子程序，总共可以调用四重，如图 1-42 所示。（FANUC 0i 系统可调用四重，系统不同，规定不一定相同。）

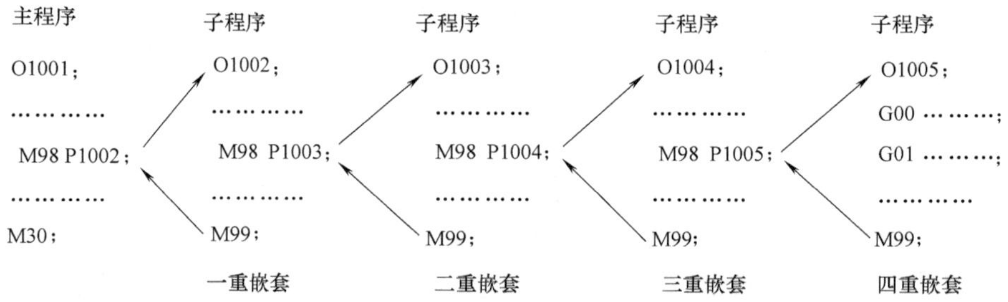

图 1-42　子程序调用的嵌套

3）注意事项。

① 编程时，应注意子程序与主程序之间的衔接问题。

② 在试切阶段，如果遇到应用子程序指令的加工程序，就应特别注意车床的安全问题。

③ 子程序多采用增量方式编制，应注意程序是否闭合。

8. 等螺距螺纹切削指令 G32

（1）指令格式

G32 X(U)__ Z(W)__ F(I)__；

其中，X、Z 为螺纹终点的绝对坐标值；U、W 为螺纹终点相对于起点的增量坐标值；F 为长轴方向的导程；I 为每英寸牙数（用于加工寸制螺纹）。

（2）说明

1）X、U 省略时为圆柱螺纹切削，Z、W 省略时为端面螺纹切削。

2）用 G32 指令可以切削直螺纹、圆锥螺纹、端面螺纹和连续的多段螺纹。

3）G32 为模态 G 指令。

圆锥螺纹 G32 指令切削路径，如图 1-43 所示。

9. 螺纹切削固定循环指令 G92

（1）指令格式

G92 X(U)__ Z(W)__ R__ F(I)__;

其中，X、Z 为螺纹终点的绝对坐标值；U、W 为螺纹终点相对于起点的增量坐标值；R 为切削螺纹起点和终点的半径差（有符号）；F 为螺纹导程（单线螺纹的螺距等于导程）；I 为每英寸的牙数（用于加工寸制螺纹）。

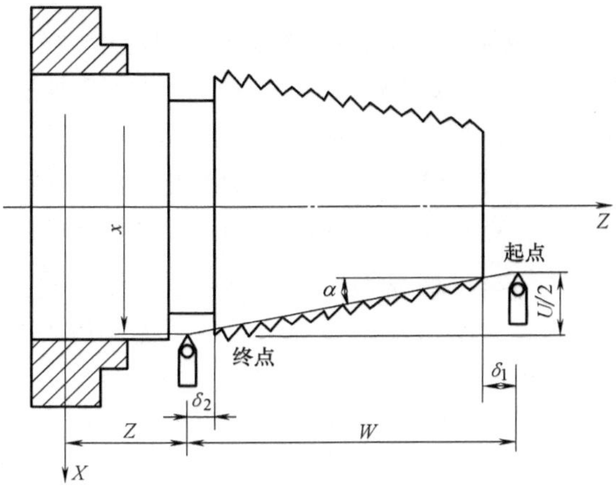

图 1-43　圆锥螺纹 G32 指令切削路径

（2）说明

1）切削圆柱螺纹时，R 为 0，可省略；切削圆锥螺纹时，R 为圆锥螺纹起点和终点的半径差，R 的正负号取决于螺纹切削的起点和终点坐标。当起点坐标值小于终点坐标值时，R 取负值；反之取正值。

2）G92 为模态 G 指令。

3）该指令可用于对圆柱或圆锥螺纹的车削加工。

圆柱螺纹固定循环 G92 指令切削路径，如图 1-44 所示。

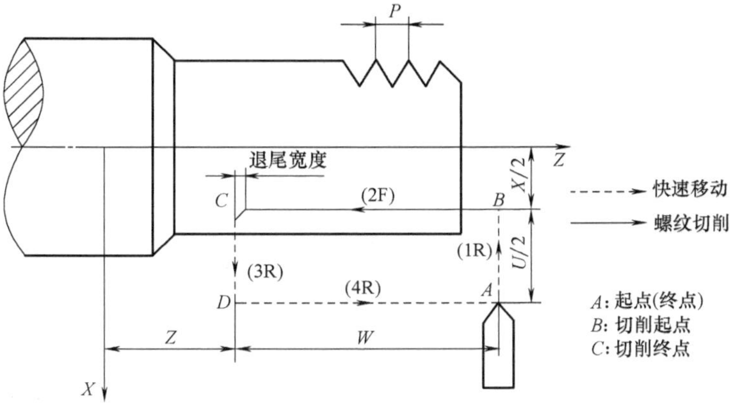

图 1-44　圆柱螺纹固定循环 G92 指令切削路径

每运行一句 G92 指令，车刀按（1R）（快进）→（2F）（切削）→（3R）（快退）→（4R）（快退）运动轨迹循环。在螺纹末端有退尾过程：在螺纹退尾长度处，*Z* 轴继续进行螺纹插补的同时，*X* 轴沿退刀方向加速退出，*Z* 轴到达切削终点后，*X* 轴再快速退出。

10. 螺纹切削复合循环指令 G76

（1）指令格式

G76 P$\underline{mr\alpha}$ Q$\underline{\Delta d_{min}}$ R$\underline{d}$;

G76 X(U)__ Z(W)__ R$\underline{i}$ P$\underline{k}$ Q$\underline{\Delta d}$ F$\underline{p}$ I__;

其中，*m* 为精加工重复次数；*r* 为倒角量。当螺距由 *P* 表示时，可以从 0.01*P* 到 9.9*P* 设定，单位为 0.1*L*（两位数 00～99）；*α* 为螺纹刀尖角度（螺纹牙型角），可以选择 80°、

60°、55°、30°、29°和 0°，由两位数指定；Δd_{min}为最小切削深度（半径值指定），单位为 μm；d 为精加工余量；i 为螺纹切削起点与终点的半径差（有符号），如果 $i=0$，可做一般直线螺纹切削；k 为螺纹高度，X 轴方向用半径值指定，单位为 μm；Δd 为第一刀的切削深度，半径值，单位为 μm；p 为螺纹导程；I 为每英寸的牙数（用于加工寸制螺纹）。

（2）指令功能　通过多次螺纹粗车、精车完成规定牙高（总切深）的螺纹加工，螺纹粗车的切入点由螺纹牙顶沿牙侧逐步移至牙底，使得相邻两牙螺纹的夹角为规定的螺纹角度，每次粗车的螺纹切深为$\sqrt{n}\,\Delta d$，n 为当前的粗车循环次数。G76 指令可实现单侧切削刃螺纹切削，背吃刀量逐渐减小，有利于保护刀具、提高螺纹精度。G76 指令不能加工端面螺纹，其切削路径和进刀方式如图 1-45 所示。

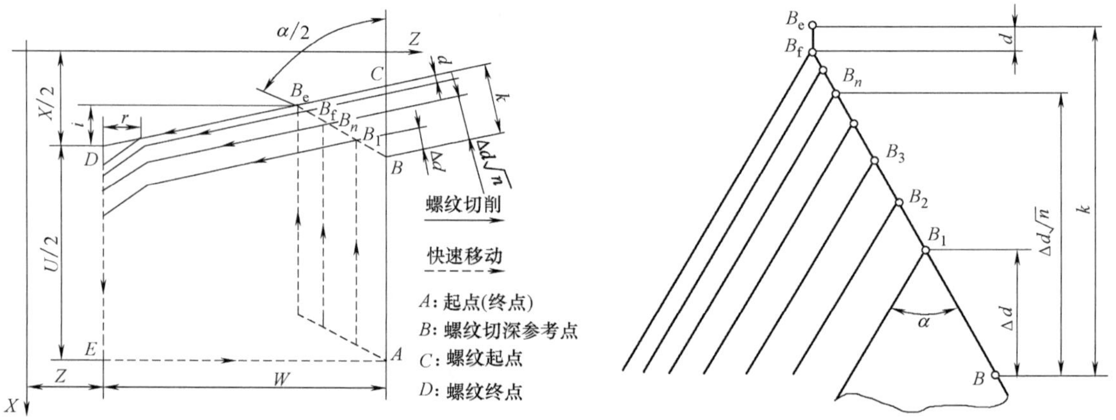

a) G76指令切削路径　　b) G76指令进刀方式

图 1-45　G76 指令切削路径和进刀方式

【任务实施】

一、任务准备

1）准备教学用辅具、设备、毛坯等；选用 FANUC 0i 系统数控车床，计算机及仿真软件；采用自定心卡盘装夹。选用 ϕ32mm×265mm 棒料，毛坯材质为 45 钢。

2）量具选用。

① 钢直尺：0～300mm。

② 游标卡尺：0.02mm/0～300mm。

③ 外径千分尺：0.01mm/0～25mm、25～50mm。

④ M24×1.5 环规、塞规。

⑤ 游标万能角度尺（分度值为 2′）、塞规 ϕ10-7H。

⑥ 表面粗糙度样板。

3）安全文明教育。

4）刀具选择。因该零件结构较复杂，尺寸精度要求较高，工件材料为 45 钢，可选择焊接或可转位 90°外圆车刀、车槽刀、螺纹车刀，材料为 YT15。

二、哑铃轴的编程与加工

1. 程序设计

（1）右端加工程序　右端加工程序见表 1-19。

表 1-19　右端加工程序

加工程序	程序说明	仿真图示
O2001；	程序号为 O2001	
G99 G97 M03 S800 T0101 F0.15；	刀具初始化，使用 1 号刀，转速为 800r/min，以每转进给的方式	
G00 X37. Z2. ；	快速移动至加工起点	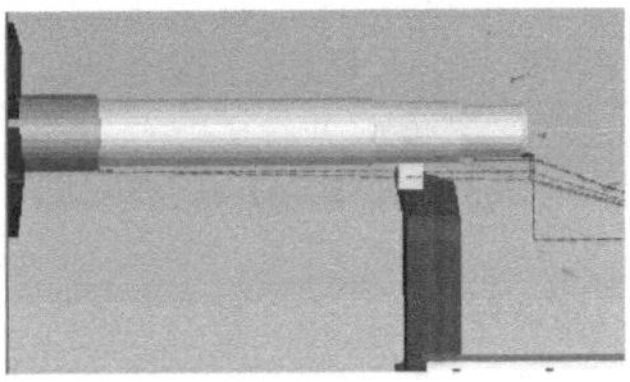
G94 X0 Z0；	车端面	
G71 U1. R0.5；	使用内外圆粗车复合循环的方式	
G71 P1 Q2 U0.5 W0. F0.15；	粗加工工件的外圆，进给量为 0.15mm/r	
N1 G00 X20. ；	精加工外圆路线	
G01 Z0. ；		
X23.8 Z-2. F0.1；		
Z-30. ；		
X28. ；		
Z-70. ；		
X30. ；		
Z-190. ；		
N2 X35. ；		
G00 X100. Z10. ；		
M05；		
M00；		
T0101 M03 S800 G99 F0.15；	刀具初始化，使用 1 号刀，转速为 800r/min，以每转进给的方式	
G00 G42 X45. Z2. ；	快速移动到起刀点，建立刀尖圆弧半径补偿	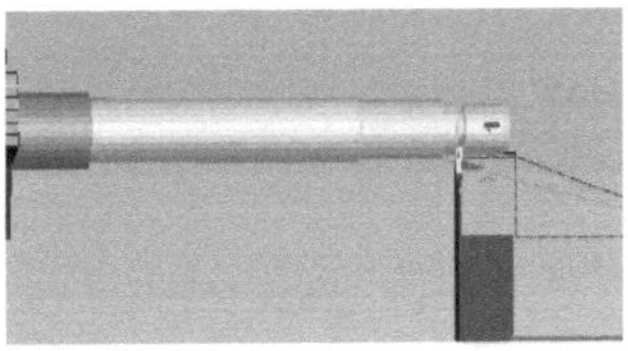
G70 P1 Q2；	精加工	
G00 G40 X100. Z10. ；	刀具返回参考点，取消刀补	
M03 S800 T0202 F0.15；	换 2 号刀	
G00 X29. Z-24.5；	车槽	
M08；		
G75 R1. ；		
G75 X16.5 Z-29. P3000 Q3500；		
G00 X29. Z-24. ；		
G01 X16. F0.15；		
Z-30. ；		
X29. ；		
G00 X100. Z10. ；		

（续）

加 工 程 序	程 序 说 明	仿 真 图 示
T0303 M03 S600;	粗精加工螺纹	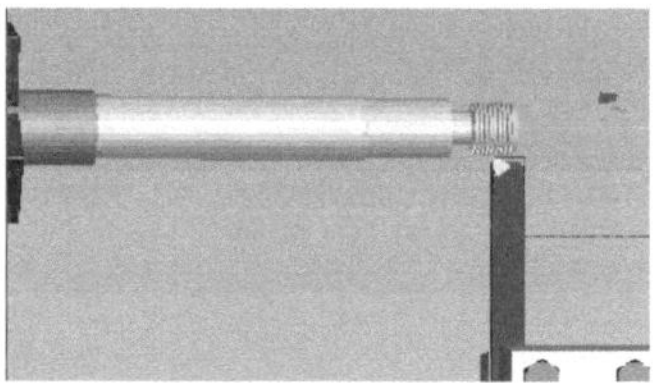
G00 X26. Z3. ;		
G92 X23. Z-22. F1. 5;		
X22. 5;		
X22. 2;		
X22. 05;		
G00 X100. Z20. M05;		
M05;	主轴停	
M30;	程序结束	

（2）左端加工程序　左端加工程序见表 1-20。

表 1-20　左端加工程序

加 工 程 序	程 序 说 明	仿 真 图 示
O2002;	程序号为 O2002	
G99 M03 S800 T0101 F0. 15;	刀具初始化，使用 1 号刀，转速为 800r/min，以每转进给的方式	
G00 X37. Z2. ;	快速移动至加工起点	
G94 X0 Z0;	车端面，取总长	
G71 U1. R0. 5. ;	使用内外圆粗车复合循环的方式	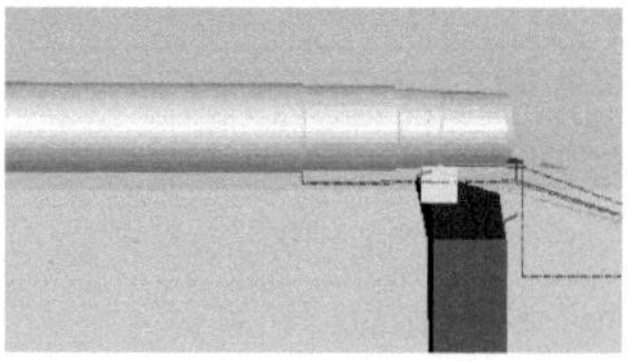
G71 P1 Q2 U0. 5 W0. F0. 15;	粗加工工件的外圆，进给量为 0. 15mm/r	
N1 G00 X20. ;	精加工路线	
G01 Z0. ;		
X23. 8 Z-2. F0. 15;		
Z-24. ;		
X25. ;		
X28. Z-60. ;		
Z-70. ;		
N2 X37. ;		
G00 X100. Z10. ;		
M05. ;		
M00;		
M03 S1200 T0101 F0. 1;		
G00 X35. 0 Z2. 0;		
G70 P1 Q2;		
G00 X100. 0 Z10. 0;	换 2 号刀	
M03 S400 T0202 F0. 15;		

（续）

加工程序	程序说明	仿真图示
G00 X29.0 Z-24.0；	车槽	
G01 X20.0；		
X29.0 F0.15；		
G00 X100.0 Z10.0；	回换刀点，换 3 号螺纹刀	
T0303 M03 S600；		
G00 X26. Z3.；		
G92 X23. Z-22. F1.5；	粗精加工螺纹	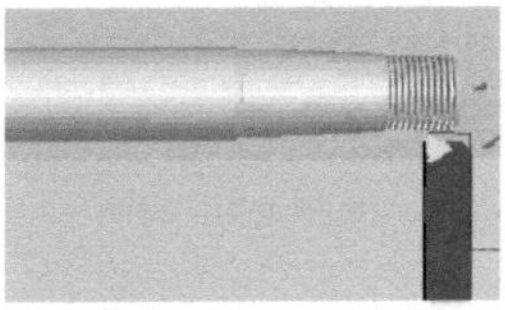
X22.5；		
X22.2；		
X22.05；		
G00 X100. Z20.；		
M05；	主轴停	
M30；	程序结束	

2. **螺纹哑铃轴的加工**

以工件两端面轴心处为螺纹哑铃轴的编程坐标原点，先加工右端外圆，再加工左端。螺纹哑铃轴的加工过程见表 1-21。

表 1-21　螺纹哑铃轴的加工过程

零件名称	螺纹哑铃轴	零件图号		工件材质	45 钢
工步号	工步内容	简图与操作提示			
	自定心卡盘夹持 ϕ32mm 毛坯外圆				
1	车左端面	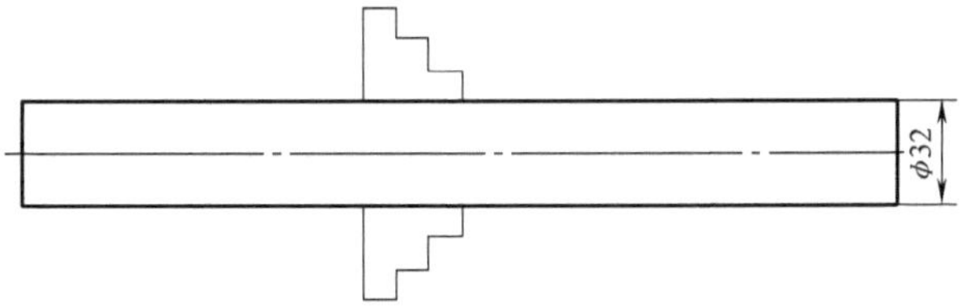			工件装夹在自定心卡盘上，三爪夹持、一夹一顶，装夹要牢固。车刀安装时不宜伸出过长，刀尖高度应与机床主轴中心等高
2	车外圆	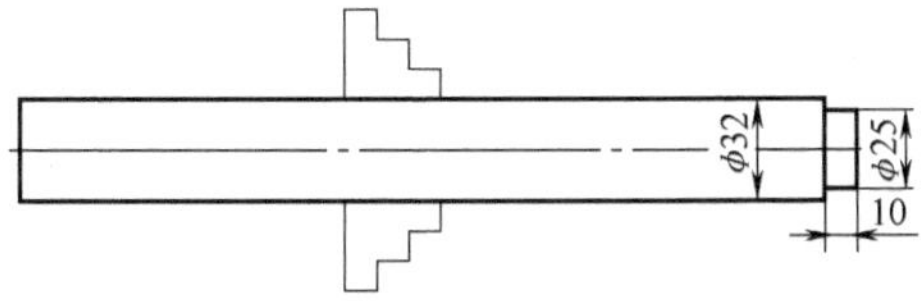			手动钻中心孔，转速一般选 1200r/min，钻孔要慢而均匀
3	钻中心孔				

（续）

<table>
<tr><td>零件名称</td><td>螺纹哑铃轴</td><td>零件图号</td><td></td><td>工件材质</td><td colspan="2">45 钢</td></tr>
<tr><td>工步号</td><td>工步内容</td><td colspan="5">简图与操作提示</td></tr>
<tr><td></td><td colspan="6">调头夹持 $\phi32$mm 毛坯外圆(应粗车一刀),车右端面,保证总长</td></tr>
<tr><td>1</td><td>车端面,保证总长</td><td colspan="4" rowspan="3">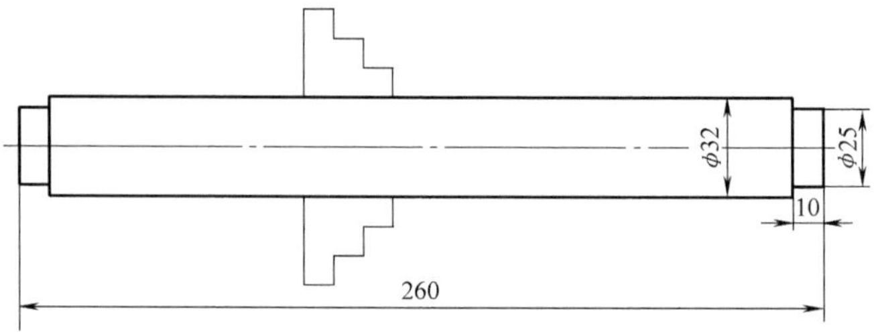
</td><td rowspan="3">最好把毛坯黑皮去掉,保证两边中心孔同轴</td></tr>
<tr><td>2</td><td>车外圆</td></tr>
<tr><td>3</td><td>钻中心孔</td></tr>
<tr><td></td><td colspan="6">一夹一顶,粗、精车右端各尺寸至要求</td></tr>
<tr><td>1</td><td>车右端外圆</td><td colspan="4" rowspan="3">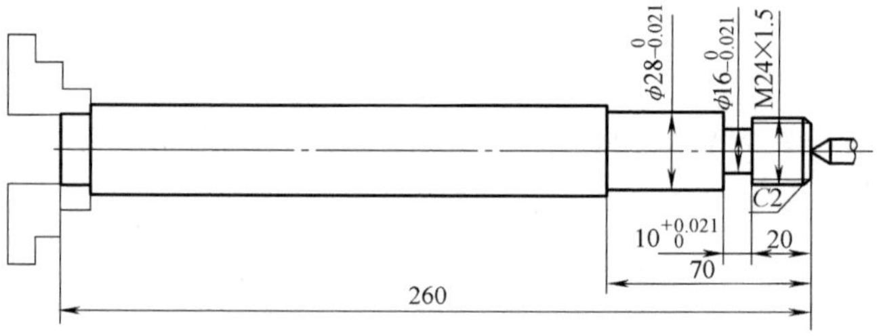
</td><td rowspan="3">两边车台阶的目的是在加工螺纹时,避免工件轴向窜动</td></tr>
<tr><td>2</td><td>车宽槽</td></tr>
<tr><td>3</td><td>粗、精车螺纹</td></tr>
<tr><td></td><td colspan="6">工件调头,粗、精车左端各尺寸至要求</td></tr>
<tr><td>1</td><td>车左端各外圆</td><td colspan="4" rowspan="3">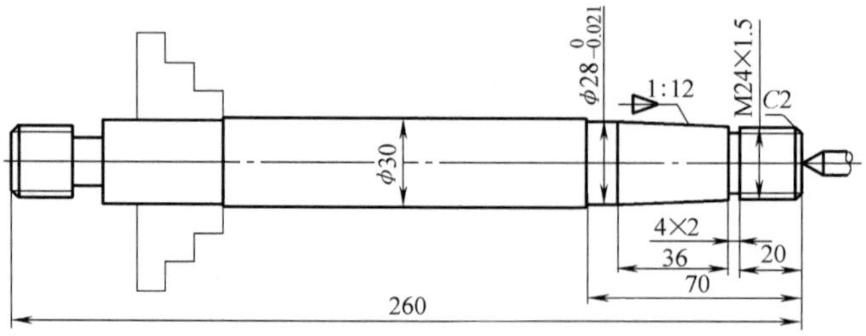
</td><td rowspan="3">夹持已加工台阶(垫铜片),防止工件轴向窜动及夹伤已加工表面</td></tr>
<tr><td>2</td><td>车退刀槽</td></tr>
<tr><td>3</td><td>粗、精车螺纹</td></tr>
<tr><td></td><td>检测</td><td colspan="5">用游标卡尺测量工件长度尺寸 260mm,用外径千分尺测量三处精度外圆 $\phi28_{-0.021}^{0}$mm(两处)、$\phi16_{-0.021}^{0}$mm,用游标万能角度尺测量 1∶12 锥度,用塞规测量槽宽 $10_{0}^{+0.021}$mm,用深度游标卡尺测量阶台尺寸 70mm、20mm、36mm,用米制螺纹环规测量螺纹 M24×1.5</td></tr>
<tr><td>编制</td><td></td><td>审核</td><td></td><td>批准</td><td colspan="2"></td></tr>
</table>

3. 质量分析

1）在数控车床上加工外圆时，经常遇到的问题、产生原因及解决方法，见表 1-22。

表 1-22　外圆加工中易出现问题、产生原因及解决方法

问题现象	产生原因	解决方法
工件外圆尺寸超差	1)刀具数据不准确 2)切削用量选择不当产生让刀 3)程序错误 4)工件尺寸计算错误	1)调整或重新设定刀具数据 2)合理选择切削用量 3)检查、修改加工程序 4)正确计算工件尺寸
外圆表面粗糙度值大	1)切削速度过低 2)刀具中心过高 3)切屑控制较差 4)刀尖产生积屑瘤 5)切削液选用不合理	1)调高主轴转速 2)调整刀具中心高度 3)选择合理的进刀方式及切深 4)选择合适的切削速度范围 5)选择正确的切削液,并充分喷注
台阶处不清根或呈圆角	1)程序错误 2)刀具选择错误 3)刀具损坏	1)检查、修改加工程序 2)正确选择加工刀具 3)更换刀片
加工过程中出现扎刀,引起工件报废	1)进给量过大 2)切屑阻塞 3)工件安装不合理 4)刀具角度选择不合理	1)降低进给速度 2)采用断、退屑方式切入 3)检查工件安装,增加安装刚性 4)正确选择刀具
台阶端面出现倾斜	1)程序错误 2)刀具安装不正确	1)检查、修改加工程序 2)正确安装刀具
工件圆度超差或产生锥度	1)车床主轴间隙过大 2)程序错误 3)工件安装不合理	1)调整车床主轴间隙 2)检查、修改加工程序 3)检查工件安装,增加安装刚性

2）在数控车床上加工槽时，经常遇到的问题、产生原因及解决方法，见表 1-23。

表 1-23　槽加工中易出现问题、产生原因及解决方法

问题现象	产生原因	解决方法
沟槽宽度不正确	1)车槽刀主切削刃刃磨不正确 2)测量不正确	1)根据沟槽宽度刃磨车槽刀 2)仔细、正确测量
沟槽位置不对	1)程序错误 2)对刀不正确	1)修改程序 2)重新对刀或修改刀补值
槽底与槽壁相交处出现圆角和槽底中间直径小,靠近槽壁处直径大	1)车槽刀主切削刃不直或刀尖圆弧半径太大 2)车槽刀磨钝	1)正确刃磨车槽刀 2)车槽刀磨钝后应及时修磨
槽的一侧或两侧出现小台阶	1)刀具数据不准确或程序错误 2)对刀不正确	1)调整或重新设定刀具数据 2)重新对刀或修改刀补值
槽底倾斜	车槽刀的主切削刃与工件轴线不平行	装夹车槽刀时必须使主切削刃与工件轴线平行
槽的侧面出现凹凸面	1)刀具刃磨角度不对称 2)刀具安装角度不对称 3)刀具两切削刃磨损不对称	1)修磨刀具 2)正确安装刀具 3)重新刃磨刀具
槽两侧面倾斜	1)车槽刀磨钝让刀 2)车槽刀角度刃磨不正确	1)车槽刀磨钝后应及时刃磨 2)正确刃磨车槽刀

（续）

问题现象	产生原因	解决方法
槽底出现振动并有振纹	1)工件装夹不正确 2)刀具安装不正确 3)切削用量选择不正确 4)程序延时太长	1)检查工件安装,增加安装刚性 2)调整刀具安装位置 3)正确选择切削用量 4)缩短程序延时时间
切槽过程中出现扎刀现象,造成刀具断裂	1)进给量过大 2)切屑阻塞	1)降低进给速度 2)采用进、退方式切入
切槽过程中出现较强振动,工件刀具出现谐振现象,严重者车床也会一同谐振,使切削不能继续	1)工件装夹不正确 2)刀具安装不正确 3)进给速度过低	1)检查工件安装,增加安装刚性 2)调整刀具安装位置 3)提高进给速度
表面粗糙度达不到要求	1)两副偏角太小,产生摩擦 2)切削速度选择不当,没有加切削液 3)切削时产生振动 4)切屑拉毛已加工表面	1)正确选择两副偏角数值 2)选择适当的切削速度,并浇注切削液 3)采取防振措施 4)控制切屑的形状和排出方向

3）在数控车床上加工螺纹时，经常遇到的问题、产生原因及解决方法，见表 1-24。

表 1-24　螺纹加工中易出现问题、产生原因及解决方法

加工问题	产生原因	解决方法
螺纹尺寸不正确	1)刀具参数不正确 2)尺寸计算错误 3)程序错误 4)刀具损坏 5)螺纹乱牙 6)牙型不正	1)正确选择刀具参数 2)正确进行尺寸计算 3)检查、修改加工程序 4)更换刀片 5)加工过程中保证主轴转速恒定 6)正确安装刀具
表面粗糙度值大	1)切削速度过低 2)刀具中心过高 3)切屑控制较差 4)刀尖产生积屑瘤 5)切削液选用不合理	1)调高主轴转速 2)调整刀具中心高度 3)选择合理的切削用量 4)选择合适的切削速度 5)选择正确的切削液,并充分喷注
加工过程中出现扎刀现象	1)切削深度太大 2)刀具角度刃磨不合理	1)减小切削深度,适当增加切削次数 2)正确刃磨刀具

【考核评价】

哑铃轴的手工编程与加工评分标准，见表 1-25。

表 1-25　哑铃轴的手工编程与加工评分标准

姓名		零件名称	哑铃轴	时间	180min	总得分	
项目	序号	检查内容		配分	评分标准	检测记录	得分
工件加工（50 分）	1	外圆尺寸	$\phi28_{-0.021}^{\ 0}$mm（两处）、$16_{-0.021}^{\ 0}$mm	12	每处 4 分，超差不得分		
	2		$\phi30$mm	2	超差不得分		
	3	槽	4mm×2mm	2	超差不得分		
	4		$10_{\ 0}^{+0.021}$mm	5	超差不得分		
	5	螺纹	M24×1.5	6	超差不得分		
	6	锥度	1∶12	5	超差不得分		
	7	长度尺寸	260mm、70mm（两处）、20mm（两处）、36mm	5	每处 2 分，超差不得分		
	8	倒角尺寸 *C*2mm（两处）、毛刺		5	不合格全扣		
	9	表面粗糙度	*Ra*3.2μm（八处）	4	每处降低一级扣 1 分		
			*Ra*1.6μm	4	每处降低一级扣 1 分		
程序与工艺（25 分）	10	程序正确、完整		6	不正确每处扣 1 分		
	11	程序格式规范		5	不规范每处扣 0.5 分		
	12	工艺合理		5	不合理每处扣 1 分		
	13	程序参数选择合理		4	不合理每处扣 0.5 分		
	14	指令选用合理		5	不合理每处扣 1 分		
机床操作（17 分）	15	工件装夹合理		3	不合理每次扣 1 分		
	16	刀具选择及安装正确		3	不正确每次扣 1 分		
	17	对刀及坐标系设定正确		4	不正确每次扣 1.5 分		
	18	机床面板操作正确		4	误操作每次扣 1 分		
	19	意外情况处理合理		3	不正确每次扣 1.5 分		
文明生产（8 分）	20	安全操作		4	违反操作规程全扣		
	21	机床整理		4	不合格全扣		

【拓展训练】

加工如图 1-24 所示心轴零件，毛坯尺寸为 $\phi32$mm×130mm，材料为 45 钢，分析该零件的数控加工工艺，按要求完成下列任务。

1）编写加工程序；

2）完成心轴的仿真加工。

【课后测评】

一、判断题

1.（　　）恒线速度是指工件的直径越大，进给速度越慢。

2. (　　) 影响数控车床加工精度的因素有很多，要提高加工工件的质量也有很多措施，其中采用混合编程方式能提高加工精度。

3. (　　) 车削螺纹时用恒线速度切削功能加工精度较高。

4. (　　) 螺纹切削指令中的地址字 F 是指螺纹的螺距。

5. (　　) G92 指令一般放在程序第一段，运行该指令机床不动作。

二、选择题

1. 采用固定循环指令编程，可以（　　）。

A. 加快切削速度，提高加工质量　　B. 缩短程序的长度，减少程序所占内存

C. 减少换刀次数，提高切削速度　　D. 减小背吃刀量，保证加工质量

2. G32 指令代码表示（　　）。

A. 内外径切削复合循环指令　　B. 螺纹加工指令

C. 螺纹加工固定循环指令　　D. 螺纹加工复合循环指令

3. G92 X(U)__ Z(W)__ R __ F __；指令中，R 指（　　）。

A. 螺纹终点的坐标值　　B. 导程

C. 切削螺纹起点和终点的半径差　　D. 切削螺纹起点和终点的直径差

4. 梯形螺纹粗车刀的刀尖角应略（　　）梯形螺纹牙型角。

A. 小于　　B. 大于　　C. 等于　　D. 以上均可

5. G32 X(U)__ Z(W)__ F(I)__；中，F 是指（　　）。

A. 螺距　　B. 切削速度　　C. 进给量　　D. 长轴方向的导程

三、简答题

1. 加工螺纹时表面粗糙度值大的原因是什么？

2. 车削螺纹指令有哪几种？应如何选择？

3. 怎样正确刃磨和安装螺纹车刀？

四、做中学

加工如图 1-25 所示螺纹轴零件，毛坯尺寸为 ϕ32mm×65mm，材料为 45 钢，分析该零件的数控加工工艺，按要求完成下列任务。

1）编写加工程序；

2）提交仿真视频。

任务三　垫圈的编程与加工

垫圈是一种结构最简单的套类零件。在可调式哑铃中，垫圈是调整哑铃重量的，如图 1-46 所示。该零件毛坯为 ϕ65mm × 30mm（两件），材料为 45 钢，生产类型为小批量生产，无热处理工艺要求，试正确设定工件坐标系，制订加工工艺方案，选择合理的刀具和切削工艺参数，正确编制数控加工程序并完成零件的加工。

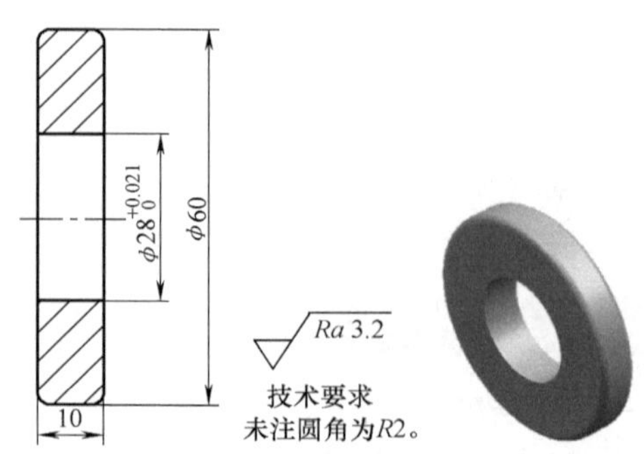

图 1-46　垫圈

子任务一　编制垫圈的数控加工工艺

【任务目标】

1. 知识目标

1）了解垫圈的加工工艺特点。

2）掌握垫圈的加工方法。

2. 能力目标

1）会分析垫圈的加工工艺。

2）会正确装夹垫圈、刀具，合理选择切削用量。

3）能编制垫圈的加工工艺。

3. 素质目标

1）具备制订盘套类零件加工工艺的能力。

2）具备自我学习的能力。

3）具备语言表达能力。

【任务分析】

垫圈由内孔 $\phi28^{+0.021}_{0}$mm、外圆 $\phi60$mm 及长度 10mm 三个尺寸组成，精度要求不高，表面粗糙度值为 $Ra3.2\mu m$，内孔结构较为简单，外圆各部都为 $R2$mm 的圆角，注意保证精度要求。单件加工可用软卡爪装夹。

【知识储备】

一、孔加工刀具

1. 孔加工刀具的种类

孔加工刀具按其用途可分为两大类：

一类是在实心材料上钻孔（有时也用于扩孔）的刀具，根据结构及用途不同，可分为麻花钻、扁钻、中心钻及深孔钻等，如图 1-47 所示。

一类是对已有孔进行再加工的刀具，如车孔刀、扩孔钻及铰刀等。车孔刀分通孔车刀和

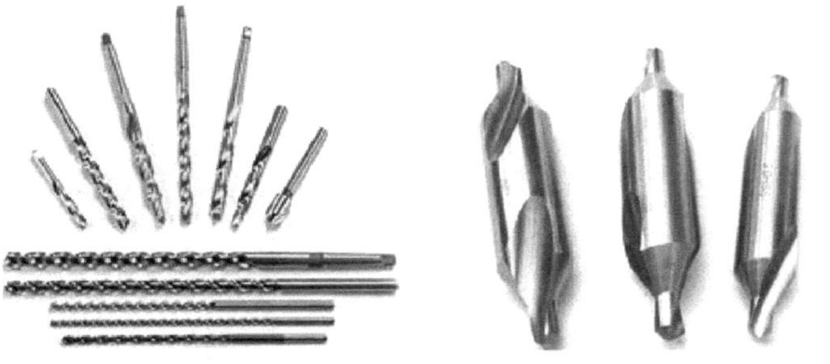

a) 麻花钻　　b) 中心钻

图 1-47　麻花钻、中心钻

不通孔车刀两种。通孔车刀的主偏角小于 90°，以增加刀尖强度；为了车平孔底，不通孔车刀的主偏角大于 90°。通孔、不通孔车刀如图 1-48 所示。

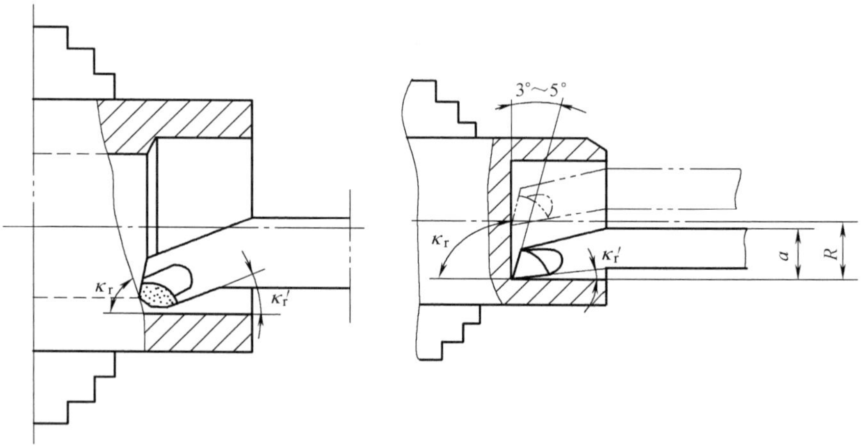

a) 通孔车刀　　b) 不通孔车刀

图 1-48　通孔、不通孔车刀

2. 孔加工刀具的选择

车孔刀具的选择，主要是应保证刀杆的刚度，并尽量防止或消除振动。其考虑要点如下：

1）尽可能选择大的刀杆直径，接近内孔直径。

2）尽可能选择短的刀杆（工作长度），当工作长度小于 4 倍刀杆直径时可用钢制刀杆，加工要求高的孔时最好采用硬质合金制作刀杆；当工作长度为 4～7 倍刀杆直径时，小孔用硬质合金制作刀杆，大孔用减振刀杆；当工作长度为 7～10 倍刀杆直径时，要采用减振刀杆。

3）选择主偏角（切入角 κ_r）大于 75°，接近 90°。

4）选择无涂层的刀片品种和小的刀尖圆弧半径（$r_\varepsilon = 0.2\text{mm}$）。

5）精加工采用大前角的刀片和刀具，粗加工采用小前角的刀片和刀具。

6）镗深不通孔时，采用压缩空气或切削液排屑和冷却。

7）选择正确的、快速的镗刀柄夹具。

二、车孔的关键技术

车孔的关键技术是解决内孔车刀的刚度和排屑问题。

1. 增加内孔车刀刚度的措施

（1）尽量增加刀柄的截面积　通常内孔车刀的刀尖位于刀柄的上面，这样刀柄的截面积较小，还不到孔截面积的 1/4。若使内孔车刀的刀尖位于刀柄的中心线上，那么刀柄在孔中的截面积可大大地增加。

（2）尽可能缩短刀柄的伸出长度　刀柄长度短，可以增加车刀刀柄刚度，减小切削过程中的振动。此外，还可将刀柄上下两个平面做成互相平行的平面，就能根据孔深调节刀柄伸出的长度。

2. 解决排屑问题

主要是控制切屑流出方向。精车孔时，要求切屑流向待加工表面（前排屑），为此采用正刃倾角的内孔车刀；加工不通孔时，应采用负的刃倾角，使切屑从孔口排出。

三、切削用量的选择

由于内孔车刀的刀体强度较差，在选择切削用量时，应适当减小其数值。总的来说，内孔车刀的切削用量主要根据其截面尺寸、刀具材料、工件材料以及加工性质等因素来选择，刀杆截面尺寸大的切削用量选得大些，硬质合金内孔车刀比高速工具钢内孔车刀选用的切削用量要大，车塑性材料时的切削速度比车脆性材料时的切削速度要高，而进给量要略小一些。

四、软卡爪

垫圈长度尺寸较小，不容易装夹；薄壁套类零件孔壁较薄，装夹过程中很容易变形；已加工外圆易夹伤，因此装夹难度较大，一般可采用软卡爪卡盘定位夹紧的方法来完成装夹。

根据数控车床液压卡盘的规格，软卡爪可分为 6in 软卡爪、8in 软卡爪、10in 软卡爪。软卡爪除了一般普通的形状外，还有各种特殊规格，如加厚、加宽、方型、尖型软卡爪。加工套类零件时，可根据零件的工艺性、机床卡盘的规格选择合适的软卡爪。

【任务实施】

一、垫圈的加工机床、刀具选择

1. 设备选择

选用 FANUC 0i 系统数控车床，计算机及仿真软件；采用自定心卡盘装夹。

2. 工件毛坯

选用 ϕ65mm×30mm 棒料，多件练习时也可以采用加长棒料，毛坯材质为 45 钢。

3. 工件的装夹

工件较短，使用普通自定心卡盘（软卡爪）装夹。

4. 刀具选择

选用 90°外圆车刀、主偏角为 93°的内孔车刀、车槽刀。制订数控加工刀具卡片，见表 1-26。

表 1-26　数控加工刀具卡片

产品名称或代号：			零件名称：垫圈		零件图号：	
序号	刀具号	刀具规格及名称	材质	数量	加工表面	备注
1		ϕ25mm 钻头	高速工具钢	1 个	钻孔	
2	T01	90°外圆车刀	YT15	1 把	粗、精车端面及外圆	R0.2mm
3	T02	主偏角为 93°的内孔车刀	YT15	1 把	粗、精车内孔	R0.2mm
4	T03	车槽刀	YT15	1 把	切断	
编制：			审核：			

二、编制加工工艺

以工件右端面与轴线交点为工件坐标系原点，采用从右到左的加工方式。工艺路线安排如下：

1）车右端面。

2）钻孔 ϕ25mm。

3）粗、精车 ϕ60mm 外圆、R2mm 圆角至尺寸要求。

4）粗、精车工件内孔 $\phi28^{+0.021}_{0}$mm 至尺寸要求。

5）切断。

6）将工件调头，车左端面，保证总长 10mm，车 R2mm 圆角。

7）去毛刺。

数控加工工艺卡片见表 1-27。

表 1-27 数控加工工艺卡片

零件名称	垫圈	零件图号		工件材质	45 钢	
工序号	程序编号	夹具名称		数控系统	车间	
1	O2004	自定心卡盘		FANUC 0i		
工步号	工步内容	刀具号	主轴转速 /(r/min)	进给量 /(mm/r)	背吃刀量 /mm	备注
1	车端面	T01	800	0.15	1	自动
2	钻孔		500			手动
3	粗车 ϕ60mm 外圆	T01	800	0.15	1	自动
4	精车 ϕ60mm 外圆、R2mm 圆角	T01	1000	0.15	0.5	自动
5	粗车内孔	T02	600	0.15	1	自动
6	精车内孔	T02	500	0.15	0.5	自动
7	切断	T03	600	0.15	4	自动
8	车端面	T01	800	0.15	1	自动
9	车 R2mm 圆角	T01	800	0.15	1	自动
10	工件调头，车端面，保证总长	T01	800	0.15	1	自动
11	车 R2mm 圆角	T01	800	0.15	1	自动
12	第一件调头，车端面、R2mm 圆角	T01	1000	0.15	1	自动
13	去毛刺		600			手动
编制		审核		批准		

【考核评价】

垫圈数控加工工艺的评分标准，见表 1-28。

表 1-28　垫圈数控加工工艺的评分标准

姓名		零件名称	垫圈		总得分	
项目	序号	检查内容	配分	评分标准	小组互评	教师评价
加工工艺（50分）	1	设备	5	设备选择合理		
	2	刀具	10	刀具选择合理		
	3	装夹方法	5	装夹方法合理		
	4	加工工艺	25	合理		
	5	量具	5	选择合理		
实际训练（30分）	6	任务完成质量	20	质量好		
	7	作业网络互动	10	积极、按时		
团队协作（20分）	8	小组协作	10	协调		
	9	考勤	10	考勤情况		

【拓展训练】

加工如图 1-49 所示零件，毛坯尺寸为 ϕ110mm×40mm，材料为 45 钢，按要求完成下列任务。

1）编写刀具卡片；

2）编写工艺卡片。

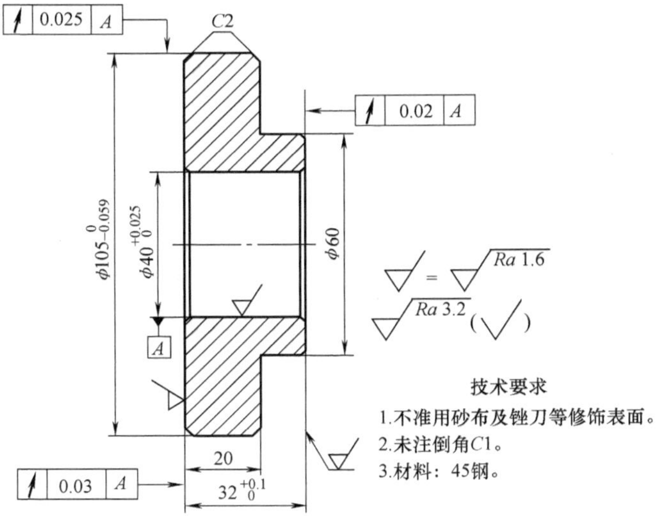

图 1-49　零件图

【课后测评】

一、判断题

1.（　　）一般深孔是指孔深与孔径比在 5~10 范围内的孔。

2.（　　）在公差等级为 IT8~IT7，孔径小于 10mm 时，采用钻孔—扩孔—铰孔方式。

3.（　　）车孔刀具的选择，主要是应保证刀杆的刚度，并尽量防止或消除振动。

4.（　　）为了增加刀杆刚性，尽可能选择大的刀杆直径，接近内孔直径。

5.（　　）安装内孔车刀时，尽可能地缩短刀柄伸出长度，以增加刀柄刚度，减小加工过程中的振动。

二、选择题

1. 车孔的关键技术是解决内孔车刀的刚度和（　　）。

A. 选择车刀　　B. 排屑问题　　C. 切削用量　　D. 加工指令

2. 加工套类零件时，可根据零件的工艺性、机床卡盘的规格选择合适的（　　）。

A. 软卡爪　　B. 三爪　　C. 四爪　　D. 以上均可

3. 在设计薄壁工件夹具时，夹紧力方向应沿（　　）。

A. 径向　　B. 轴向　　C. 径向和轴向　　D. 垂直端面

4. 内孔车刀的切削用量主要根据其截面尺寸、刀具材料、工件材料以及（　　）等因素来选择。

A. 机床　　B. 加工性质　　C. 内孔精度　　D. 内孔深度

5. 加工不通孔时，应采用（　　）的刃倾角，使切屑从孔口排出。

A. 负值　　B. 正值　　C. 正、负值均可　　D. 零

三、简答题

1. 增加内孔车刀刚度的措施有哪些？

2. 常用的孔加工刀具有哪些？

3. 如何使用软卡爪？

4. 套类零件常用的装夹方法有哪几种？

四、做中学

加工如图 1-50 所示零件，毛坯尺寸为 ϕ235mm×26mm，材料为 45 钢，按要求完成下列任务。

1）编写刀具卡片；

2）编写工艺卡片。

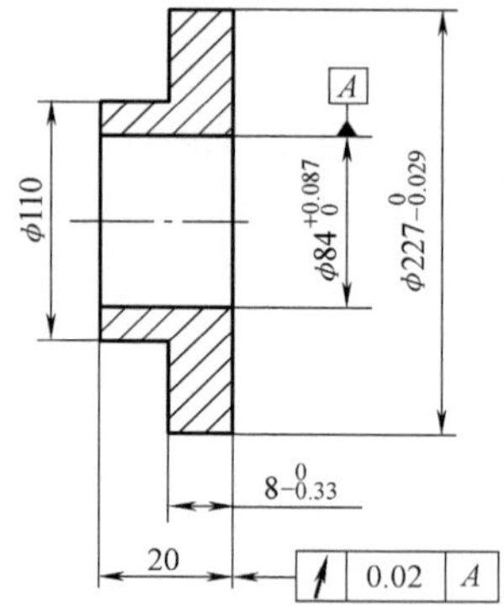

图 1-50　零件图

子任务二　垫圈的手工编程与加工

【任务目标】

1. 知识目标

1）巩固常用指令，合理选择加工指令。

2）掌握 G75 指令，编写垫圈的加工程序。

2. 能力目标

1）会分析垫圈加工过程中产生废品的原因及解决方法。

2）会正确装夹垫圈、刀具，合理选择切削用量。

3）能进行垫圈的仿真与加工。

4）能正确测量垫圈的尺寸。

3. 素质目标

1）具备加工盘套类零件的能力。

2）具备自我学习的能力。

3）具备语言表达能力。

【任务分析】

该零件由内孔 $\phi28^{+0.021}_{0}$mm、外圆 $\phi60$mm 及长度 10mm 三个尺寸组成，精度要求不高，表面粗糙度值为 $Ra3.2\mu m$，内孔结构较为简单，外圆各部都为 $R2$mm 的圆角，注意保证精度要求。内孔属于直孔，用 G90 指令编程加工，因外圆有圆角，用 G71 指令编程会更简洁。

【知识储备】

一、加工圆弧的方法与指令

1. 圆弧加工工艺路线

在数控车床上加工半径值较大的圆弧时，由于加工余量大而无法一刀车出时，可以考虑多刀加工，将余量去除后再精车得到所需圆弧。常见车圆弧时的加工路线如下：

（1）阶梯形车削圆弧路线　图 1-51 所示为阶梯形车削圆弧路线，先粗车成阶梯形，再精车出圆弧。此方法在确定了每次背吃刀量后，需计算出粗车的终刀距 S，即圆弧与直线的交点。此法刀具切削路径较短，但数值计算较复杂。

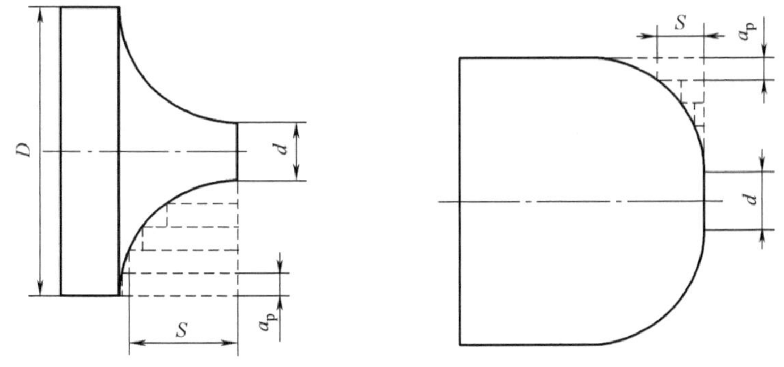

a) 凹弧　　b) 凸弧

图 1-51　阶梯形车削圆弧路线

（2）同心圆法车削圆弧路线　图 1-52 所示为同心圆法车削圆弧路线，即沿不同半径的圆弧来车削，最后将所需圆弧加工出来。此方法在确定了背吃刀量后，对圆心角为 90°圆弧的起点、终点坐标较易确定，数值计算简单，编程方便。

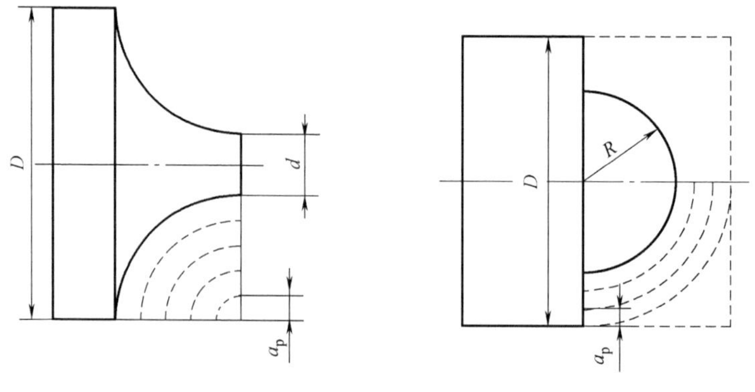

a) 凹弧　　b) 凸弧

图 1-52　同心圆法车削圆弧路线

（3）车圆锥法加工圆弧切削路线　图 1-53 所示为车圆锥法加工圆弧切削路线，即粗车时先车出一个圆锥，再车圆弧。注意应正确计算出图中 AC、BC 的长度，其计算方法为：$AC=BC=\sqrt{2}\,CD=\sqrt{2}\,(OC-OD)=\sqrt{2}\,(\sqrt{2}R-R)\approx 0.585R$，此法数值计算较复杂，刀具切削路线短。

以上是加工较大直径圆弧时的几种方法，往往用到一些相关的数学计算。实际生产中可以应用复合循环指令来加工，把复杂的数学计算让机床数控系统来完成，从而减少编程时的计算工作量。

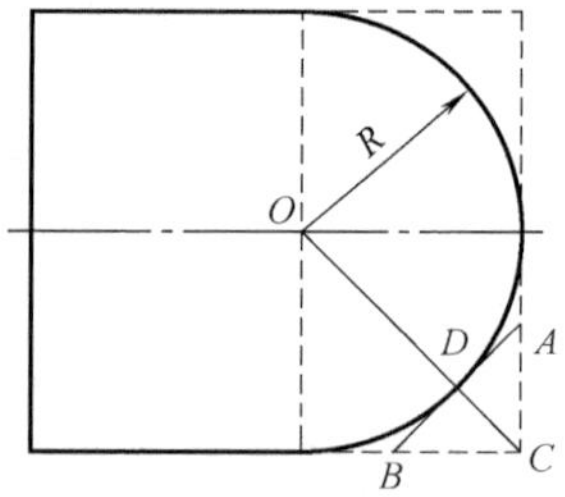

图 1-53　车圆锥法加工圆弧切削路线

2. 编程指令

圆弧插补指令 G02、G03：

1）指令功能。G02 指令运动轨迹为从起点到终点的顺时针圆弧（CW），如图 1-54 所示。G03 指令运动轨迹为从起点到终点的逆时针圆弧（CCW），如图 1-55 所示。

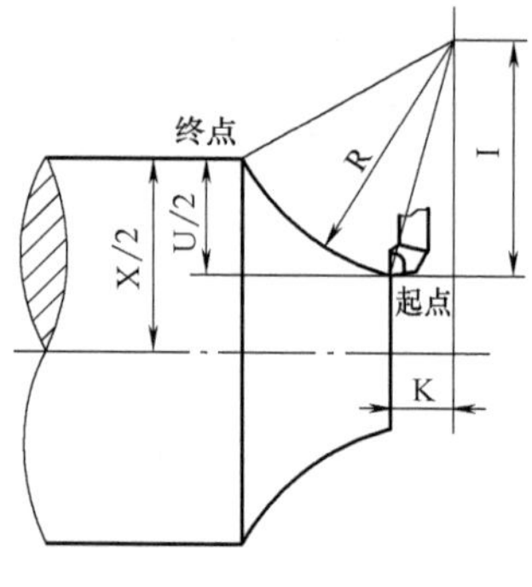

图 1-54　顺时针圆弧插补 G02

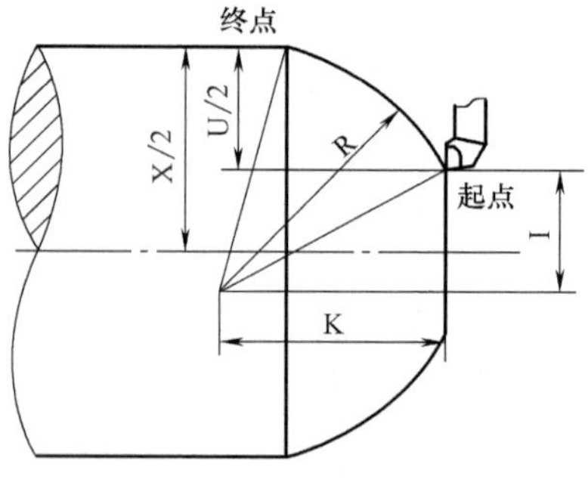

图 1-55　逆时针圆弧插补 G03

2）指令格式。

G02(G03) X(U)__ Z(W)__ R__ F__;

G02(G03) X(U)__ Z(W)__ I__ K__ F__;

其中，X、Z 为圆弧的终点坐标；U、W 为终点相对于起点的增量坐标；R 为不带符号的圆弧半径，如图 1-54、图 1-55 所示；I 为圆心与圆弧起点在 X 方向的差值，带符号，如图 1-54、图 1-55 所示；K 为圆心与圆弧起点在 Z 方向的差值，带符号，如图 1-54、图 1-55 所示。

3）注意事项。

① G02、G03 为模态 G 指令。

② 判定圆弧顺时针或逆时针方向插补时，无论数控车床是前置刀架还是后置刀架，都以后置刀架为准，判定结果同样适用于前置刀架。

③ K 和 R 同时输入时，R 有效，I、K 无效。

④ R 值必须大于或等于起点到终点的一半，否则系统报警。

⑤ R 为负值时，其为大于 180°的圆弧；R 为正值时，其为小于或等于 180°的圆弧。

二、刀尖圆弧半径补偿

1. 工件加工时为何要进行刀尖圆弧半径补偿

工件加工程序一般是以刀具的某一点（通常情况下为理想刀尖）按零件图样进行编制的。但实际加工中的车刀，刀尖不是一理想点，而是一段圆弧，切削加工时，实际切削点与理想状态下的切削点之间的位置有偏差，会造成过切或欠切，影响工件的精度，因此在加工中要进行刀尖圆弧半径补偿，以提高工件的精度。图 1-56 所示为带刀尖圆弧的车刀及切削位置，编程和对刀使用的是理想刀尖点 A，图中实际切削点是刀尖圆弧与加工表面的切点。车端面时，刀尖圆弧的实际切削点与理想刀尖点 A 的 Z 坐标值相同；车内、外圆柱面时，刀尖圆弧的实际切削点与理想刀尖点 A 的 X 坐标值相同。因此，车端面和内、外圆柱面时不需要刀尖圆弧半径补偿。

当加工圆锥或圆弧面时，实际切削点与理想刀尖点之间在 X、Z 轴方向都存在位置偏差，如图 1-57 所示，以理想刀尖点 A 编程的切削轨迹为实线 $A_1 \sim A_8$。刀尖圆弧的实际切削轨迹为虚线部分，存在欠切和过切现象，造成加工误差，且刀尖圆弧半径越大，加工误差就越大。

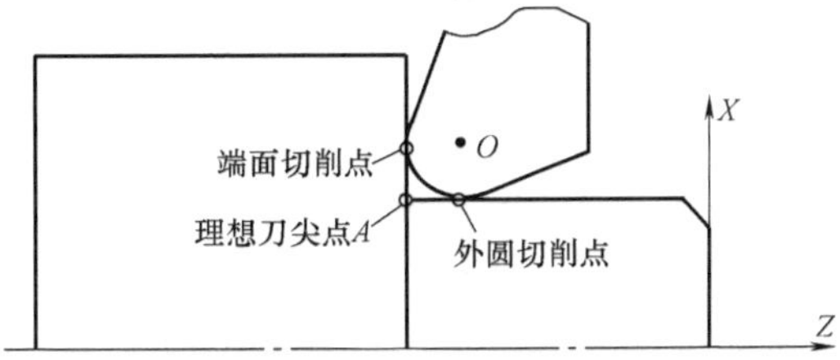

图 1-56　带刀尖圆弧的车刀及切削位置

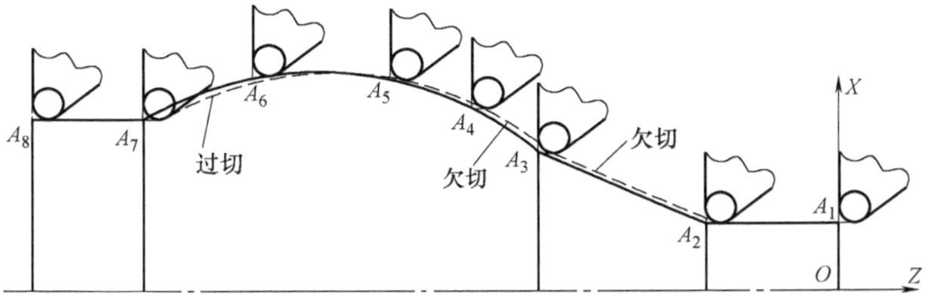

图 1-57　刀尖圆弧造成的加工误差

2. 使用刀尖圆弧半径补偿功能加工工件时的一般步骤

1）选择刀具，确定刀尖圆弧半径值及刀位号。

2）根据刀具切削方向，判定补偿方向（即左补偿还是右补偿）。

3）正确运用刀尖圆弧半径补偿功能，编写加工程序并模拟加工过程。

4）对刀，输入车刀 *X*、*Z* 轴刀补值及刀尖圆弧半径 R 值和刀位号 T。

5）运行加工程序，完成工件加工过程。

3. 刀尖圆弧半径补偿的方法

在工件加工过程中，不仅刀尖圆弧半径值对加工精度有影响，刀尖圆弧的位置对加工精度也有影响，因此，刀尖圆弧半径补偿参数有两个：一个是刀尖圆弧半径 R 值；另一个是刀尖圆弧位置的刀位号 T，如图 1-58 所示，刀尖圆弧位置的刀位号共有 10 种（T0～T9），表达了 9 个方向的位置关系。0 和 9 表示理想刀尖点与刀尖圆弧中心点重合，也可以理解为不进行刀尖圆弧半径补偿。加工前通过操作面板，将刀尖圆弧半径 R 值和刀位号 T 值填写到刀具补偿界面对应的刀具位置处即可，如图 1-59 所示。

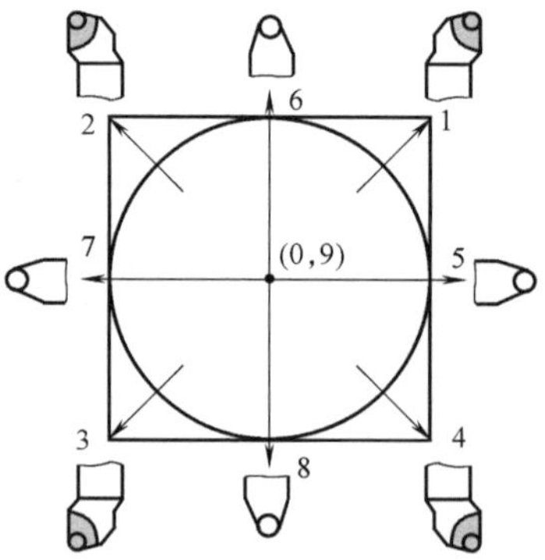

图 1-58　刀尖圆弧位置的刀位号

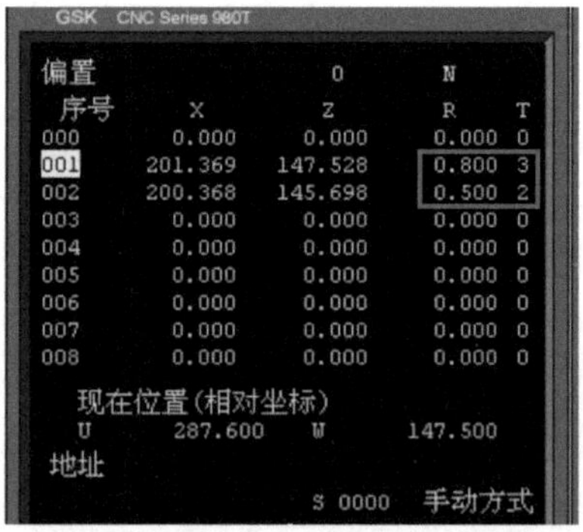

图 1-59　不同刀具的 R 值和 T 值

4. 刀尖圆弧半径补偿指令 G41、G42、G40

指令格式：

G41(G42) G01(G00) X __ Z __ F __;

G40 G01(G00) X __ Z __ F __;

其中，G41(G42) 中的 X、Z 为建立刀尖圆弧半径补偿段的终点坐标；G40 中的 X、Z 为取消刀尖圆弧半径补偿段的终点坐标；G41 为建立刀尖圆弧半径左补偿指令；G42 为建立刀尖圆弧半径右补偿指令；G40 为取消刀尖圆弧半径补偿指令。

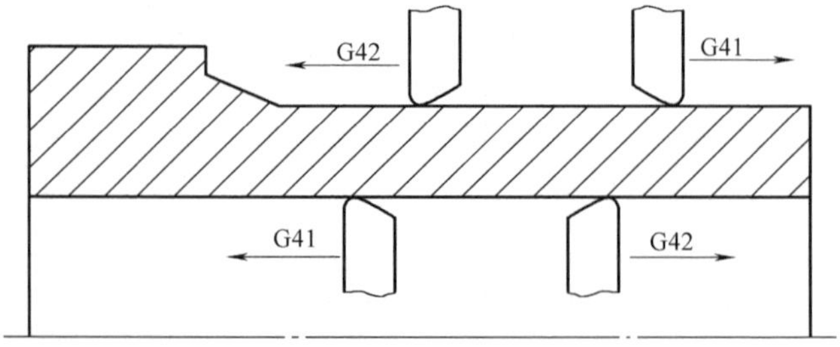

图 1-60　刀尖圆弧半径补偿方向的判定

刀尖圆弧半径补偿方向的判定方法：顺着刀具运动方向看，如果刀具在工件左侧，则为刀尖圆弧半径左补偿（G41）；如果刀具在工件右侧，则为刀尖圆弧半径右补偿（G42），如图 1-60 所示；用 G40 指令取消刀尖圆弧半径补偿后，假想刀尖轨迹与编程轨迹重合。

5. 注意事项

1）通常所说的刀位号和补偿方向（G41 或 G42）是基于后置刀架数控车床来判定的（前置刀架判定结果相反），判定结果同样适用于前置刀架数控车床的编程。

2）G41、G42、G40 为模态 G 指令。

3）刀尖圆弧半径补偿的建立与取消，只能用 G00 或 G01 指令，不能用圆弧指令。

4）程序结束前必须指定 G40 取消偏置模式，否则再次执行时依然会带刀补运行。

5）在调用子程序中使用刀尖圆弧半径补偿时，执行 M98 前，必须是补偿取消模式，在子程序中建立和取消刀尖圆弧半径补偿。

6）G71～G76 指令不执行刀尖圆弧半径补偿，G70 指令精车时执行刀尖圆弧半径补偿。

【任务实施】

一、任务准备

1）准备相关教学资料，包括教材、教参、多媒体课件、视频文件、工作任务书等。

2）准备教学用辅具、量具、刀具；选用 FANUC 0i 系统数控车床，计算机及仿真软件；采用自定心卡盘装夹。选用 ϕ65mm×30mm 棒料，多件练习时也可以采用加长棒料，毛坯材质为 45 钢。

3）准备相关工艺生产资料。

4）量具选用。

① 钢直尺：0～300mm。

② 游标卡尺：0.02mm/0～150mm。

③ 塞规，内径千分尺：25～50mm。

④ 样板：R2mm 圆弧样板。

⑤ 表面粗糙度样板。

5）安全文明教育。

二、垫圈的编程与加工

1. 程序设计

垫圈是套类零件中较简单的，可以采用 G01、G03 指令编程加工，也可以采用循环指令 G90、G71、G03 编程加工，其加工程序见表 1-29。

表 1-29　垫圈加工程序

加工程序	程序说明	仿真图示
O2004;	程序号为 O2004	
G99 G97 M03 S800 T0101 F0.15;	刀具初始化，使用 1 号刀，转速为 800r/min，以每转进给的方式	 
G00 G42 X65. Z2.;	快速移动至加工起点	
G94 X0 Z0;	车端面，手动钻孔	

（续）

加工程序	程序说明	仿真图示
G90 X61. Z-25.；	车外圆	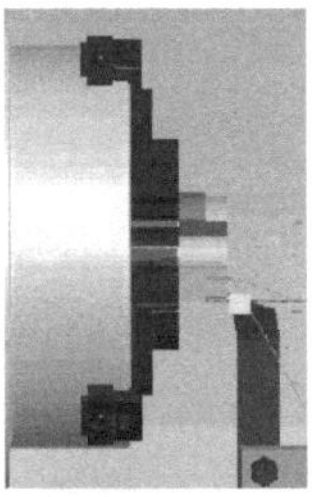
G00 X56. Z1.；	定位	
G01 Z0. F0.15；	靠近工件	
G03 X60. Z-2. R2.；	车 R2mm 圆角	
G01 Z-25.；	车外圆	
G01 X65.；	退刀	
G00 G40 Z50.；	回换刀点，换车孔刀	
M03 S600 T0202 F0.15；	刀具初始化，使用 2 号刀，转速为 600r/min，以每转进给的方式	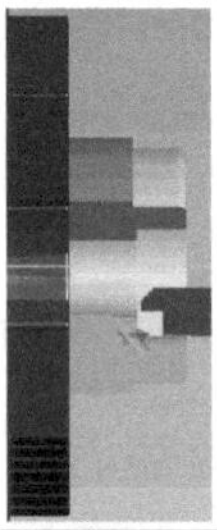
G00 X25. Z2.；	定位	
G90 X27. Z-27.；	粗车孔	
X28.；	精车孔	
G00 X100. Z100.；	回到初始点	
M00；	暂停	
G00 X65. Z5.；	工件调头	
M03 S600 T0303 F0.15；	刀具初始化，使用 3 号刀，转速为 600r/min，以每转进给的方式	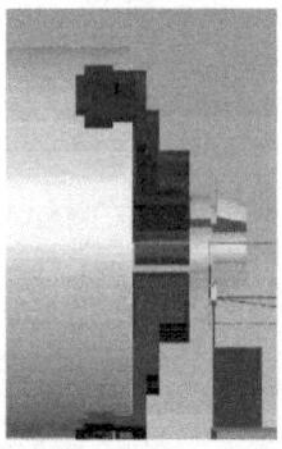
G00 X62. Z14.5.；	定位	
G90 X27.；	切断	
G00 X100. Z100.；	回到初始点	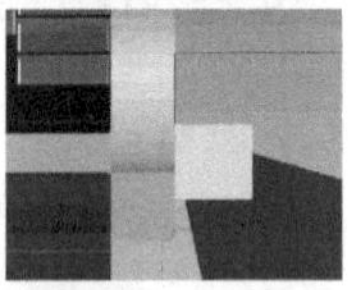 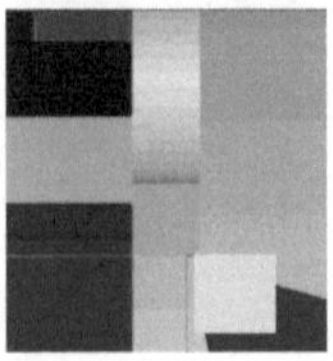
G99 G97 M03 S800 T0101 F0.15；	使用 1 号刀，转速为 800r/min，进给量为 0.15mm/r	
G00 G42 X65. Z2.；	1 号刀用右刀补，快速移动至加工起点	
G94 X0. Z0.；	车端面，取总长	
G00 X56.；	圆弧起刀点	
G01 Z0. F0.15；	靠近工件	
G03 X60. Z-2. R2.；	车 R2mm 圆角	
G00 G40 X100.；	退刀	
Z100.；	回到初始点	
M05；	主轴停	
M30；	程序结束，回程序头	

2. 垫圈的加工

以工件两端面轴心处为垫圈编程坐标原点，先加工右端外圆，再加工左端。垫圈的加工过程见表 1-30。

表 1-30　垫圈的加工过程

<table>
<tr><td>零件名称</td><td>垫圈</td><td>零件图号</td><td></td><td>工件材质</td><td>45 钢</td></tr>
<tr><td>工步号</td><td>工步内容</td><td colspan="4">简图与操作提示</td></tr>
<tr><td>1</td><td>车端面</td><td colspan="3" rowspan="3">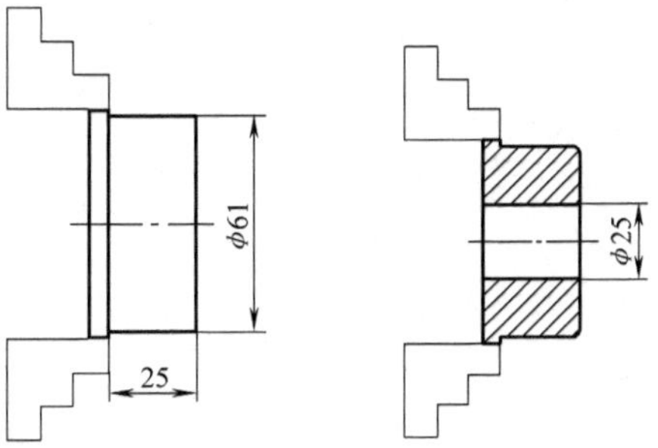</td><td rowspan="3">端面齐平，余量留在左端；手动钻孔</td></tr>
<tr><td>2</td><td>粗车 φ60mm 外圆</td></tr>
<tr><td>3</td><td>钻孔</td></tr>
<tr><td>4</td><td>精车 φ60mm 外圆、R2mm 圆角</td><td colspan="3" rowspan="2">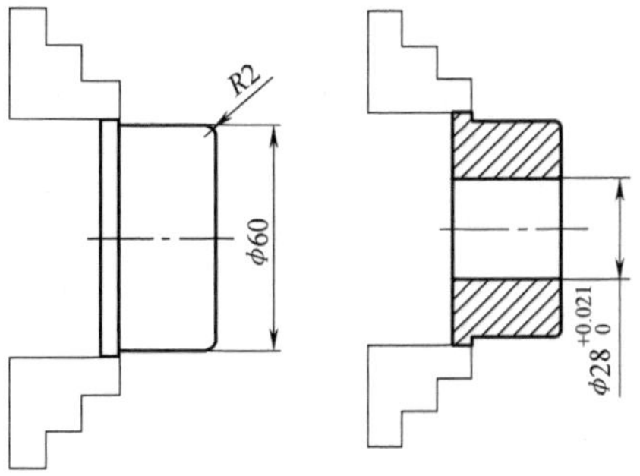</td><td rowspan="2">夹紧力不宜过大，避免内孔因夹紧力过大而造成变形</td></tr>
<tr><td>5</td><td>精车内孔</td></tr>
<tr><td>6</td><td>切断
（也可以调头后再切断）</td><td colspan="3">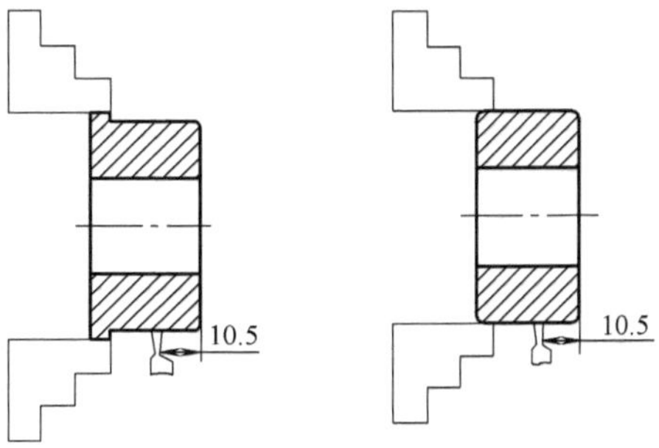</td><td>因切断时产生的力较大，工件调头可用软卡爪装夹，这样比较牢固</td></tr>
<tr><td>7</td><td>车端面</td><td colspan="3" rowspan="2">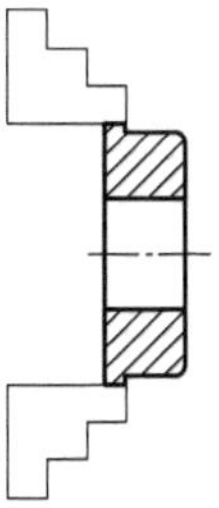</td><td rowspan="2">圆弧起刀应采用直线切入或圆弧切入，以避免产生接刀痕迹</td></tr>
<tr><td>8</td><td>车 R2mm 圆角</td></tr>
</table>

（续）

零件名称	垫圈	零件图号		工件材质	45钢
工步号	工步内容	简图与操作提示			
工件调头					
1	车端面，保证总长	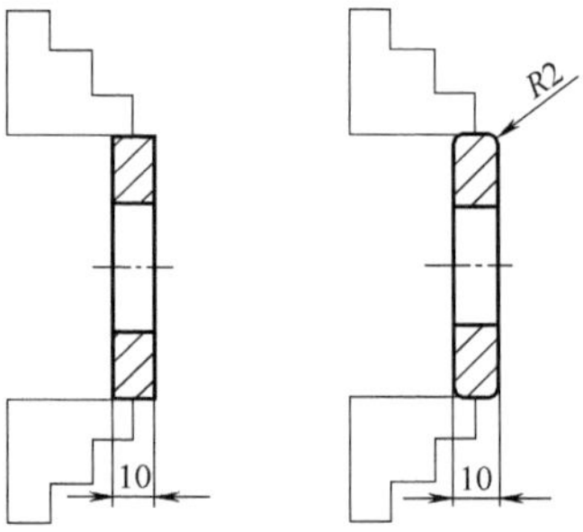			工件用软卡爪装夹，既便于装夹，又可以保证两端面的平行度
2	车 $R2$mm 圆角				
3	第一件调头，车端面、$R2$mm 圆角				
4	去毛刺				
5	检测	用游标卡尺测量外径 $\phi60$mm 和长度 10mm，用塞规或内径千分尺测量孔径 $\phi28^{+0.021}_{0}$mm，用圆弧样板检测圆角 $R2$mm			
编制		审核		批准	

3. 质量分析

1）在数控车床上加工圆弧时，经常遇到的问题、产生原因及解决方法，见表 1-31。

表 1-31　圆弧的加工问题、产生原因及解决方法

问题现象	产生原因	解决方法
切削过程中出现干涉现象	1）刀具参数不正确 2）刀具安装不正确	1）正确选择刀具参数 2）正确安装刀具
圆弧凹凸方向不对	程序错误	重新判定圆弧方向，修改程序
圆弧尺寸不符合要求	1）程序错误 2）刀具磨损 3）没使用刀尖圆弧半径补偿	1）修改程序 2）及时更换或刃磨刀具 3）使用刀尖圆弧半径补偿

2）在数控车床上加工内孔时，经常遇到的问题、产生原因及解决方法，见表 1-32。

表 1-32　孔的加工问题、产生原因及解决方法

问题现象	产生原因	解决方法
切削过程中出现干涉现象	1）刀具参数不正确 2）刀具安装不正确	1）正确设置刀具参数 2）正确安装刀具
尺寸不对	1）对刀不正确 2）产生积屑瘤 3）程序中计算错误	1）仔细对刀，认真测量 2）研磨前刀面，使用切削液，增大前角，选择合理的切削速度 3）认真计算
内孔有锥度	1）刀具磨损 2）刀柄刚性差，产生让刀现象	1）采用耐磨的车刀材料 2）尽量采用大尺寸的刀柄，减小切削用量

（续）

问题现象	产生原因	解决方法
内孔表面粗糙度值大	1）车刀磨损 2）车刀刃磨不良，表面粗糙度值大 3）车刀几何角度不合理，装刀低于工件中心 4）切削用量选择不当 5）刀柄细长，产生振动	1）重新刃磨车刀 2）保证切削刃锋利，研磨车刀前、后刀面 3）精车装刀时可略高于工件中心 4）适当降低切削速度，减小进给量 5）加粗刀柄和降低切削速度

【考核评价】

垫圈的手工编程与加工评分标准，见表1-33。

表1-33　垫圈的手工编程与加工评分标准

姓名		零件名称	垫圈		时间	60min	总得分	
项目	序号	检查内容		配分	评分标准		检测记录	得分
工件加工（50分）	1	外圆尺寸	ϕ60mm	14	超差不得分			
	2	长度尺寸	10mm	10	超差不得分			
	3	内孔	$\phi28^{+0.021}_{0}$mm	10	不合格全扣			
	4	圆角	R2mm（两处）	3	超差不得分			
	5	尖角、毛刺		3	不合格全扣			
	6	表面粗糙度		10	每处降低一级扣1分			
程序与工艺（25分）	7	程序正确、完整		6	不正确每处扣1分			
	8	程序格式规范		5	不规范每处扣0.5分			
	9	工艺合理		5	不合理每处扣1分			
	10	程序参数选择合理		4	不合理每处扣0.5分			
	11	指令选用合理		5	不合理每处扣1分			
机床操作（17分）	12	工件装夹合理		3	不合理每次扣1分			
	13	刀具选择及安装正确		3	不正确每次扣1分			
	14	对刀及坐标系设定正确		4	不正确每次扣1.5分			
	15	机床面板操作正确		4	误操作每次扣1分			
	16	意外情况处理合理		3	不正确每次扣1.5分			
文明生产（8分）	17	安全操作		4	违反操作规程全扣			
	18	机床整理		4	不合格全扣			

【拓展训练】

加工如图1-49所示零件，毛坯尺寸为ϕ110mm×40mm，材料为45钢，按要求完成下列任务。

1）编写加工程序；

2）完成齿轮坯的仿真加工。

【课后测评】

一、判断题

1.（　　）G71 指令主要适用于粗车 X 方向单边余量大于 Z 方向余量的工件。

2.（　　）G94 循环与 G90 循环最大的区别在于：G94 第一步先走 Z 轴，而 G90 则是先走 X 轴。

3.（　　）刀尖圆弧半径补偿的建立与取消，只能用 G00 或 G01 指令，不能用圆弧指令。

二、选择题

1. 加工薄壁工件，可以通过（　　）指令来完成。

A. G01　　B. G74　　C. G90　　D. G92

2. 在数控车床上加工深 70mm 的孔，每次钻 10mm，进给速度为 0.1mm/r，下列语句中正确的是（　　）。

A. G74 R1.0；G74 Z-70.0 Q1000 F0.1；　　B. G74 R10.0；G74 Z-70.0 Q10.0 F0.1；

C. G74 R0.1；G74 Z-70.0 Q10.0 F0.1；　　D. G74 R1.0；G74 Z-70.0 Q0.1 F10.1；

3. G41 指令是用来对（　　）进行补偿的。

A. 刀尖位置　　B. 刀尖圆弧半径　　C. 刀具长度　　D. 刀具宽度

4. 圆弧插补用半径编程时，当圆弧对应的圆心角大于 180°时，R 为（　　）。

A. 负值　　B. 正值　　C. 正、负值均可　　D. 零

三、简答题

1. 内孔有锥度的原因是什么？

2. 如何判定刀尖圆弧半径补偿方向？

四、做中学

加工如图 1-50 所示零件，毛坯尺寸为 ϕ235mm×26mm，材料为 45 钢，按要求完成下列任务。

1）编写加工程序；

2）对该零件进行仿真与实际加工（提交仿真视频）。

任务四　阶梯孔配重套的加工

阶梯孔配重套是一种最简单的套类零件。实际生产中，套类零件中的孔一般有直孔、锥孔、阶梯孔、通孔和不通孔等形式，它们的加工、测量均比轴类零件困难。图 1-61 所示的阶梯孔配重套零件中的孔属于通孔，毛坯为 ϕ70mm×45mm，材料为 45 钢，生产类型为单件或小批量生产，无热处理工艺要求，试正确设定工件坐标系，制订加工工艺方案，选择合理的刀具和切削工艺参数，正确编制数控加工程序并完成零件的加工。

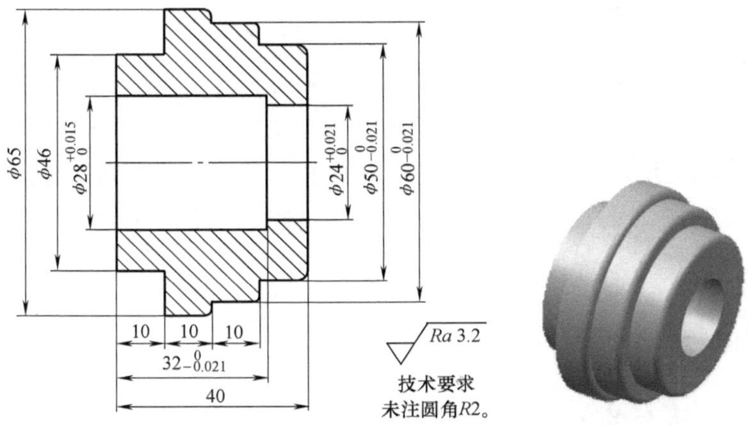

图 1-61　阶梯孔配重套

子任务一　编制阶梯孔配重套的数控加工工艺

【任务目标】

1. 知识目标

1）了解阶梯孔加工的工艺特点。

2）掌握不通孔车刀的几何角度。

3）制订阶梯孔的工艺路线。

2. 能力目标

1）会合理选择刀具，合理选择切削用量。

2）会分析阶梯孔配重套的加工工艺。

3. 素质目标

1）具备规范操作的能力。

2）具备自我学习的能力。

3）具备语言表达能力。

【任务分析】

阶梯孔配重套是套类零件，其阶梯孔与直孔相比，多了一项长度尺寸，所用刀具几何角度也不同。该零件中的孔 $\phi24^{+0.021}_{0}$mm，$\phi28^{+0.015}_{0}$mm，孔深 $32^{0}_{-0.021}$mm 及外圆 $\phi50^{0}_{-0.021}$mm、$\phi60^{0}_{-0.021}$mm 都有较高的精度要求，其他尺寸要求不高，表面粗糙度值全部为 $Ra3.2\mu m$，内孔结构较为简单，右端三处圆角为 $R2$mm，注意保证精度要求。通过分析阶梯孔配重套零件的加工工艺，能够制定数控加工工艺，选择合理的刀具和切削用量。

【知识储备】

一、孔加工刀具的选择

孔是阶梯孔，选择主偏角大于 90°的不通孔车刀，如图 1-48b 所示。

二、切削用量的选择

由于内孔车刀的刀体强度较差，在选择切削用量时，应适当减小其数值。总的来说，内孔车刀的切削用量主要根据其截面尺寸、刀具材料、工件材料以及加工性质等因素来选择，刀杆截面尺寸大的切削用量选得大些，硬质合金内孔车刀比高速工具钢内孔车刀选用的切削用量要大，车塑性材料时的切削速度比车脆性材料时的切削速度要高，而进给量要略小一些。

【任务实施】

一、阶梯孔配重套的加工机床、刀具选择

1. 设备选择

选用 FANUC 0i 系统数控车床，计算机及仿真软件；采用自定心卡盘装夹。

2. 工件毛坯

选用 ϕ70mm×45mm 棒料，毛坯材质为 45 钢。

3. 工件的装夹

工件较短，使用普通自定心卡盘装夹。

4. 刀具选择

选用 90°外圆车刀、主偏角为 93°的内孔车刀。制订数控加工刀具卡片，见表 1-34。

表 1-34 数控加工刀具卡片

产品名称或代号：			零件名称：阶梯孔配重套		零件图号：	
序号	刀具号	刀具规格及名称	材质	数量	加工表面	备注
1	T01	90°外圆车刀	YT15	1 把	粗、精车端面及外圆	R0.2mm
2	T02	主偏角为 93°的内孔车刀	YT15	1 把	粗、精车内孔	R0.2mm
3	T03	ϕ22mm 钻头	高速工具钢	1 个	钻孔	
编制：			审核：			

二、编制加工工艺

以工件左端面与轴线交点为工件坐标系原点，工艺路线安排如下：

1）车左端面。

2）钻孔 ϕ22mm。

3）粗车 ϕ46mm 外圆至尺寸要求。

4）粗、精车工件内孔至尺寸要求。

5）将工件调头，车右端面，取总长至尺寸要求。

6）粗、精车 ϕ50mm、ϕ60mm、ϕ65mm 外圆至尺寸要求。

数控加工工艺卡片见表 1-35。

表 1-35　数控加工工艺卡片

零件名称	阶梯孔配重套	零件图号		工件材质	45 钢	
工序号	夹具名称			数控系统	车间	
1	自定心卡盘			FANUC 0i		
工步号	工步内容	刀具号	主轴转速/(r/min)	进给量/(mm/r)	背吃刀量/mm	备注
1	车左端面	T01	800	0.15	1	自动
2	钻孔		500			手动
3	粗车 ϕ46mm 外圆	T01	800	0.20	1	自动
4	精车 ϕ46mm	T01	1000	0.15	0.5	自动
5	粗车 ϕ24mm、ϕ28mm 内孔	T02	600	0.15	1	自动
6	精车 ϕ24mm、ϕ28mm 内孔	T02	800	0.10	0.5	自动
7	工件调头，粗车外圆 ϕ50mm、ϕ60mm、ϕ65mm，圆角 R2mm	T01	800	0.20	2	自动
8	精车外圆 ϕ50mm、ϕ60mm、ϕ65mm，圆角 R2mm	T01	1000	0.15	0.5	自动
编制		审核		批准		

【考核评价】

阶梯孔配重套数控加工工艺的评分标准，见表 1-36。

表 1-36　阶梯孔配重套数控加工工艺的评分标准

姓名		零件名称	阶梯孔配重套		总得分	
项目	序号	检查内容	配分	评分标准	小组互评	教师评价
加工工艺(50分)	1	设备	5	设备选择合理		
	2	刀具	10	刀具选择合理		
	3	装夹方法	5	装夹方法合理		
	4	加工工艺	25	合理		
	5	切削用量	5	选择合理		
实际训练(30分)	6	任务完成质量	20	质量好		
	7	作业网络互动	10	积极、按时		
团队协作(20分)	8	小组协作	10	协调		
	9	考勤	10	考勤情况		

【拓展训练】

加工如图 1-62 所示衬套零件，毛坯尺寸为 ϕ50mm×45mm，材料为 45 钢，按要求完成下列任务。

1）分析衬套的加工工艺；

2）编写衬套数控加工刀具卡片；

3）编写衬套数控加工工艺卡片。

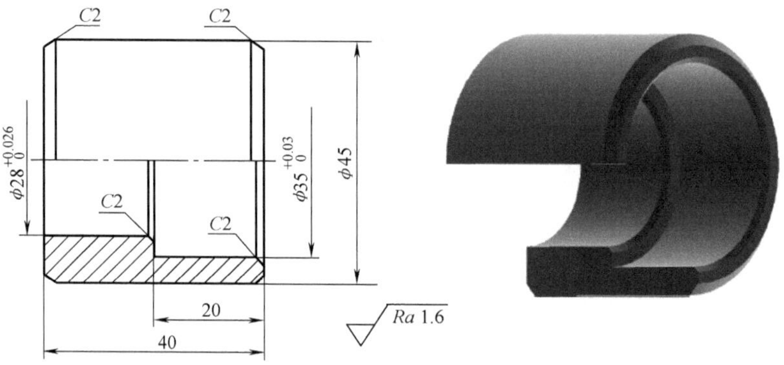

图 1-62　衬套

【课后测评】

一、判断题

1.（　　）通孔和不通孔车刀的主要区别是主偏角的数值不同。

2.（　　）由于内孔车刀的刀体强度较差，在选择切削用量时，应适当减小其数值。

3.（　　）硬质合金内孔车刀比高速工具钢内孔车刀选用的切削用量要小。

4.（　　）车削铝件时，可使用煤油或少许调和均匀的卤水作为切削液。

5.（　　）内孔车刀的切削用量主要根据其截面尺寸、刀具材料、工件材料以及加工性质等因素来选择。

二、选择题

1. 不通孔车刀的主偏角（　　）90°。

A. 大于　　B. 等于　　C. 小于　　D. 都可以

2. 内孔车刀刀杆截面尺寸大的切削用量选得（　　）。

A. 大些　　B. 小些　　C. 都可以　　D. 与截面尺寸无关

三、简答题

1. 通孔和不通孔车刀的主要区别是什么？

2. 车孔时如何选择切削用量？

四、做中学

加工如图 1-63 所示零件，毛坯尺寸为 ϕ42mm×45mm，材料为 45 钢，按要求完成下列任务。

1）分析加工工艺；

2）编写数控加工刀具卡片；

3）编写数控加工工艺卡片。

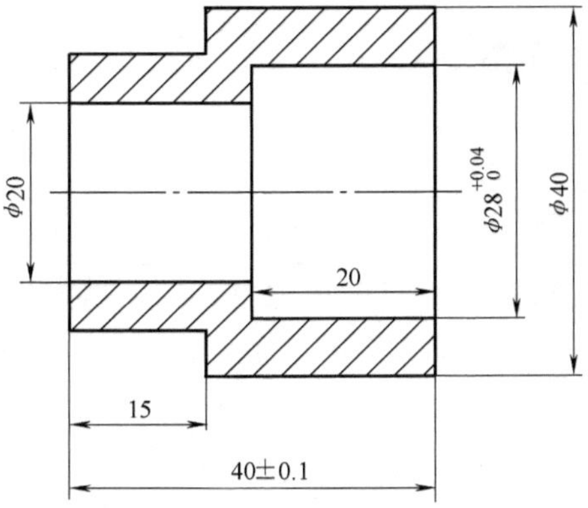

图 1-63　零件图

子任务二　阶梯孔配重套的手工编程与加工

【任务目标】

1. 知识目标

1）掌握端面深孔加工循环指令 G74。

2）巩固 G90、G71、G00 等加工指令，合理选择加工指令编写阶梯孔配重套的加工程序。

2. 能力目标

1）会分析阶梯孔配重套加工过程中产生废品的原因及解决方法。

2）会正确装夹阶梯孔配重套、刀具，合理选择切削用量。

3）能进行阶梯孔配重套的仿真与加工。

4）能正确测量阶梯孔配重套的尺寸。

3. 素质目标

1）具备规范操作的能力。

2）具备自我学习的能力。

3）具备语言表达能力。

【任务分析】

该零件中的孔 $\phi 24^{+0.021}_{0}$ mm、$\phi 28^{+0.015}_{0}$ mm，孔深 $32^{0}_{-0.021}$ mm 及外圆 $\phi 50^{0}_{-0.021}$ mm、$\phi 60^{0}_{-0.021}$ mm 都有较高的精度要求，其他尺寸要求不高，表面粗糙度值全部为 $Ra3.2\mu m$，内孔结构较为简单，右端三处圆角为 $R2mm$，注意保证精度要求。内孔尺寸变化不大且没有倒角，用循环指令 G90 编程加工即可；右端外圆因有圆角，用 G71 指令编程会更简洁；左端外圆用 G94、G90 指令编程加工都可以。

【知识储备】

一、端面深孔加工循环指令 G74

1. 指令格式

G74 R$\underline{e}$;

G74 X(U)__ Z(W)__ P$\underline{\Delta i}$ Q$\underline{\Delta k}$ R$\underline{\Delta d}$ F__ S__ T__;

其中，e 为每次沿 Z 方向切削 Δk 后的退刀量；X 为切削循环终点 X 方向的绝对坐标值；U 为切削循环终点与循环起点在 X 轴方向的差值；Z 为切削循环终点 Z 方向的绝对坐标值；W 为切削循环终点与循环起点在 Z 轴方向的差值；Δi 为 X 方向的每次循环移动量（不带符号），半径值指定，单位为 μm；Δk 为 Z 方向的每次循环移动量（不带符号），单位为 μm；Δd 为切削到终点时 X 方向的退刀量（半径值）；F 为切削进给速度；S 为主轴转速；T 为刀具号、刀具偏置号。

2. 说明

1）G74 指令的运动轨迹如图 1-64 所示，刀具从循环起点 A 开始，按照指令指定的参数加工，加工完成后快速退回到循环起点，结束粗车循环所有动作。

2）该循环在应用时可按设定 R $\underline{e}$ 值规律性地沿 Z 向退刀，有利于切屑的断裂和排出。如果省略 X（U）、P$\underline{\Delta i}$，结果只在 Z 轴操作，用于钻孔。

3）e 和 Δd 都用地址 R 指定，它们的区别在于有无指定 X（U），如果 X（U）被指定了，则为 Δd，否则为 e。

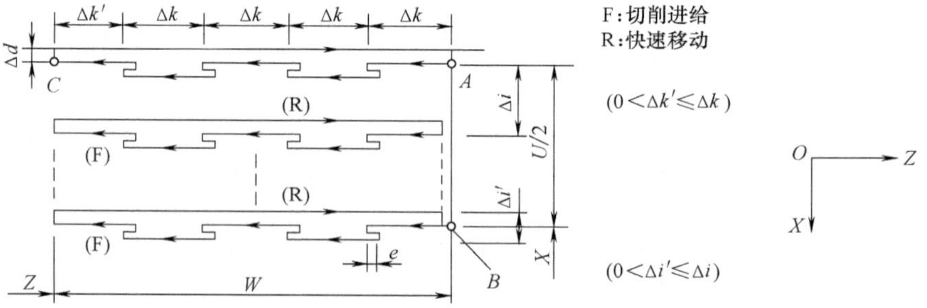

图 1-64　G74 指令的运动轨迹

二、程序实例

图 1-65 所示为一个较深的孔，如果采用一次钻削将会缩短刀具寿命，降低工件的加工

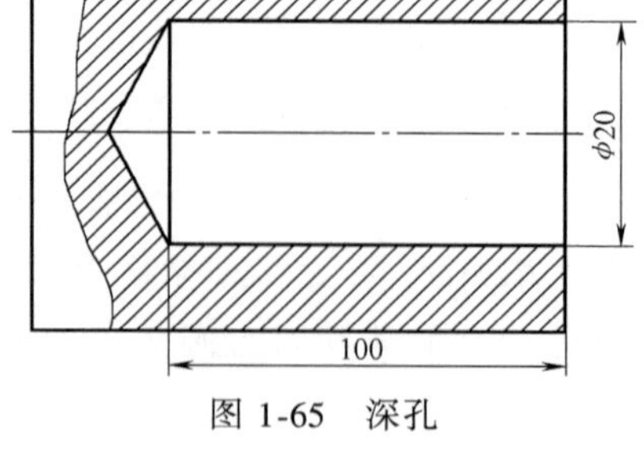

图 1-65　深孔

精度。因此，一般选用端面深孔加工循环指令 G74 来编程。深孔加工程序见表 1-37。

表 1-37　深孔加工程序（用循环指令 G74 编写）

加 工 程 序	程 序 说 明
O2003；	程序名
M03 T0101 S500；	换 1 号刀(端面车刀),主轴正转,转速为 500r/min
G00 X0.0 Z1.0；	快速到达起刀点
G74 R1.0；	钻孔,深 100mm,每次钻 20mm,进给量为 0.1mm/r
G74 Z-100.0 Q20000 F0.1；	
G00 X200.0 Z100.0；	退回换刀点,取消 1 号刀补
M30；	程序结束,返回程序头

【任务实施】

一、任务准备

1）准备相关教学资料，包括教材、教参、多媒体课件、视频文件、工作任务书等。

2）准备教学用辅具、量具、刀具；选用 FANUC 0i 系统数控车床，计算机及仿真软件；采用自定心卡盘装夹。选用 ϕ70mm×45mm 棒料，毛坯材质为 45 钢。

3）准备相关工艺生产资料。

4）量具选用。

① 钢直尺：0～300mm。

② 游标卡尺：0.02mm/0～150mm。

③ 外径千分尺：0.01mm/25～50mm、50～75mm。

④ 内径百分表：0.01mm/18～35mm 或 ϕ28mm 塞规。

⑤ 深度千分尺：25～50mm。

⑥ 样板：R2mm 圆弧样板。

⑦ 表面粗糙度样板。

5）安全文明教育。

二、阶梯孔配重套的编程与加工

1. 程序设计

阶梯孔配重套是套类零件中较简单的，可以采用循环指令 G90、G71 编程加工，其加工程序见表 1-38 和表 1-39。

（1）左端加工程序　阶梯孔配重套的左端加工程序见表 1-38。

（2）右端加工程序　阶梯孔配重套的右端加工程序见表 1-39。

表 1-38　阶梯孔配重套的左端加工程序

加工程序	程序说明	仿真图示
O2005;	程序号为 O2005	
G99 G97 M03 S800 T0101 F0.2;	刀具初始化,使用 1 号刀,转速为 800r/min,以每转进给的方式	
G00 X75. Z2.;	快速移动至加工起点	
G94 X0 Z0;	车端面	
X47. Z-2.;	G94 车削左端外圆	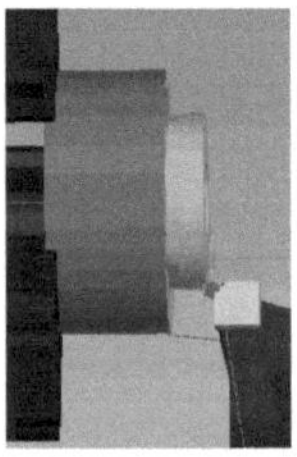
Z-4.;		
Z-6.;		
Z-8.;		
Z-9.8.;		
G00 X46.;		
G01 Z-10. F0.15;		
X75.;		
G00 X100. Z100.;	回到初始点	
M05;	程序停	
M03 S600 T0202 F0.15;	刀具初始化,使用 2 号刀,转速为 600r/min,以每转进给的方式	
G00 X20. Z2.;	定位	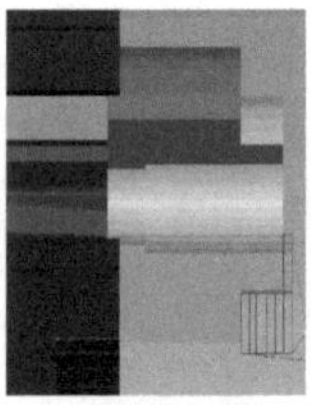
G90 X23. Z-41.;	粗、精车内孔 ϕ24mm、ϕ28mm	
X24. Z-41.;		
X26. Z-31.5.;		
X27.;		
G00 X28. Z2. S800 F0.1;		
Z-32.;		
X23.;		
G00 X100. Z100.;	回到初始点	
M30;	程序结束,返回程序头	

表 1-39　阶梯孔配重套的右端加工程序

加工程序	程序说明	仿真图示
O2006;	程序号为 O2006	
G99 G97 M03 S800 T0101 F0.2;	刀具初始化,使用 1 号刀,转速为 800r/min,以每转进给的方式	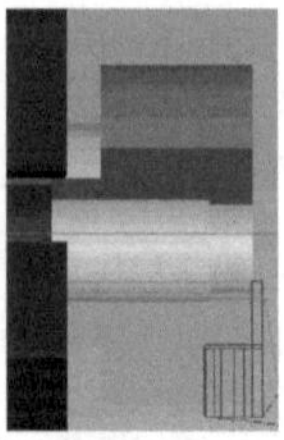
G00 X75. Z2.;	快速移动至加工起点	
G94 X0 Z0;	车端面,取总长	

（续）

加工程序	程序说明	仿真图示
G71 U1.5 R0.5;	使用内外圆粗车复合循环的方式	
G71 P1 Q2 U0.5 W0.;	粗加工工件的外圆，进给量为 0.2mm/r	
N1 G00 G42 X46.;	粗、精加工右端外轮廓	 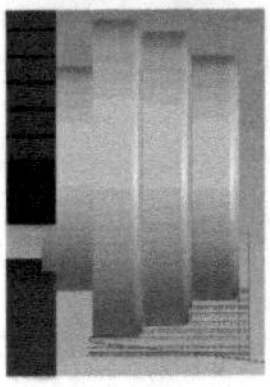
G01 Z0.;		
G03 X50. Z-2. R2.;		
G01 Z-10.;		
X56.;		
G03 X60. Z-12. R2.;		
G01 Z-20.;		
X61.;		
G03 X65. Z-22. R2.;		
G01 Z-30.5;		
N2 X67.;		
G70 P1 Q2;		
G00 G40 X100. Z100.;	退刀	
M05;	主轴停	
M30;	程序结束，返回程序头	

2. 阶梯孔配重套的加工

阶梯孔配重套的加工过程见表 1-40。

表 1-40　阶梯孔配重套的加工过程

零件名称	阶梯孔配重套	零件图号		工件材质	45 钢
工步号	工步内容	简图与操作提示			
自定心卡盘夹持		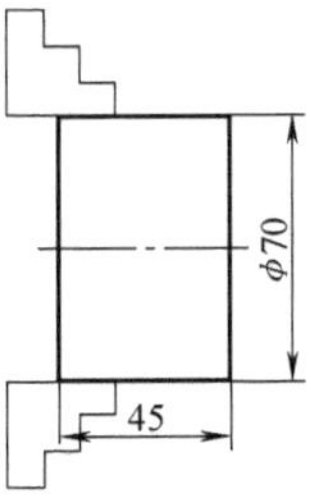		工件装夹在自定心卡盘上，毛坯右端面伸出 15mm 左右，装夹要牢固。车刀安装时不宜伸出过长，车孔刀刀尖高度应与机床主轴中心等高或略高，保证主偏角大于 90°，以保证阶台面与轴线垂直	
1	车右端面				
2	钻孔	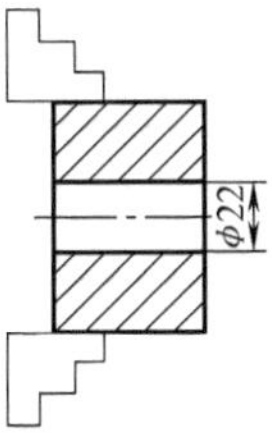		钻孔一般在对刀完成之后、加工之前进行	

（续）

<table>
<tr><td>零件名称</td><td>阶梯孔配重套</td><td>零件图号</td><td></td><td>工件材质</td><td>45 钢</td></tr>
<tr><td>工步号</td><td>工步内容</td><td colspan="4">简图与操作提示</td></tr>
<tr><td>3</td><td>粗车 φ46mm、φ65mm 外圆</td><td colspan="2" rowspan="2">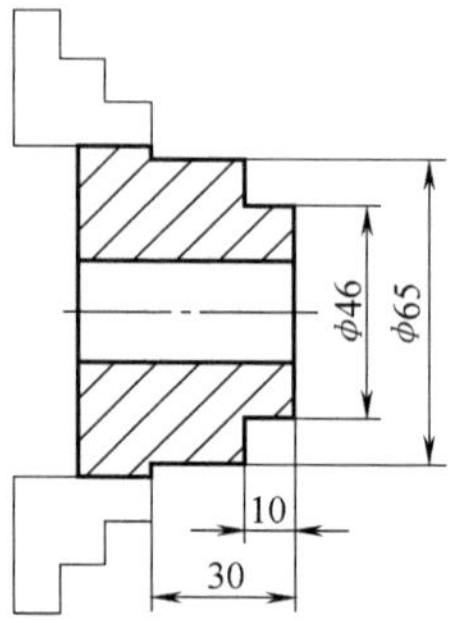
</td><td colspan="2" rowspan="2">如果 φ65mm 的外圆精度要求较高，则只加工 φ46mm 外圆</td></tr>
<tr><td>4</td><td>精车 φ46mm、φ65mm 外圆</td></tr>
<tr><td>5</td><td>粗车 φ24mm、φ28mm 内孔</td><td colspan="2" rowspan="2">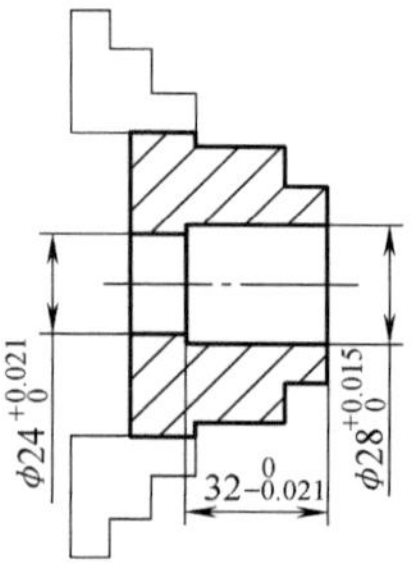
</td><td colspan="2" rowspan="2">为保证两孔尺寸均达到要求，可先精车 φ24mm 内孔至尺寸，再精车 φ28mm 内孔至尺寸</td></tr>
<tr><td>6</td><td>精车 φ24mm、φ28mm 内孔</td></tr>
<tr><td colspan="2">工件调头，夹持 φ46mm 外圆</td><td colspan="2">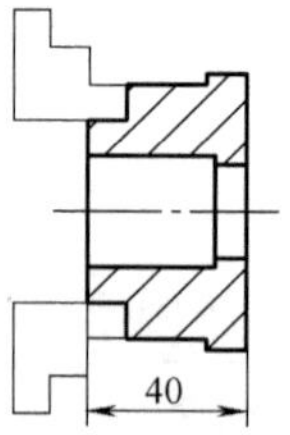
</td><td colspan="2">如果 φ65mm 的外圆没有加工，则夹持 φ46mm 外圆时，卡盘与 φ65mm 外圆左端留 1～2mm 的间隙，以免车 φ65mm 外圆时，车刀碰到卡爪</td></tr>
<tr><td>1</td><td rowspan="2">粗、精车外圆、圆角</td><td colspan="2" rowspan="2">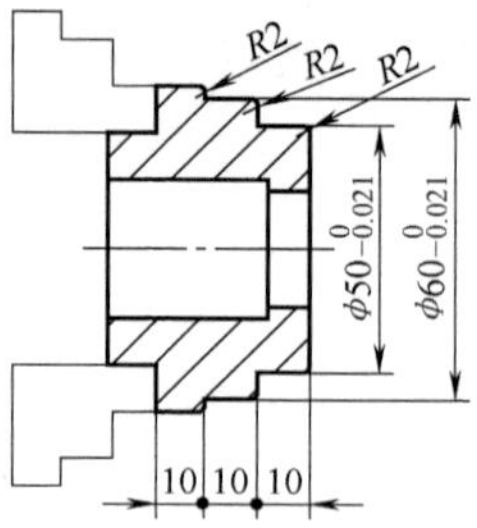
</td><td colspan="2" rowspan="2">为保证同轴度，缩短找正时间和提高加工效率，可以采用软卡爪装夹</td></tr>
<tr><td>2</td></tr>
<tr><td>3</td><td>去毛刺</td><td colspan="4"></td></tr>
<tr><td>4</td><td>检测</td><td colspan="4">用游标卡尺检测 φ46mm、φ65mm 外圆尺寸，用外径千分尺检测 $\phi 50^{0}_{-0.021}$mm、$\phi 60^{0}_{-0.021}$mm 外圆尺寸，用圆弧样板检测圆角 R2mm，其他尺寸用游标卡尺测量</td></tr>
<tr><td>编制</td><td></td><td>审核</td><td></td><td>批准</td><td></td></tr>
</table>

3. 质量分析

在数控车床上加工内孔时，经常遇到的问题、产生原因及解决方法，见表 1-41。

表 1-41　孔的加工问题、产生原因及解决方法

问题现象	产生原因	解决方法
孔深尺寸不对	1)对刀不正确 2)车刀圆弧过大 3)程序中计算错误	1)仔细对刀,认真测量 2)修磨车刀,使车刀锋利 3)认真计算
内孔有锥度	1)刀具磨损 2)刀柄刚性差,产生让刀现象	1)采用耐磨的车刀材料 2)尽量采用大尺寸的刀柄,减小切削用量

【考核评价】

阶梯孔配重套的手工编程与加工评分标准，见表 1-42。

表 1-42　阶梯孔配重套的手工编程与加工评分标准

姓名		零件名称		阶梯孔配重套	时间	120min	总得分	
项目	序号	检查内容			配分	评分标准	检测记录	得分
工件加工（50 分）	1	外圆尺寸	$\phi50_{-0.021}^{0}$mm、$\phi60_{-0.021}^{0}$mm		10	每处 5 分,超差不得分		
			$\phi46$mm、$\phi65$mm		4	每处 2 分,超差不得分		
	2	长度尺寸	40mm、10mm(三处)		8	每处 2 分,超差不得分		
	3	内孔	$\phi28_{0}^{+0.021}$mm、$\phi24_{0}^{+0.021}$mm		10	每处 5 分,超差不得分		
	4	孔深	$32_{-0.021}^{0}$mm		6	超差不得分		
	5	圆角	$R2$mm(三处)		3	超差不得分		
	6	尖角、毛刺			3	不合格全扣		
	7	表面粗糙度			6	每处降低一级扣 1 分		
程序与工艺（25 分）	8	程序正确、完整			6	不正确每处扣 1 分		
	9	程序格式规范			5	不规范每处扣 0.5 分		
	10	工艺合理			5	不合理每处扣 1 分		
	11	程序参数选择合理			4	不合理每处扣 0.5 分		
	12	指令选用合理			5	不合理每处扣 1 分		
机床操作（17 分）	13	工件装夹合理			3	不合理每次扣 1 分		
	14	刀具选择及安装正确			3	不正确每次扣 1 分		
	15	对刀及坐标系设定正确			4	不正确每次扣 1.5 分		
	16	机床面板操作正确			4	误操作每次扣 1 分		
	17	意外情况处理合理			3	不正确每次扣 1.5 分		
文明生产（8 分）	18	安全操作			4	违反操作规程全扣		
	19	机床整理			4	不合格全扣		

【拓展训练】

加工如图 1-62 所示衬套零件，毛坯尺寸为 $\phi50$mm×45mm，材料为 45 钢，按要求完成下列任务。

1）编写加工程序；

2）对该零件进行仿真与实际加工。

【课后测评】

一、判断题

1.（ ）刀具安装不正确是切削过程中出现干涉的现象之一。

2.（ ）使用 G71 指令粗加工时，在粗加工程序段中的 F、S、T 是有效的。

3.（ ）加工内孔和外圆的指令完全不同。

4.（ ）内孔有锥度的原因是刀具磨损。

5.（ ）用 G74 指令加工深孔，可以延长刀具寿命，提高工件的加工精度。

二、选择题

1. 内孔有锥度的原因有（ ）。

A. 车刀磨损　　B. 刀柄刚性差，产生让刀现象

C. 切削用量选择不当　　D. 以上都不对

2. G90 X（U）__ Z（W）__ R__ F__；中 R 表示（ ）。

A. 循环起点与循环终点的 *Z* 轴方向之差　　B. 切削起点与圆锥面切削终点的半径差

C. 径向背吃刀量　　D. 轴向背吃刀量

3. G72 程序段中各参数的含义与 G71 相同，但它完成端面方向粗车，在 ns 程序段中不能有（ ）轴指令。

A. Z　　B. X　　C. Y　　D. X 和 Y

4. 影响数控车床加工精度的因素有很多，要提高加工工件的质量也有很多措施，但（ ）不能提高加工精度。

A. 将绝对编程改变为增量编程　　B. 正确选择车刀类型

C. 控制刀尖中心高度误差　　D. 减小刀尖圆弧半径对加工的影响

5. 套类零件，常采用（ ）指令加工。

A. G71　　B. G72　　C. G73　　D. G74

三、简答题

1. 解释 G74 指令格式及含义。

2. 加工内孔需解决的两个关键问题是什么？

四、做中学

加工如图 1-63 所示零件，毛坯尺寸为 ϕ42mm×45mm，材料为 45 钢，按要求完成下列任务。

1）编写加工程序；

2）对该零件进行仿真与实际加工。

任务五　锥孔配重套的加工

锥孔配重套是套类零件中较复杂的。实际生产中，锥孔是套类零件中加工难度较大的一种，但在数控车床上加工锥孔比在普通车床上加工锥孔容易，测量困难。图 1-66 所示为锥

孔配重套零件，毛坯尺寸为 ϕ70mm×45mm，材料为 45 钢，生产类型为单件或小批量生产，无热处理工艺要求，试正确设定工件坐标系，制订加工工艺方案，选择合理的刀具和切削工艺参数，正确编制数控加工程序并完成零件的加工。

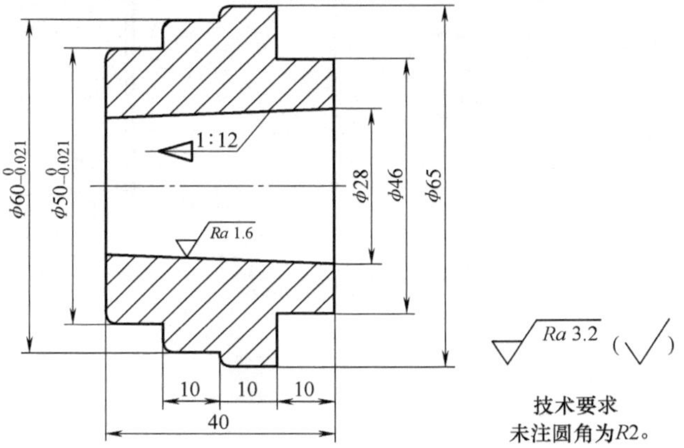

图 1-66　锥孔配重套

子任务一　编制锥孔配重套的数控加工工艺

【任务目标】

1. 知识目标

1）了解锥孔加工的工艺特点。

2）掌握锥度的术语、计算和加工方法。

2. 能力目标

1）会正确装夹工件、刀具，合理选择切削用量。

2）能制订锥孔配重套的加工工艺。

3. 素质目标

1）具备工艺制订能力。

2）具备自我学习的能力。

3）具备语言表达能力。

【任务分析】

该零件中的 1 : 12 锥孔（和梯形螺纹哑铃轴的外锥配合）及外圆 $\phi50_{-0.021}^{0}$ mm、$\phi60_{-0.021}^{0}$ mm 都有较高的精度要求，其他尺寸要求不高，锥孔的表面粗糙度值为 $Ra1.6\mu m$，其余为 $Ra3.2\mu m$，内孔结构较为简单，左端三处圆角为 $R2mm$，注意保证精度要求。

【知识储备】

1. 圆锥表面和圆锥

圆锥表面是由与轴线成一定角度且一端相交于轴线的一条直线段（母线），绕该轴线旋转一周所形成的表面，如图 1-67 所示。由圆锥表面和一定轴向尺寸、径向尺寸所限定的几何体，称为圆锥。圆锥又可以分为外圆锥和内圆锥两种，如图 1-68 所示。

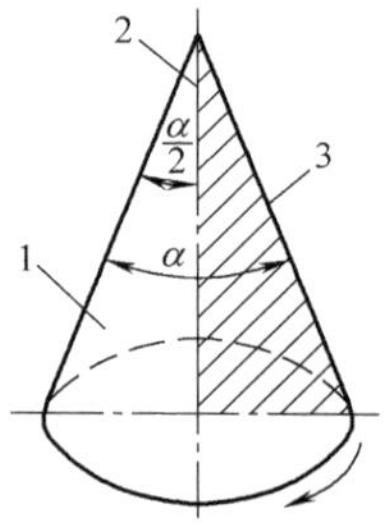

图 1-67 圆锥表面

1—圆锥表面 2—轴线

3—圆锥素线

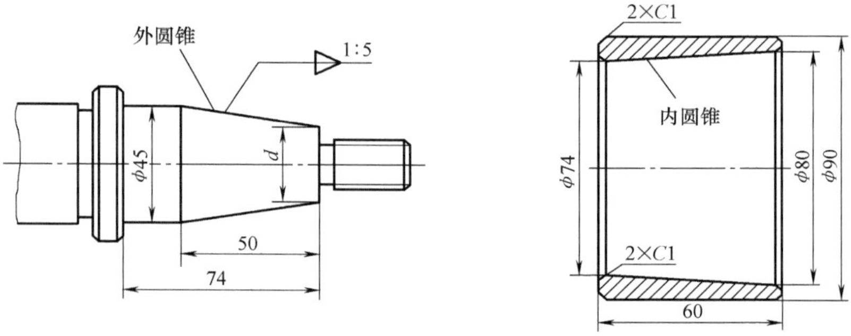

图 1-68 圆锥

2. 圆锥的基本参数

（1）圆锥半角 $\alpha/2$ 圆锥角 α 是在通过圆锥轴线的截面内，两条素线间的夹角。在车削时经常用到的是圆锥角 α 的一半——圆锥半角 $\alpha/2$（图 1-69）。

（2）最大圆锥直径 D 简称大端直径（图 1-69）。

（3）最小圆锥直径 d 简称小端直径（图 1-69）。

（4）圆锥长度 L 最大圆锥直径与最小圆锥直径的轴向距离（图 1-69）。

（5）锥度 C 圆锥大、小端直径之差与长度之比，即

$$C=\frac{D-d}{L} \tag{1-4}$$

锥度 C 确定后，圆锥半角 $\alpha/2$ 则能计算出。因此，圆锥半角 $\alpha/2$ 与锥度 C 属于同一基本参数。

3. 圆锥的各部分尺寸计算

由上述可知，圆锥具有四个基本参数，只要已知其中任意三个参数，便可以计算出其他一个未知参数。

1）圆锥半角 $\alpha/2$ 与其他三个参数的关系。在图样上，一般常标注 D、d、L，而在车圆锥时，往往需要将小滑板由 0°转动 $\alpha/2$ 角度，因此必须计算出圆锥半角 $\alpha/2$。

在图 1-69 中，

$$\tan\frac{\alpha}{2}=\frac{BC}{AC} \qquad BC=\frac{D-d}{2} \qquad AC=L$$

$$\tan\frac{\alpha}{2}=\frac{D-d}{2L} \tag{1-5}$$

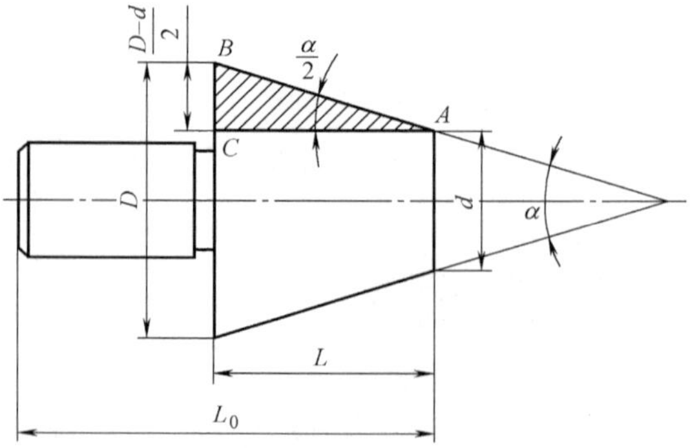

图 1-69 圆锥的计算

2）其他三个参数与圆锥半角 $\alpha/2$ 的关系为

$$D=d+2L\tan(\alpha/2) \tag{1-6}$$

$$d=D-2L\tan(\alpha/2) \tag{1-7}$$

$$L=\frac{D-d}{2\tan(\alpha/2)} \quad (1\text{-}8)$$

3）近似计算圆锥半角。应用上述公式计算 $\alpha/2$ 时，应查三角函数表，比较麻烦。当圆锥半角 $\alpha/2<6°$时，可以用下列近似公式计算：

$$\alpha/2\approx28.7°\times\frac{D-d}{L}\approx28.7°\times C \quad (1\text{-}9)$$

采用近似公式计算圆锥半角 $\alpha/2$ 时，圆锥半角应在 6°以内，计算结果是“度”，度以后的小数部分是十进位的，而角度是 60 进位。应将含有小数部分的计算结果转化成度、分、秒。例如 2.25°并不等于 2°25′，要用小数部分去乘 60′，即 60′×0.25＝15′，所以 2.25°应为 2°15′。

4. 标准工具的圆锥

为了制造和使用方便，降低生产成本，常用工具、刀具上的圆锥都已标准化。即圆锥的各部分尺寸，都符合几个号码的规定；使用时，只要号码相同，则能互换。标准工具的圆锥已在国际上通用，不论哪个国家生产的机床或工具，只要符合标准，圆锥都能达到互换要求。

常用标准工具的圆锥有下面两种：

（1）莫氏圆锥　莫氏圆锥是机器制造业中应用最为广泛的一种，如车床主轴锥孔、顶尖、麻花钻柄和铰刀柄等都是莫氏圆锥。莫氏圆锥分为 0 号、1 号、2 号、3 号、4 号、5 号和 6 号七种。其中，最小的是 0 号，最大的是 6 号。莫氏圆锥号码不同，圆锥的尺寸和圆锥半角都不同。

（2）米制圆锥　米制圆锥分为 4 号、6 号、80 号、100 号、120 号、140 号、160 号和 200 号八种。它们的号码表示的是大端直径，锥度固定不变，即 $C=1:20$。米制圆锥的优点是锥度不变，记忆方便。

除了常用标准工具的圆锥外，还经常遇到各种专用的标准圆锥，其锥度大小及应用场合见表 1-43。

表 1-43　常用标准圆锥的锥度大小及应用场合

锥度 C	圆锥角	圆锥半角	应用举例
1：4	14°15′	7°7′30″	车床主轴法兰及轴头
1：5	11°25′16″	5°42′38″	砂轮主轴与砂轮法兰的结合，锥形摩擦离合器等
1：7	8°10′16″	4°5′8″	管件的开关塞、阀等
1：12	4°46′19″	2°23′9″	部分滚动轴承内环锥孔
1：15	3°49′6″	1°54′23″	主轴与齿轮的配合部分
1：16	3°34′47″	1°47′24″	55°密封管螺纹
1：20	2°51′51″	1°25′56″	米制工具圆锥、锥形主轴颈
1：30	1°54′35″	0°57′17″	锥柄的铰刀和扩孔钻与柄的配合
1：50	1°8′45″	0°34′23″	圆锥定位销及锥铰刀
7：24	16°35′39″	8°17′50″	铣床主轴孔及刀杆的锥体
7：64	6°15′38″	3°7′49″	刨齿机工作台的心轴孔

【任务实施】

一、锥孔配重套加工的机床、刀具选择

1. 设备选择

选用 FANUC 0i 系统数控车床，计算机及仿真软件；采用普通自定心卡盘装夹。

2. 零件毛坯

选用 ϕ70mm×45mm 棒料，多件练习时也可以采用加长棒料，毛坯材质为 45 钢。

3. 工件的装夹

工件较短，使用普通自定心卡盘装夹。

4. 刀具选择

选用 90°外圆车刀、主偏角为 93°的内孔车刀。制订数控加工刀具卡片，见表 1-44。

表 1-44　数控加工刀具卡片

产品名称或代号：			零件名称：锥孔配重套		零件图号：	
序号	刀具号	刀具规格及名称	材质	数量	加工表面	备注
1		ϕ22mm 钻头	高速工具钢	1 个	钻孔	
2	T01	90°外圆车刀	YT15	1 把	粗、精车端面及外圆	R0. 2mm
3	T02	主偏角为 93°的内孔车刀	YT15	1 把	粗、精车内孔	R0. 2mm
编制：			审核：			

二、编制加工工艺

以工件右端面与轴线交点为工件坐标系原点，采用从右到左的加工方式。工艺路线安排如下：

1）车右端面

2）钻孔 ϕ22mm。

3）粗车 ϕ46mm 外圆至尺寸。

4）粗、精车工件内锥孔至尺寸。

5）将工件调头，车左端面，取总长至尺寸。

6）粗、精车 ϕ50mm、ϕ60mm、ϕ65mm 外圆至尺寸。

数控加工工艺卡片见表 1-45。

表 1-45　数控加工工艺卡片

零件名称	锥孔配重套	零件图号		工件材质	45 钢	
工序号	夹具名称			数控系统	车间	
1	自定心卡盘			FANUC 0i		
工步号	工步内容	刀具号	主轴转速 /(r/min)	进给量 /(mm/r)	背吃刀量 /mm	备注
1	车右端面	T01	800	0. 20	1	自动
2	钻孔		500			手动

（续）

工步号	工步内容	刀具号	主轴转速 /(r/min)	进给量 /(mm/r)	背吃刀量 /mm	备注
3	粗车 ϕ46mm 外圆	T01	800	0.20	1	自动
4	精车 ϕ46mm 外圆	T01	1000	0.20	0.5	自动
5	粗车锥孔	T02	600	0.20	1	自动
6	精车锥孔	T02	800	0.10	0.5	自动
7	工件调头，粗车外圆、圆角	T01	800	0.20	2	自动
8	精车外圆、圆角	T01	1000	0.20	0.5	自动
编制		审核		批准		

【考核评价】

锥孔配重套数控加工工艺的评分标准，见表 1-46。

表 1-46　锥孔配重套数控加工工艺的评分标准

姓名		零件名称		锥孔配重套	总得分	
项目	序号	检查内容	配分	评分标准	小组互评	教师评价
加工工艺（50 分）	1	设备	5	设备选择合理		
	2	刀具	10	刀具选择合理		
	3	装夹方法	5	装夹方法合理		
	4	加工工艺	25	合理		
	5	切削用量	5	选择合理		
实际训练（30 分）	6	任务完成质量	20	质量好		
	7	作业网络互动	10	积极、按时		
团队协作（20 分）	8	小组协作	10	协调		
	9	考勤	10	考勤情况		

【拓展训练】

加工如图 1-70 所示锥套零件，毛坯尺寸为 ϕ40mm×60mm，材料为 45 钢，按要求完成下列任务。

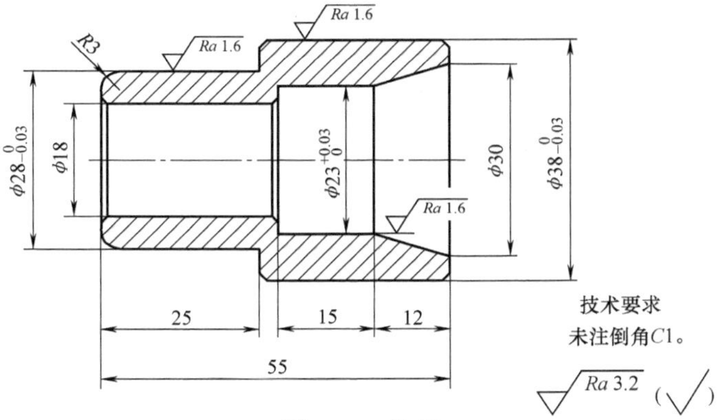

图 1-70　锥套

1）分析锥套的加工工艺；

2）编写锥套数控加工刀具卡片；

3）编写锥套数控加工工艺卡片。

【课后测评】

一、判断题

1.（　　）圆锥角是在通过圆锥轴线的截面内，两条素线间的夹角。

2.（　　）标准工具的圆锥的各部分尺寸，都符合几个号码的规定；使用时，只要号码相同，则能互换。

3.（　　）圆锥大、小端直径之差与长度之比是锥度。

4.（　　）莫氏圆锥号码不同，圆锥的尺寸和圆锥半角都相同。

二、选择题

1. 米制圆锥的号码表示的是（　　）直径，锥度固定不变，即 $C=1:20$。

A. 小端　　B. 大端　　C. 锥度　　D. 长度

2. 铣床主轴孔及刀杆的锥度是（　　）。

A. 7∶24　　B. 1∶12　　C. 1∶30　　D. 1∶5

3. 采用近似公式计算圆锥半角 $\alpha/2$ 时，圆锥半角应在（　　）以内。

A. 10°　　B. 6°　　C. 21°　　D. 28.7°

4. 圆锥大、小端（　　）与长度之比是锥度。

A. 直径之差　　B. 直径　　C. 直径一半　　D. 半径一半

5. 车床主轴锥孔是（　　）。

A. 莫氏圆锥　　B. 米制圆锥　　C. 专用圆锥　　D. 以上都不对

三、简答题

1. 常用标准工具的圆锥有哪几种？

2. 如何计算锥度？

四、做中学

加工如图 1-71 所示锥套，毛坯尺寸为 ϕ60mm×40mm，材料为 45 钢，按要求完成下列任务。

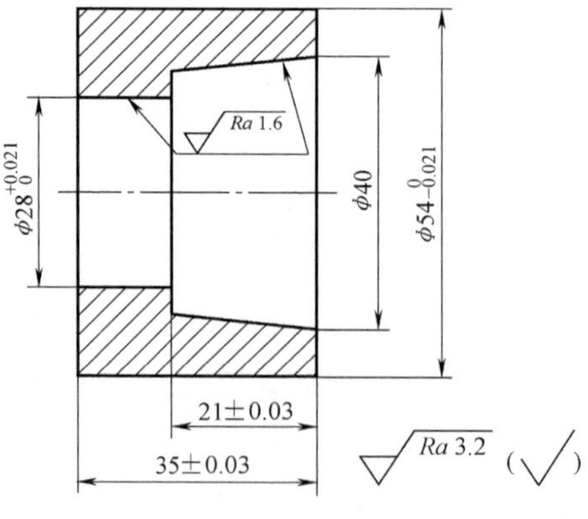

图 1-71　锥套

1）编写数控加工刀具卡片；

2）编写数控加工工艺卡片。

子任务二　锥孔配重套的手工编程与加工

【任务目标】

1. 知识目标

1）掌握常用 G90、G94 指令，合理选择加工指令编写锥孔配重套的加工程序。

2）巩固常用 G71、G01 指令，并合理运用。

3）掌握锥度的检测方法。

4）掌握锥孔配重套加工过程中产生废品的原因及解决方法。

2. 能力目标

1）熟练掌握数控程序的手工输入与编辑方法。

2）会正确装夹工件、刀具，合理选择切削用量。

3）能进行锥孔配重套的仿真与加工。

4）能正确测量锥孔配重套的尺寸。

3. 素质目标

1）具备规范操作的能力。

2）具备自我学习的能力。

3）具备语言表达能力。

【任务分析】

该零件中的 1 : 12 锥孔（和梯形螺纹哑铃轴的外锥配合）及外圆 $\phi50_{-0.021}^{\ 0}$ mm、$\phi60_{-0.021}^{\ 0}$ mm 都有较高的精度要求，其他尺寸要求不高，锥孔的表面粗糙度值为 $Ra1.6\mu m$，其余为 $Ra3.2\mu m$，内孔结构较为简单，左端三处圆角为 $R2mm$，注意保证精度要求。内孔尺寸变化不大且没有倒角，用循环指令 G90 编程加工即可；左端外圆因有圆角，用 G71 指令编程会更简洁；右端外圆用 G94、G90 指令都可以。

【知识储备】

一、加工指令

1. 轴向固定切削循环指令 G90（车圆锥面）

（1）指令运动轨迹（图 1-72）

1）*X* 轴从循环起点快速移动到切削起点，如图 1-72 中（1R）。

2）从切削起点切削进给到切削终点，如图 1-72 中（2F）。

3）*X* 轴以切削进给速度退刀，返回到与起点 *X* 轴绝对坐标相同处，如图 1-72 中（3F）。

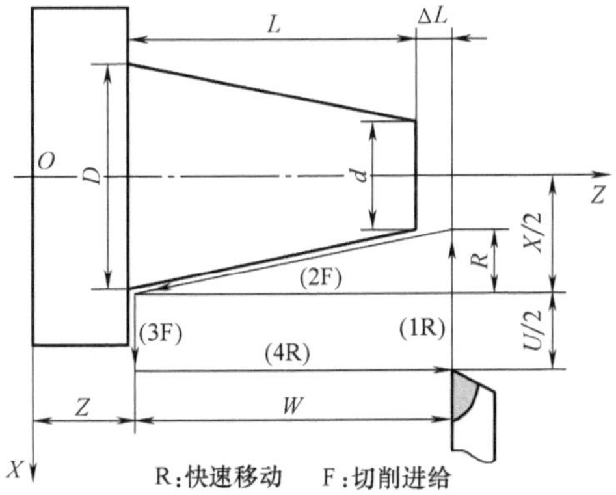

图 1-72　G90 指令车圆锥切削循环

4）Z 轴快速移动回到循环起点，循环结束，如图 1-72 中（4R）。

（2）指令格式

G90 X（U）__ Z（W）__ R __ F __ ；

其中，X 为切削终点 X 轴绝对坐标；U 为切削终点与起点 X 轴绝对坐标的差值；Z 为切削终点 Z 轴绝对坐标；W 为切削终点与起点 Z 轴绝对坐标的差值；R 为切削起点与切削终点 X 轴绝对坐标的差值（半径值，有符号），或为切出点到切入点 X 轴方向的位移，位移方向远离工件时符号为正，反之为负；F 为进给量。

R 的数值可用如下公式求得：

$$|R| = \frac{D-d}{2L}(L+\Delta L) \qquad (1\text{-}10)$$

式中，D 为圆锥大端直径；d 为圆锥小端直径；L 为圆锥长度；ΔL 为车刀离开工件右端面的距离。

注意：G90、G94 均为模态指令；切削起点（切入点）是切削进给的起始位置；切削终点（切出点）是切削进给的结束位置。

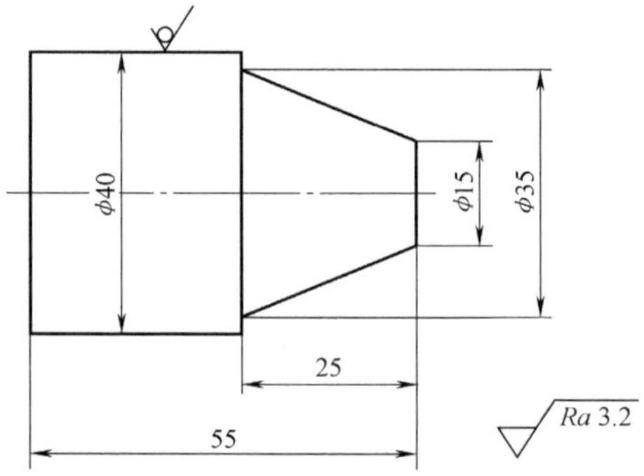

图 1-73　圆锥体零件图

例 1-1　用 G90 指令编写图 1-73 所示圆锥部分的加工程序。

解： 圆锥体零件加工程序见表 1-47。

表 1-47　圆锥体零件加工程序

加工程序	程序说明
O2007;	程序号为 O2007
G99 M03 S800 T0101;	主轴正转，转速为 800r/min，1 号刀及 1 号刀补
G00 X42. Z3.;	1 号刀快速到达循环起点
G94 X-1. Z0 F0.15;	G94 指令车右端面
G00 G42 Z2.;	车刀快速到达 Z2 点，建立刀尖圆弧半径补偿
G90 X40. Z-5. R-2.8 F0.15;	G90 指令车削圆锥第一刀
Z-10. R-4.8;	G90 指令车削圆锥第二刀
Z-15. R-6.8;	G90 指令车削圆锥第三刀
Z-20. R-8.8;	G90 指令车削圆锥第四刀
Z-25. R-10.8;	G90 指令车削圆锥第五刀
X37. R-10.8;	G90 指令车削圆锥第六刀
X35. R-10.8;	G90 指令车削圆锥第七刀
G00 G40 X100. Z100.;	1 号刀快速退刀，取消刀尖圆弧半径补偿
M30;	程序结束，返回程序头

2. 径向固定切削循环指令 G94（车圆锥面）

（1）指令运动轨迹（图 1-74）

1）Z 轴从循环起点快速移动到切削起点，如图 1-74 中（1R）。

2）从切削起点切削进给到切削终点，如图 1-74 中（2F）。

3）Z 轴以切削进给速度退刀，返回到与起点 Z 轴绝对坐标相同处，如图 1-74 中（3F）。

4）X 轴快速移动回到循环起点，循环结束，如图 1-74 中（4R）。

（2）指令格式

G94 X（U）__ Z（W）__ R __ F __；

其中，X 为切削终点 X 轴绝对坐标；U 为切削终点与起点 X 轴绝对坐标的差值；Z 为切削终点 Z 轴绝对坐标；W 为切削终点与起点 Z 轴绝对坐标的差值；R 为切削起点与切削终点 Z 轴绝对坐标的差值（有符号），或为切出点到切入点 Z 轴方向的位移，位移方向远离工件时符号为正，反之为负；F 为进给量。

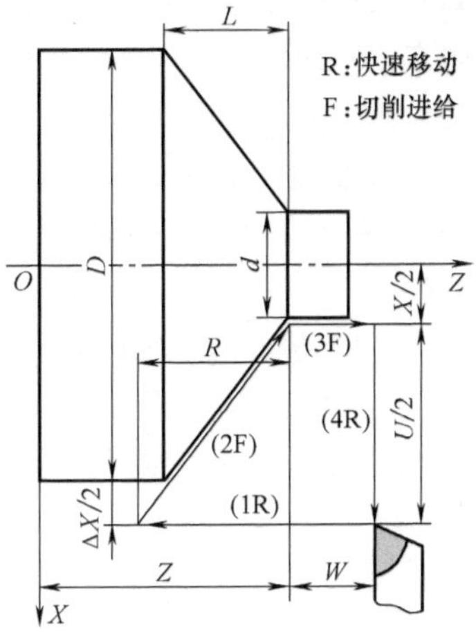

图 1-74　G94 指令车圆锥切削循环

R 的数值可用如下公式求得：

$$|R| = \frac{L}{D-d}(D-d+\Delta X) \tag{1-11}$$

式中，D 为圆锥大端直径；d 为圆锥小端直径；L 为圆锥长度；ΔX 为车刀离开工件外圆的距离（直径值）。

3. 端面粗车复合循环指令 G72

它适用于粗车圆柱棒料毛坯的端面，其指令格式为：

G72 W $\underline{\Delta d}$ R $\underline{e}$；

G72 P $\underline{ns}$ Q $\underline{nf}$ UΔ $\underline{u}$ WΔ $\underline{w}$ F $\underline{f}$ S $\underline{s}$ T $\underline{t}$；

G72 程序段中各参数的含义与 G71 相同，但它完成端面方向粗车，在 ns 程序段中不能有 X 轴指令，其走刀路线如图 1-75a 所示。

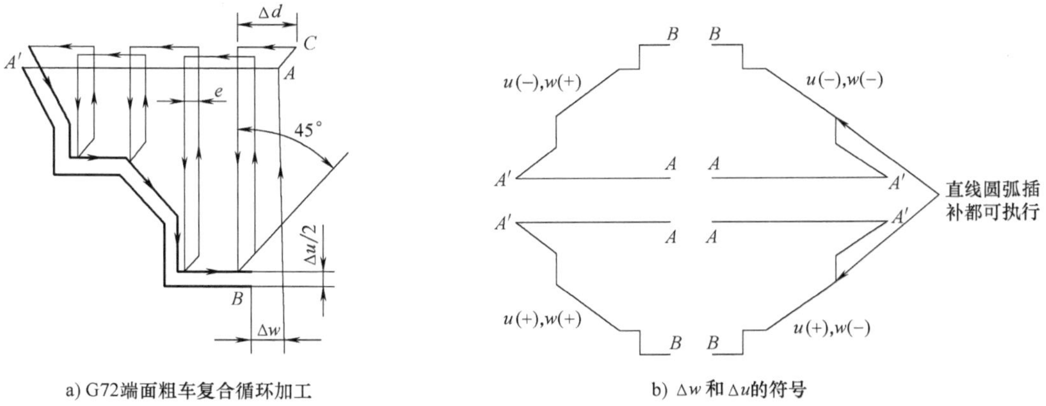

图 1-75　G72 端面粗车复合循环加工及 Δw 和 Δu 的符号

说明：

1）Δd 和 Δw 两者都由地址 W 指定，其意义由地址 P 和 Q 决定。

2）粗车复合循环由带有 P、Q 的 G72 指令实现，在 A 和 B 间的运动指令中 F、S、T 功能无效，在 G72 程序段或前面的程序段中的 F、S、T 功能有效。

3）当用 G96 或 G97 指令时，在 *A* 和 *B* 间指定的 G96 或 G97 无效，而在 G72 程序段或以前的程序段中指定有效。

4）*AA'*之间的刀具轨迹是在 ns 顺序号后 G00 或 G01 程序段中指定的，并且在这个程序段中不指定 *X* 轴的运动指令。

5）*A'*和 *B* 之间的刀具轨迹在 *X* 和 *Z* 方向必须单调变化，逐渐增加或减少。

Δw 和 Δu 的符号如图 1-75b 所示。

例 1-2：用 G94 指令编写图 1-76 所示锥台圆锥部分的加工程序。

解：锥台加工程序见表 1-48。

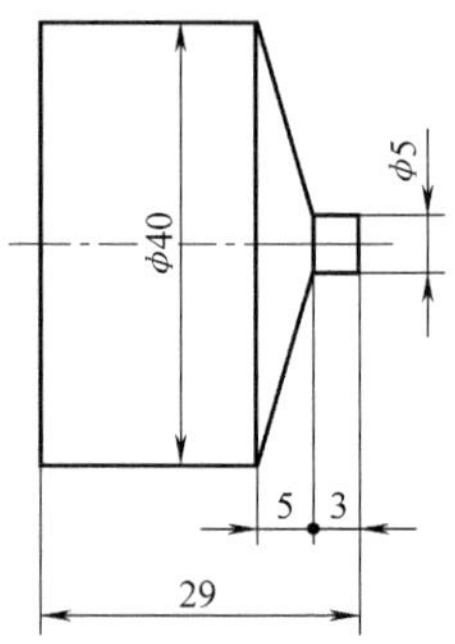

图 1-76　锥台

表 1-48　锥台加工程序

加工程序	程序说明
O2008;	程序号为 O2008
G99 M03 S800 T0101;	主轴正转,转速为 800r/min,1 号刀及 1 号刀补
G00 X42. Z2. ;	1 号刀快速到达循环起点
G94 X-1. Z0 F0. 15;	G94 指令车右端面
G00 G41 X2. 1;	车刀快速到达循环起点,建立刀尖圆弧半径补偿
G94 X33. Z0. R-1. 3 F0. 15;	G94 指令车削圆锥第一刀
X26. R-2. 3;	G94 指令车削圆锥第二刀
X19. R-3. 3;	G94 指令车削圆锥第三刀
X12. R-4. 3;	G94 指令车削圆锥第四刀
X5. R-5. 3;	G94 指令车削圆锥第五刀
Z-1. 5. R-5. 3;	G94 指令车削圆锥第六刀
Z-3. R-5. 3;	G94 指令车削圆锥第七刀
G00 G40 X100. Z100. ;	1 号刀快速退刀,取消刀尖圆弧半径补偿
M05;	主轴停
M30;	程序结束,返回程序头

二、圆锥的检测

圆锥的检测主要是指圆锥角度和尺寸精度检测。除游标万能角度尺外，还可以用角度样板检测圆锥角度和采用正弦规或涂色法来评定圆锥精度。下面介绍用角度样板检测圆锥角度和用涂色法评定圆锥精度的方法。

1. 用角度样板检测

角度样板属于专用量具，常用在成批和大量生产时，以减少辅助时间。

图 1-77 所示为用角度样板测量锥齿轮坯角度。

2. 用涂色法检测

对于圆锥或配合精度要求较高的圆锥工件，一般可以使用圆锥套规和圆锥塞规检测。圆锥套规（图 1-78）用于检测外圆锥，圆锥塞规用于检测内圆锥。

用圆锥套规检测外圆锥时，要求工件和套规表面清洁，工件外圆锥表面粗糙度值小于

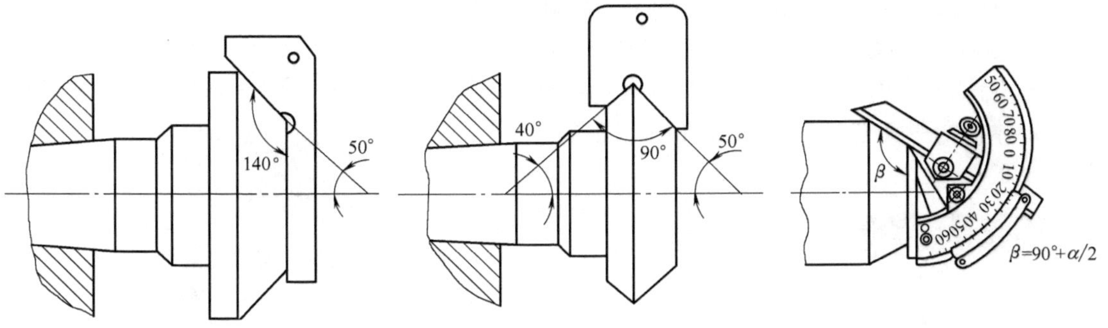

图 1-77　用角度样板测量锥齿轮坯角度

$Ra3.2\mu m$ 且无毛刺。检测时，首先在工件表面顺着圆锥素线薄而均匀地涂上周向均等的三条显示剂（印油、红丹粉、机油的调和物等），如图 1-79 所示。然后，手握套规轻轻地套在工件上，稍加轴向推力，并将套规转动半圈，如图 1-80 所示。最后，取下套规，观察工件表面显示剂擦去的情况。若三条显示剂全长擦痕均匀，则圆锥表面接触良好，说明锥度正确，如图 1-81 所示；若小端擦着，大端未擦去，说明圆锥角小了；若大端擦着，小端未擦去，说明圆锥角大了。

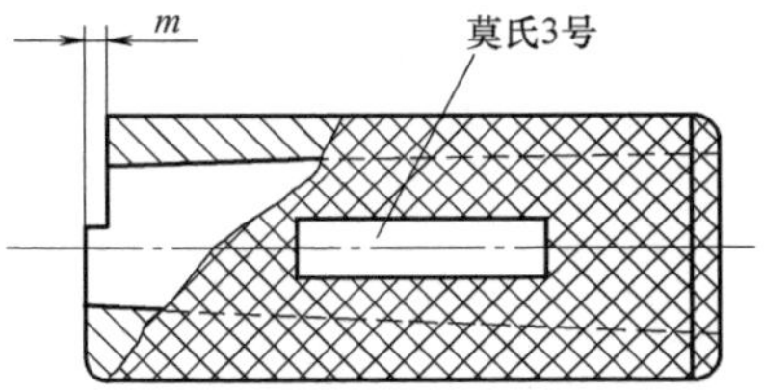

图 1-78　圆锥套规

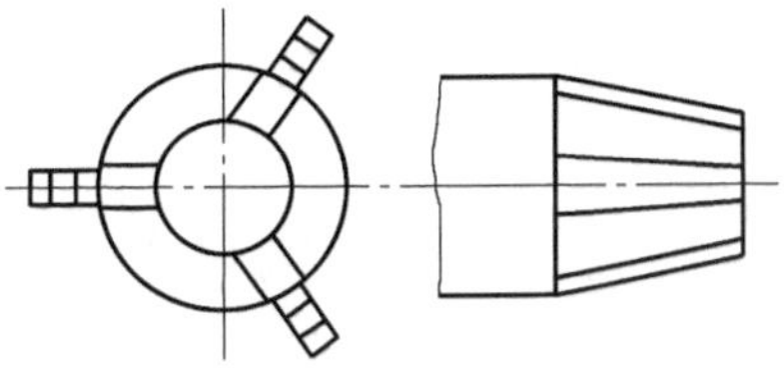

图 1-79　涂色法

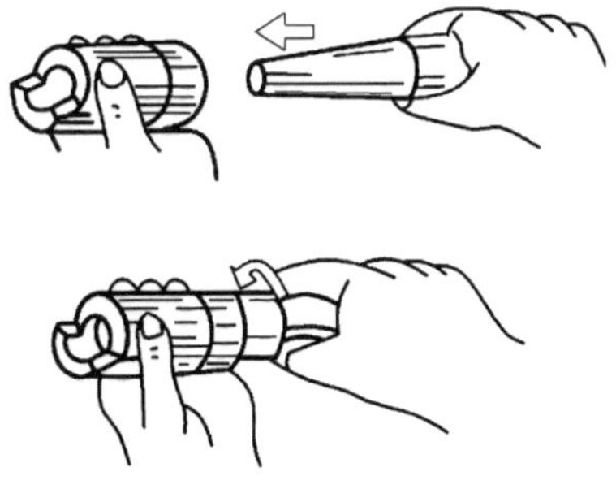

图 1-80　用圆锥套规检测外圆锥

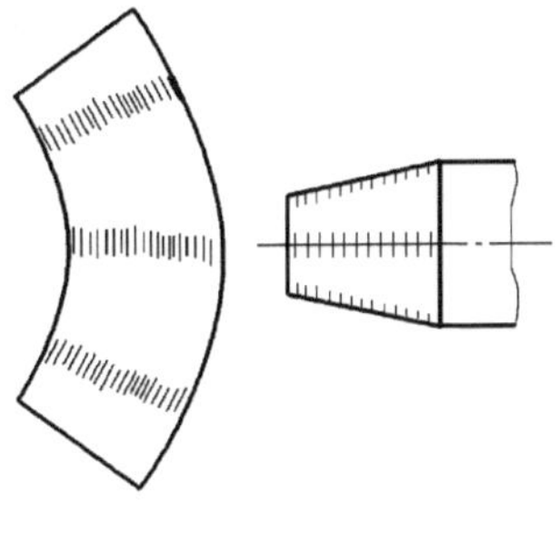

图 1-81　合格的圆锥面展开图

3. 圆锥尺寸的检测

（1）用卡钳和千分尺检测　圆锥精度要求较低及加工中粗测圆锥尺寸时，可以使用卡钳和千分尺测量圆锥尺寸。测量时必须注意卡钳脚或千分尺测量杆应与工件的轴线垂直，测量位置必须在锥体的最大端处或最小端处。

（2）用圆锥套规检测　在圆锥套规上，根据工件的直径尺寸和公差，在套规小端处开

有轴向距离为 m 的缺口（图 1-78），表示过端和止端。测量外圆锥时，如果锥体的小端平面在缺口之间，说明其小端直径尺寸合格，如图 1-82 所示。若锥体未能进入缺口，说明其小端直径大了；若锥体小端平面超过了止端缺口，说明其小端直径小了。

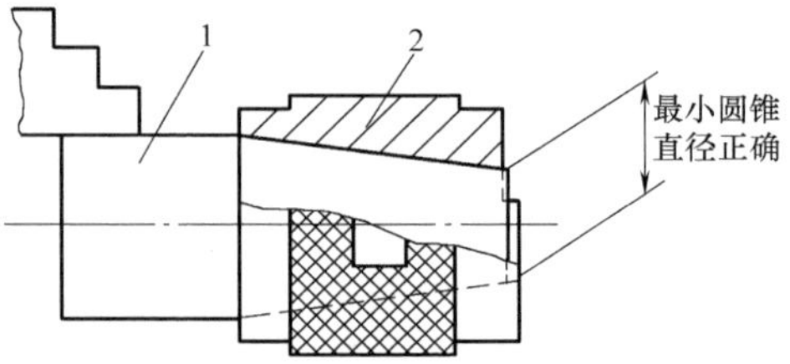

图 1-82　用圆锥套规检测小端直径
1—工件（外锥）　2—圆锥套规

【任务实施】

一、任务准备

1）准备相关教学资料，包括教材、教参、多媒体课件、视频文件、工作任务书等。

2）准备教学用辅具、量具、刀具；选用 FANUC 0i 系统数控车床，计算机及仿真软件；采用自定心卡盘装夹。选用 ϕ70mm×45mm 棒料，多件练习时也可以采用加长棒料，毛坯材质为 45 钢。

3）准备相关工艺生产资料。

4）量具选用。

① 钢直尺：0～300mm。

② 游标卡尺：0.02mm/0～150mm。

③ 外径千分尺：0.01mm/25～50mm、50～75mm。

④ 圆锥套规。

⑤ 表面粗糙度样板。

5）安全文明教育。

二、锥孔配重套的编程与加工

1. 程序设计

（1）右端加工程序　锥孔配重套的右端加工程序见表 1-49。

表 1-49　锥孔配重套的右端加工程序

O2009;	程序号为 O2009	
G99 G97 M03 S800 T0101 F0.2;	刀具初始化，使用 1 号刀，转速为 800r/min，以每转进给的方式	
G00 X75. Z2.;	快速移动至加工起点	
G94 X0 Z0;	车端面	
X47. Z-2.;	粗、精车 ϕ46mm 外圆	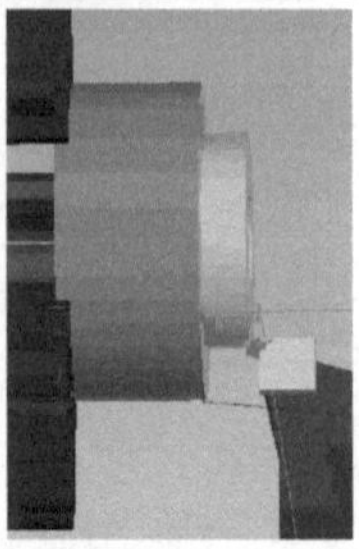
Z-4.;		
Z6.;		
Z-8.;		
Z-9.8.;		
G00 X46.;		
G01 Z-10. S1000 F0.15;		
X75.;		

（续）

O2009；	程序号为 O2009	
G00 X100. Z100. ；	回到初始点	
M05；	程序停	
M03 S600 T0202 F0. 15；	刀具初始化，使用 2 号刀，转速为 600r/min，以每转进给的方式	
G00 X20. Z0. ；	定位	
G90 X22. Z-24. R-1. F0. 15；	G90 指令车削圆锥第一刀	
X23. Z-36. R-1. 5；	G90 指令车削圆锥第二刀	
X24. 5 Z-42. R-1. 75；	G90 指令车削圆锥第三刀	
G00 X100. Z100. ；	回到初始点	
M05；	主轴停	
M30；	程序结束，返回程序头	

（2）左端加工程序　锥孔配重套的左端加工程序见表 1-50。

表 1-50　锥孔配重套的左端加工程序

加工程序	程序说明	
O2010；	程序号为 O2010	
G99 G97 M03 S800 T0101 F0. 2；	刀具初始化，使用 1 号刀，转速为 800r/min，以每转进给的方式	
G00 X75. Z2. ；	快速移动至加工起点	
G94 X0 Z0；	车端面，取总长	
G71 U1. 5 R0. 5 ；	使用内外圆粗车复合循环的方式	
G71 P1 Q2 U0. 5 W0. ；	粗加工工件的外圆，进给量为 0. 2mm/r	
N1 G00 G42 X46. ；	粗、精加工左端外轮廓	 
G01 Z0. ；		
G02 X50. Z-2. R2. ；		
G01 Z-10. ；		
X56. ；		
G03 X60. Z-12. R2. ；		
G01 Z-20. ；		
X61. ；		
G03 X65. Z-22. R2. ；		
G01 Z-30. 5 ；		
N2 X67. ；		
G70 P1 Q2 ；		

（续）

加工程序	程序说明	
G00 G40 X100. Z100.；	回到初始点	
M05；	主轴停	
M30；	程序结束，返回程序头	

2. 锥孔配重套的加工

锥孔配重套的加工过程见表 1-51。

表 1-51　锥孔配重套的加工过程

<table>
<tr><td>零件名称</td><td>锥孔配重套</td><td>零件图号</td><td></td><td>工件材质</td><td>45 钢</td></tr>
<tr><td>工步号</td><td>工步内容</td><td>刀具号</td><td colspan="3">简图与操作提示</td></tr>
<tr><td colspan="3">夹持工件毛坯</td><td rowspan="2" colspan="2">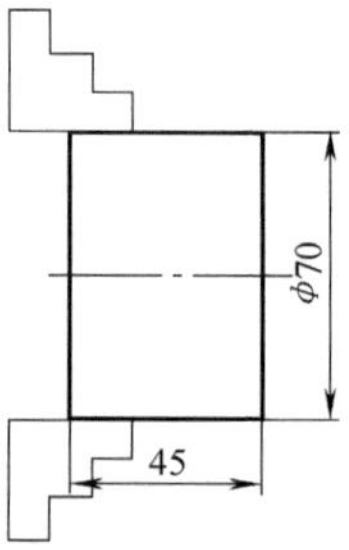</td><td>工件装夹在自定心卡盘上，毛坯右端面伸出 25mm 左右，装夹要牢固</td></tr>
<tr><td>1</td><td>车右端面</td><td>T01</td><td>车刀安装时不宜伸出过长，车刀刀尖高度应与机床主轴中心等高，避免留凸头</td></tr>
<tr><td>2</td><td>钻孔</td><td></td><td colspan="2">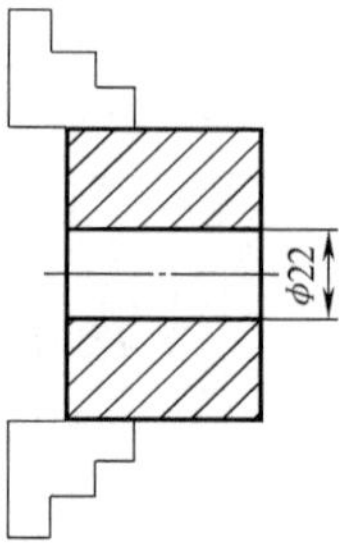</td><td>用 φ22mm 钻头手动加工</td></tr>
<tr><td>3</td><td rowspan="2">粗、精车 φ46mm、φ65mm 外圆</td><td rowspan="2">T01</td><td rowspan="2" colspan="2">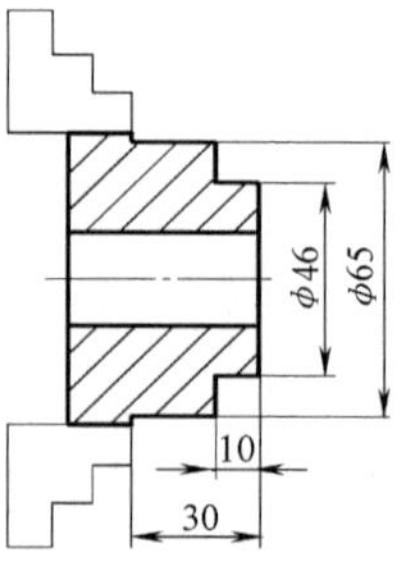</td><td rowspan="2">车削 φ65mm 外圆的长度应略大于 20mm，以避免车刀碰到卡盘</td></tr>
<tr><td>4</td></tr>
</table>

（续）

工步号	工步内容	刀具号	简图与操作提示	
5	粗、精车锥孔	T02	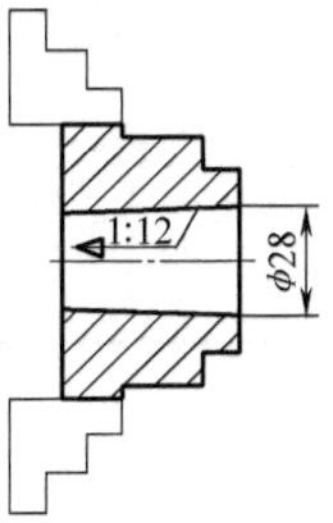	内孔车刀安装时不宜伸出过长，车孔刀刀尖高度应与机床主轴中心等高，避免产生双曲线
6				
7	工件调头，夹持 ϕ46mm 外圆		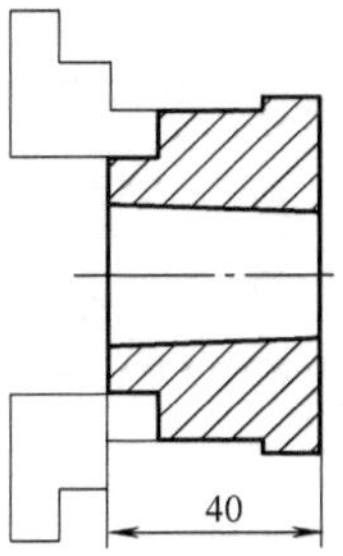	可用软卡爪装夹
8	粗车外圆、圆角	T01	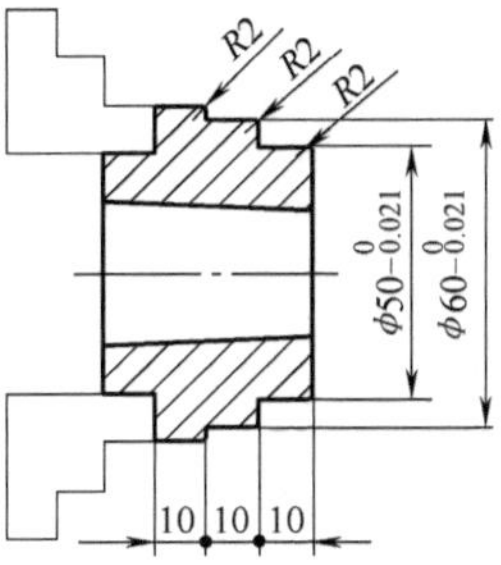	夹持力不宜太大，以避免锥孔变形
9	精车外圆、圆角	T01		
10	去毛刺			
11	检测	用游标卡尺检测 ϕ46mm、ϕ65mm 外圆尺寸，用外径千分尺检测 $\phi50_{-0.021}^{\ 0}$ mm、$\phi60_{-0.021}^{\ 0}$ mm 外圆尺寸，用圆锥套规测量 1∶12 锥度，用圆弧样板检测圆角 R2mm，其他尺寸用游标卡尺测量		
编制		审核		批准

3. 质量分析

在数控车床上加工锥孔时，经常遇到的问题、产生原因及解决方法，见表 1-52。

表 1-52　锥孔的加工问题、产生原因及解决方法

问题现象	产生原因	解决方法
锥度（角度）不正确	用转动小滑板法车削时 1）编程计算错误 2）车刀没有紧固	用转动小滑板法车削时 1）仔细计算 2）紧固车刀
大小端尺寸不正确	1）未经常测量大小端直径 2）控制刀具进给错误	1）经常测量大小端直径 2）及时测量，修改程序

（续）

问题现象	产生原因	解决方法
双曲线误差	车刀刀尖未对准工件轴线	车刀刀尖必须严格对准工件轴线
表面粗糙度达不到要求	1）切削用量选择不当 2）手动进给忽快忽慢 3）车刀角度不正确，刀尖不锋利	1）正确选择切削用量 2）手动进给要均匀，快慢要一致 3）刃磨车刀，角度要正确，刀尖要锋利

【考核评价】

锥孔配重套的手工编程与加工评分标准，见表 1-53。

表 1-53 锥孔配重套的手工编程与加工评分标准

姓名		零件名称		锥孔配重套	时间	120min	总得分	
项目	序号	检查内容			配分	评分标准	检测记录	得分
工件加工（50分）	1	外圆尺寸	$\phi50_{-0.021}^{0}$mm、$\phi60_{-0.021}^{0}$mm		10	每处5分，超差不得分		
			ϕ46mm、ϕ65mm		8	每处4分，超差不得分		
	2	长度尺寸	40mm、10mm（三处）		8	每处2分，超差不得分		
	3	内锥	1∶12		8	不合格全扣		
	4	圆角	R2mm（三处）		3	超差不得分		
	5	尖角、毛刺			3	不合格全扣		
	6	表面粗糙度			10	每处降低一级扣1分		
程序与工艺（25分）	7	程序正确、完整			6	不正确每处扣1分		
	8	程序格式规范			5	不规范每处扣0.5分		
	9	工艺合理			5	不合理每处扣1分		
	10	程序参数选择合理			4	不合理每处扣0.5分		
	11	指令选用合理			5	不合理每处扣1分		
机床操作（17分）	12	工件装夹合理			3	不合理每次扣1分		
	13	刀具选择及安装正确			3	不正确每次扣1分		
	14	对刀及坐标系设定正确			4	不正确每次扣1.5分		
	15	机床面板操作正确			4	误操作每次扣1分		
	16	意外情况处理合理			3	不正确每次扣1.5分		
文明生产（8分）	17	安全操作			4	违反操作规程全扣		
	18	机床整理			4	不合格全扣		

【拓展训练】

加工如图 1-70 所示锥套零件，毛坯尺寸为 ϕ40mm×60mm，材料为 45 钢，按要求完成下列任务。

1）编写加工程序；

2）对该零件进行仿真与实际加工。

【课后测评】

一、判断题

1. （　　）双曲线误差的原因是车刀刀尖未对准工件轴线。

2. （　　）对于内圆锥或配合精度要求较高的圆锥工件，一般可以使用圆锥套规和圆锥塞规检测。

3. （　　）圆锥的检测主要是指圆锥角度和尺寸精度检测。除游标万能角度尺外，还可以用角度样板检测圆锥角度和采用正弦规或涂色法来评定圆锥精度。

4. （　　）加工锥面时，切削过程中出现干涉现象是由于工件斜度大于刀具后角。

二、选择题

1. 测量外圆锥时，如果锥体的小端平面在缺口之间，说明其小端直径（　　）。

A. 尺寸小　　B. 尺寸大　　C. 尺寸合格　　D. 无法判断是否正确

2. 用圆锥套规检测外圆锥时，若小端擦着，大端未擦去，说明圆锥角（　　）了。

A. 小　　B. 大　　C. 不能判断　　D. 正好

3. 圆锥精度要求较低及加工中粗测圆锥尺寸时，可以使用（　　）测量。

A. 卡钳　　B. 千分尺　　C. 涂色法　　D. 以上均可

三、简答题

1. 解释 G90 指令格式。

2. 内锥的检测方法有哪些？如何检测？

四、做中学

加工如图 1-71 所示锥套，毛坯尺寸为 ϕ60mm×40mm，材料为 45 钢，按要求完成下列任务。

1）编写加工程序；

2）对该零件进行仿真与实际加工（提交仿真视频）。

任务六　螺母的加工

螺母是常见的一种内螺纹零件，生活中经常用到，也是在数控车床上加工的典型零件之一。与外螺纹相比，其加工比较困难。如图 1-83 所示为螺母零件，毛坯尺寸为 ϕ45mm×25mm（或 ϕ45mm×50mm 两件），材料为 45 钢，生产类型为单件或小批量生产，无热处理工艺要求，试正确设定工件坐标系，制订加工工艺方案，选择合理的刀具和切削工艺参数，正确编制数控加工程序并完成零件的加工。

子任务一　编制螺母的数控加工工艺

【任务目标】

1. 知识目标

1）分析和制订螺母的加工工艺。

2）掌握工件装夹方法、刀具及切削用量的选择方法。

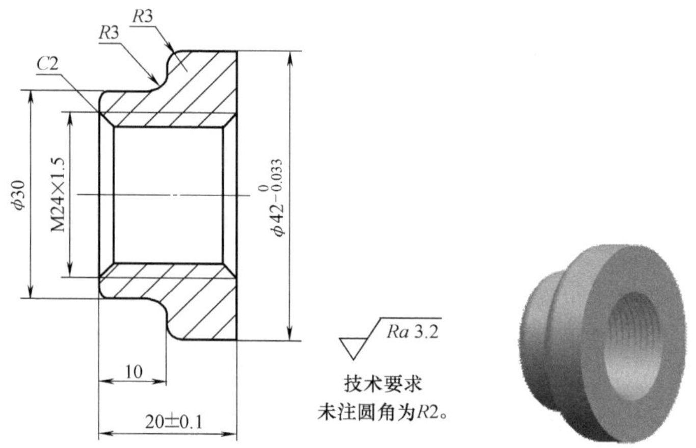

图 1-83　螺母

2. 能力目标

1） 能编写螺母数控加工工艺。

2） 能合理选择加工方法。

3. 素质目标

1） 具备规范操作的能力。

2） 具备自我学习的能力。

3） 具备语言表达能力。

【任务分析】

该零件的外圆精度要求不高，表面粗糙度值全部为 $Ra3.2\mu m$，主要由外圆和内螺纹组成，注意保证精度要求。通过分析螺母零件的数控加工工艺，掌握合理选择刀具、切削用量的方法，能够制订数控加工工艺。

【知识储备】

一、螺纹术语与计算

1. 螺纹术语

（1） 螺纹牙型、牙型角和牙型高度

1） 螺纹牙型是指在螺纹轴线平面内的螺纹轮廓形状（图 1-84）。

2） 牙型角（α）：是指在螺纹牙型上，两相邻牙侧间的夹角。

3） 牙型高度（h_1）是指从一个螺纹牙体的牙顶到其牙底间的径向距离。

（2） 螺纹直径

1） 螺纹公称直径。它是代表螺纹尺寸的直径，一般是指螺纹大径的基本尺寸。

2） 螺纹大径（d、D）。螺纹大径是指与外螺纹牙顶或内螺纹牙底相切的假想圆柱或圆锥的直径。外螺纹和内螺纹的大径分别用 d 和 D 表示。

3）螺纹小径（d_1、D_1）。螺纹小径是指与外螺纹牙底或内螺纹牙顶相切的假想圆柱或圆锥的直径。外螺纹和内螺纹的小径分别用 d_1、D_1 表示。

4）螺纹中径（d_2、D_2）。螺纹中径是指一个假想圆柱或圆锥的直径，该圆柱或圆锥的母线通过圆柱或圆锥螺纹上牙厚与牙槽宽相等的地方。同规格的外螺纹中径 d_2 和内螺纹中径 D_2 的公称尺寸相等。

（3）螺距（P）　螺距是指相邻两牙体上的对应牙侧与中径线相交两点间的轴向距离，如图 1-84b 所示。

（4）导程（P_h）　导程是指同一条螺旋线上相邻两牙在中径线上对应两点间的轴向距离。导程的计算公式为

$$P_h = nP \tag{1-12}$$

式中，P_h 为导程（mm）；n 为线数；P 为螺距（mm）。

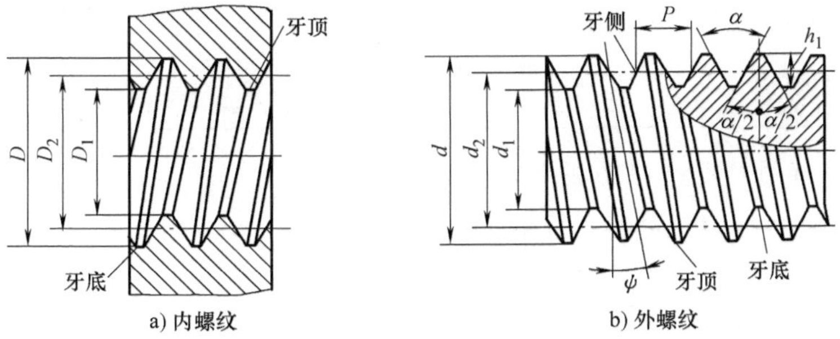

图 1-84　普通螺纹的基本参数

2. 识读普通螺纹标记的含义

普通螺纹分粗牙普通螺纹和细牙普通螺纹两种。粗牙普通螺纹代号用字母“M”及公称直径表示，如 M12、M16 等，细牙普通螺纹代号用字母“M”及公称直径×螺距表示，如 M20×1. 5、M10×1 等。当公称直径相同时，细牙普通螺纹比粗牙普通螺纹的螺距小。左旋螺纹在代号末尾加注“LH”，如 M6-LH、M16×1. 5-LH 等，未注明的为右旋螺纹。

3. 三角形螺纹的尺寸计算

三角形螺纹的牙型如图 1-85 所示，其基本要素的尺寸计算见表 1-54。

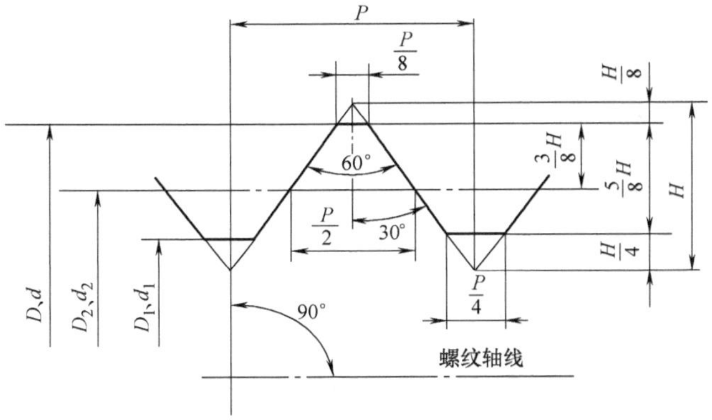

图 1-85　三角形螺纹的牙型

表 1-54　三角形螺纹的尺寸计算　　（单位：mm）

名称		代号	计算公式
外螺纹	牙型角	α	$60°$
	原始三角形高度	H	$H=0.866P$
	牙型高度	h	$h=\frac{5}{8}H=\frac{5}{8}\times0.866P=0.5413P$
	中径	d_2	$d_2=d-2\times\frac{3}{8}H=d-0.6495P$
	小径	d_1	$d_1=d-2h=d-1.0825P$
内螺纹	中径	D_2	$D_2=d_2$
	小径	D_1	$D_1=d_1$
	大径	D	$D=d=$公称直径
螺纹升角		ψ	$\tan\psi=\frac{nP}{\pi d_2}$

例 1-3：计算普通外螺纹 M16 的各部分尺寸。

解：已知 $d=16\text{mm}$，$P=2\text{mm}$。依表 1-54 得：

$$d_2=d-0.6495P=16\text{mm}-0.6495\times2\text{mm}=14.701\text{mm}$$

$$d_1=d-1.0825P=16\text{mm}-1.0825\times2\text{mm}=13.835\text{mm}$$

$$H=0.866P=0.866\times2\text{mm}=1.732\text{mm}$$

$$h=0.5413P=0.5413\times2\text{mm}=1.083\text{mm}$$

4. 螺纹大径尺寸和螺纹总切削深度的计算

（1）螺纹大径尺寸的计算　为保证车削的螺纹牙顶有 $0.125P$ 的宽度，大径尺寸一般比公称直径略小，约小 $0.1P$。

（2）螺纹总切削深度的计算　螺纹总切削深度 $t\approx0.65P$。

二、内螺纹车刀

车削螺母时，应根据螺纹形式选用不同的内螺纹车刀。常见的内螺纹车刀如图 1-86 所示。

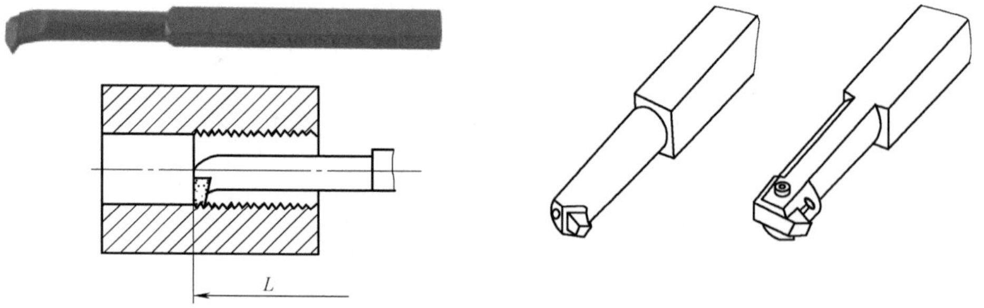

图 1-86　常见的内螺纹车刀

由于内螺纹车刀刀柄受螺纹孔径尺寸的限制，因此应在保证顺利车削的前提下尽量选大的刀柄截面积。一般选用车刀切削部分径向尺寸比孔径小 3～5mm 的螺纹车刀。如果刀柄太细，车削时容易振动；如果刀柄太粗，退刀时会碰伤内螺纹牙顶，甚至不能车削。

1. 高速工具钢内螺纹车刀

根据所加工内孔的结构特点来选择合适的内螺纹车刀，如图 1-87 所示。

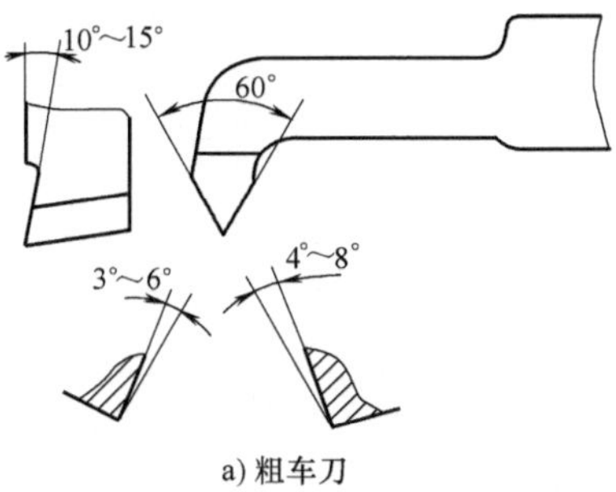

图 1-87　高速工具钢内螺纹车刀

2. 硬质合金内螺纹车刀

硬质合金内螺纹车刀如图 1-88 所示。

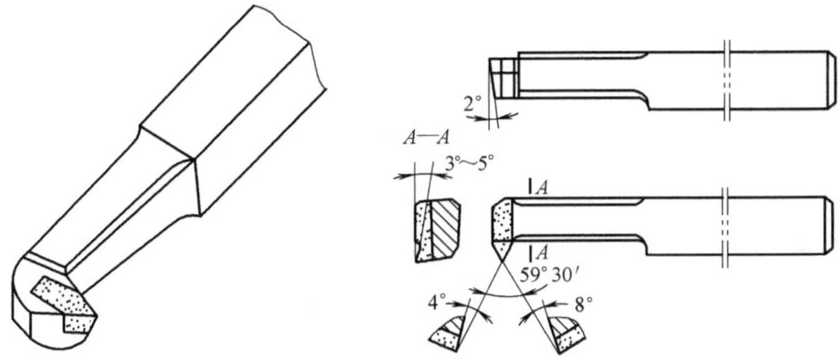

图 1-88　硬质合金内螺纹车刀

3. 机夹高硬度材料内螺纹车刀

机夹高硬度材料内螺纹车刀如图 1-89 所示，刀片材料为 YA6、YT726，可用来加工

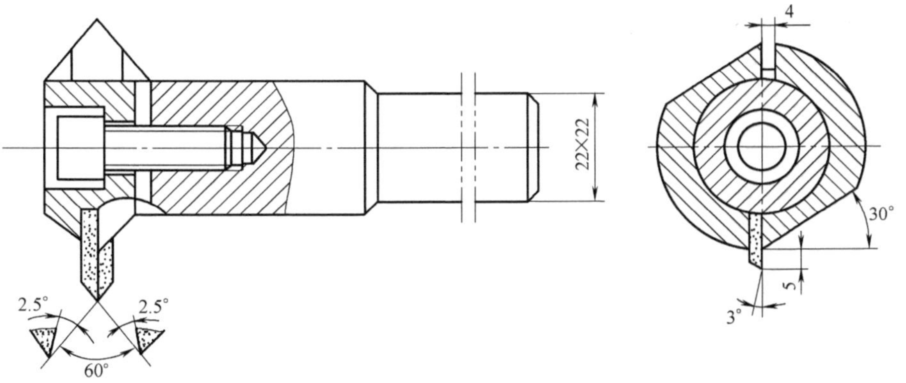

图 1-89　机夹高硬度材料内螺纹车刀

40Cr、淬硬 52~57HRC 的工件材料。其机夹结构较简单，刀片刃磨较方便，负前角与小后角配合，以增加刀头强度。安装时，刀尖略高于工件中心 0.3~0.5mm，切削速度 v_C=28~48m/min。

【任务实施】

一、螺母加工的机床、刀具选择

1. 设备选择

选用 FANUC 0i 系统数控车床，计算机及仿真软件；采用自定心卡盘或软卡爪夹持。

2. 零件毛坯

选用 ϕ45mm×25mm 或 ϕ45mm×50mm 棒料（两件），多件练习时也可以采用加长棒料，毛坯材质为 45 钢。

3. 工件的装夹

螺母较短，先使用自定心卡盘夹持车外圆、钻孔，再用软卡爪夹持车内螺纹。

4. 刀具选择

因该零件结构简单，材料为 45 钢，选择焊接或可转位 90°外圆车刀、60°内螺纹车刀，材料为 YT15。制订数控加工刀具卡片，见表 1-55。

表 1-55 数控加工刀具卡片

产品名称或代号：			零件名称：螺母		零件图号：	
序号	刀具号	刀具规格及名称	材质	数量	加工表面	备注
1	T01	90°外圆车刀	YT15	1 把	粗、精车外圆、端面及倒角等	*R*0.2mm
2		ϕ20mm 麻花钻	高速工具钢	1 个	钻螺纹底孔	
3	T02	内孔车刀	高速工具钢	1 把	车螺纹底孔	
4	T03	60°内螺纹车刀	YT15	1 把	M24×1.5	
编制：			审核：			

二、编制加工工艺

以工件两端面轴心处为工件编程坐标原点，加工螺母。工艺路线安排如下：

1）车削工件右端面。

2）粗、精车右端外圆，长度为 12mm。

3）钻螺纹底孔。

4）倒角。

5）将工件调头，车削工件左端面，保证总长。

6）粗、精车各外圆及圆角。

7）粗、精车 M24×1.5mm 内螺纹底孔、倒角。

8）粗、精车 M24×1.5mm 内螺纹至尺寸。

数控加工工艺卡片见表 1-56。

表 1-56 数控加工工艺卡片

零件名称	螺母	零件图号		工件材质	45 钢	
工序号	程序编号	夹具名称		数控系统	车间	
1	O2011~O2012	自定心卡盘		FANUC 0i		
工步号	工步内容	刀具号	主轴转速/(r/min)	进给量/(mm/r)	背吃刀量/mm	备注
1	车右端面	T01	800	0.20	1	自动
2	车外圆	T01	800	0.20	1	自动
3	钻孔		600	0.1		手动
4	倒角	T01	600	0.1		手动
5	工件调头，车左端面，保证总长	T01	600	0.20	1	自动
6	粗、精车左端外圆及圆角	T01	800	0.20	1	自动
7	粗、精车螺纹底孔、倒角	T02	600	0.15	1	自动
8	车内螺纹	T03	600			自动
编制		审核		批准		

【考核评价】

螺母数控加工工艺的评分标准，见表 1-57。

表 1-57 螺母数控加工工艺的评分标准

姓名		零件名称		螺母	总得分	
项目	序号	检查内容	配分	评分标准	小组互评	教师评价
加工工艺（80 分）	1	工艺分析	15	根据情况合理扣分		
	2	刀具选择	10	根据情况合理扣分		
	3	装夹方法	10	根据情况合理扣分		
	4	切削用量	15	根据情况合理扣分		
	5	数控加工工艺	30	根据情况合理扣分		
团队协作（20 分）	6	团队协作	10	根据情况扣分		
	7	考勤	10	根据情况扣分		

【拓展训练】

加工如图 1-90 所示梯形螺母零件，毛坯尺寸为 ϕ45mm×25mm，材料为 45 钢，按要求完成下列任务。

1）分析梯形螺母的加工工艺；

2）编写梯形螺母数控加工刀具卡片；

3）编写梯形螺母数控加工工艺卡片。

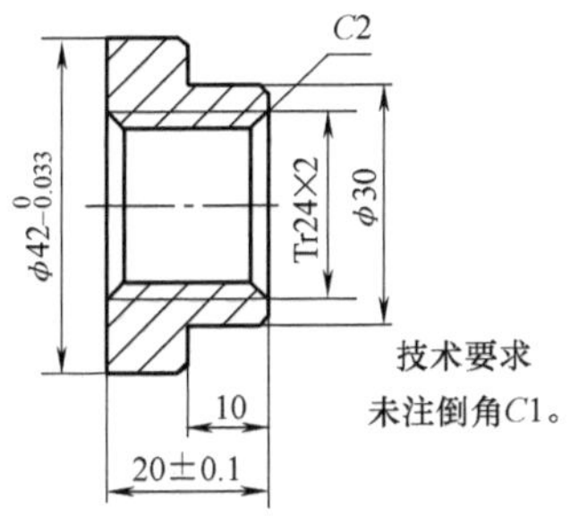

图 1-90 梯形螺母

【课后测评】

一、判断题

1. （　　）三角形螺纹的牙型角为 60°。

2. （　　）高速工具钢外螺纹精车刀前端切削刃不参加切削。

3. （　　）加工右旋螺纹时，螺纹车刀左侧刃的后角应为工作后角加上螺纹升角。

4. （　　）为保证车削的螺纹牙顶有 0.125P 的宽度，螺纹车削前大径尺寸一般比公称直径略小。

5. （　　）右旋螺纹在代号末尾加注“LH”，未注明的为左旋螺纹。

二、选择题

1. 一般选用车刀切削部分径向尺寸比孔径小（　　）mm 的螺纹车刀。

A. 3~5　　B. 1~3　　C. 5~8　　D. 8~10

2. 安装内螺纹车刀时，刀尖（　　）于工件中心 0.3~0.5mm。

A. 略低　　B. 略高　　C. 中心等高　　D. 以上均可

3. （　　）是指同一条螺旋线上相邻两牙在中径线上对应两点间的轴向距离。

A. 导程　　B. 螺距　　C. 中径　　D. 公称直径

三、简答题

1. 怎样正确刃磨和安装内螺纹车刀？

2. 车削 M20 的螺纹，试计算内外螺纹的各基本要素的尺寸。

四、做中学

加工如图 1-91 所示零件，毛坯尺寸为 ϕ60mm×60mm，材料为 45 钢，按要求完成下列任务。

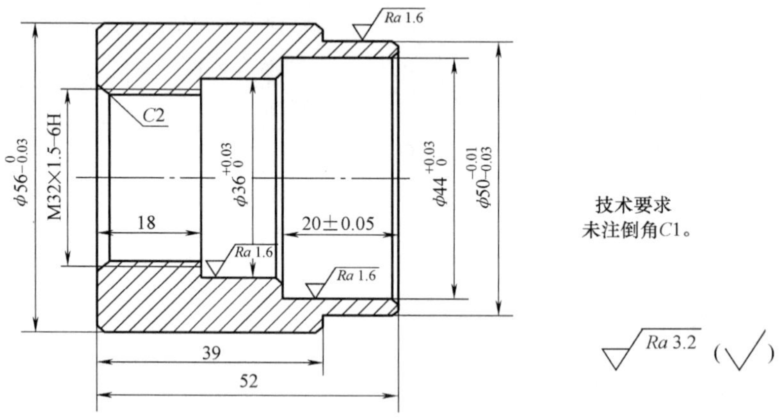

图 1-91　零件图

1）编写数控加工刀具卡片；

2）编写数控加工工艺卡片。

子任务二　螺母的手工编程与加工

【任务目标】

1. 知识目标

1）巩固指令 G00、G01、G90、G94、G92 的格式及用法。

2）掌握指令 G76、G72 的格式及用法。

3）掌握工件装夹方法、刀具及切削用量的选择方法。

4）掌握所学数控编程指令字的含义，正确编制内螺纹的加工程序。

2. 能力目标

1）能编写螺母的数控加工程序。

2）能对螺母进行仿真加工。

3）能在数控车床上完成螺母的加工。

3. 素质目标

1）具备规范操作的能力。

2）具备自我学习的能力。

3）具备语言表达能力。

【任务分析】

该零件的外圆精度要求不高，表面粗糙度值全部为 $Ra3.2\mu m$，主要由外圆和内螺纹组成，注意保证精度要求。该零件可以用 G71 或 G90 指令加工外圆，用 G01、G94 指令加工端面，用 G32、G92 指令加工内螺纹，如果采用固定循环指令 G92 加工会使程序更简短。通过学习本任务，使学生掌握螺母零件的数控加工工艺，常用指令（G00、G01、G94、G90、G92）格式、用法及零件加工与质量分析方法等。

【知识储备】

一、螺纹加工常用指令

1. 螺纹加工指令 G32、G92（略）

2. 其他加工指令 G94、G71（略）

二、内螺纹底孔直径的计算

车削三角形内螺纹时，由于车刀切削时的挤压作用，底孔直径尺寸会变小，尤其是车削塑性金属时，为了避免这种情况，车内螺纹前的底孔直径尺寸应比内螺纹小径稍大些。在实际生产中，三角形螺纹的底孔直径尺寸可用下列近似公式计算：

车削塑性金属的内螺纹时：

$$D_{孔} \approx d-P \tag{1-13}$$

车削脆性金属的内螺纹时：

$$D_{孔} \approx d-1.05P \tag{1-14}$$

式中，d 为公称直径；P 为螺纹螺距。

三、内螺纹加工注意事项

1）装夹内螺纹车刀时，车刀刀尖应对准工件中心。如果车刀装得过高，车削时容易引起振动，使螺纹表面产生鱼鳞斑现象；如果车刀装得过低，刀头下部会与工件发生摩擦，车刀切不进去。

2）车削内螺纹时，应将中滑板、小滑板适当调紧些，以防车削时中滑板、小滑板产生位移而造成螺纹乱牙。

3）车削内螺纹时，退刀要及时、准确。退刀过早螺纹未车完，退刀过迟车刀容易碰撞孔底。

4）车削内螺纹时，“借刀”量不宜过多，以防精车螺纹时没有余量。

5）精车时必须保持车刀锋利，否则容易产生“让刀”，致使螺纹产生锥形误差。一旦产生锥形误差，不能盲目增加切削深度，而是应让螺纹车刀在原切削深度上反复进行无进给切削来消除误差。

6）在工件回转中不能用棉纱去擦内孔，更不允许用手指去摸内螺纹表面，以免发生事故。

7）车削中车刀碰撞孔底时，应及时重新对刀，以防因车刀移位而造成乱牙。

【任务实施】

一、任务准备

1）准备相关教学资料，包括教材、教参、多媒体课件、视频文件、工作任务书等。

2）准备教学用辅具、量具、刀具；选用 FANUC 0i 系统数控车床，计算机及仿真软件；采用自定心卡盘装夹。选用 ϕ45mm×25mm 或 ϕ45mm×50mm 棒料（两件），多件练习时也可以采用加长棒料，毛坯材质为 45 钢。

3）准备相关工艺生产资料。

4）量具选用。

① 钢直尺：0～300mm。

② 游标卡尺：0.02mm/0～150mm。

③ 外径千分尺：0.01mm/25～50mm。

④ 螺纹塞规：M24×1.5mm。

⑤ 表面粗糙度样板。

5）安全文明教育。

二、螺母的编程与加工

1. 程序设计

（1）右端加工程序　螺母的右端加工程序见表 1-58。

表 1-58 螺母的右端加工程序

加工程序	程序说明	
O2011;	程序号为 O2011	
G99 G97 M03 S800 T0101 F0.2;	刀具初始化,使用 1 号刀,转速为 800r/min,以每转进给的方式	
G00 X47. Z2.;	快速移动至加工起点	
G94 X0 Z0;	车端面,钻孔(手动)	 
G90 X43. Z12. F0.15;	使用内外圆柱切削循环的方式	
X42. Z12. F0.2;	粗加工工件的外圆,进给速度为 0.2mm/r	
G00 G40 X100. Z100.;	取消刀补,快速回换刀点	
M05;	主轴停	
M30;	程序结束,返回程序头	

(2) 左端加工程序 螺母的左端加工程序见表 1-59。

表 1-59 螺母的左端加工程序

加工程序	程序说明	
O2012;	程序号为 O2012	
G99 M03 S600 T0101 F0.15;	刀具初始化,使用 1 号刀,转速为 600r/min,以每转进给的方式	
G00 X47. Z2.;	快速移动至加工起点	
G94 X0 Z0;	车端面,取总长	
G71 U1. R0.5.;	粗、精加工外轮廓	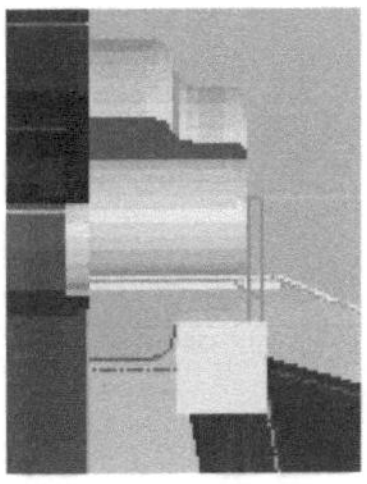
G71 P1 Q2 U0.5 W0.;		
N1 G00 X24.;		
G01 Z0.;		
G03 X30. Z-3. R3;		
G01 Z-7.;		
G02 X36. Z-10. R3;		
G03 X42. Z-13. R3;		
G01 Z-20.5.;		
N2 X45.;		
G00 X100. Z100.;		
M05 ;		

（续）

加工程序	程序说明	
M00 ;	粗、精加工外轮廓	
T0101 M03 S800 G99 F0.2 ;		
G00 G42 X45. Z2. ;		
G70 P1 Q2;		
G00 G40 X100. Z100. ;	取消刀尖半径偏置	
M03 S600 T0303;	粗、精加工内孔	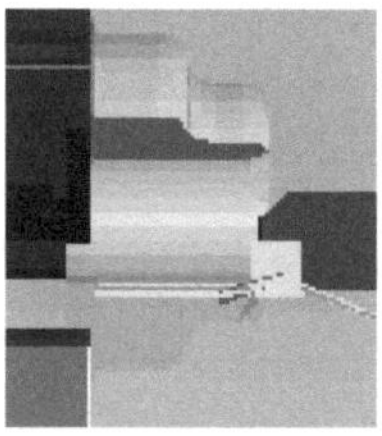
G00 X20. Z2. ;		
G01 X21.5 Z-2. F0.15;		
G01 Z-21. ;		
X20. ;		
G00 Z2. ;		
X16. ;		
G01 X22. Z-2. ;		
Z-22.6 ;		
X20. ;		
G00 Z2. ;		
G00 X100. Z100. ;		
M05;		
M00;		
T0303 M03 S600;	粗、精加工内螺纹	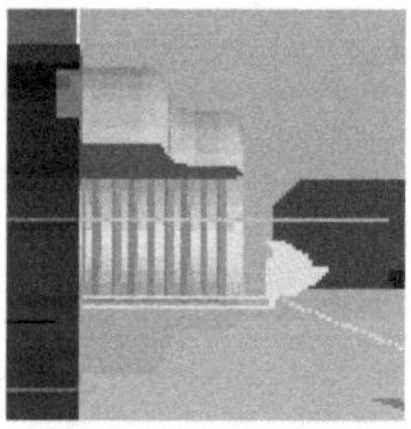
G00 X21. Z4. ;		
G92 X23.5 Z-22. F1.5;		
X23.7;		
X23.9 ;		
X24.1 ;		
X24.2 ;		
G00 X100. Z100. ;		
M05;	主轴停	
M30 ;	程序结束	

2. 螺母的加工

螺母的加工过程见表 1-60。

表 1-60　螺母的加工过程

零件名称	螺母	零件图号		工件材质	45 钢
工步号	工步内容	简图与操作提示			
	自定心卡盘夹持	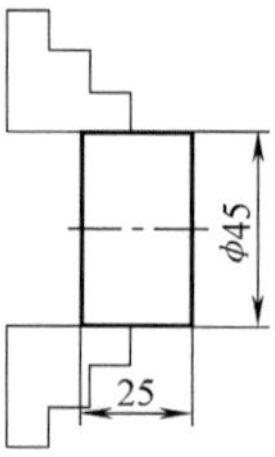			工件伸出 15mm 左右

（续）

工步号	工步内容	简图与操作提示	
1	钻孔	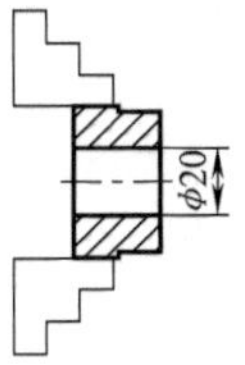	手动加工
2	车右端面	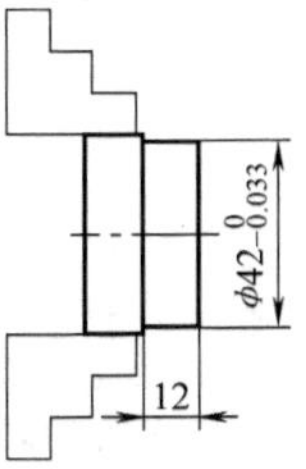	齐平，不露毛坯
10	粗、精车外圆 ϕ42mm 至尺寸		外圆长为 12mm
4	倒角	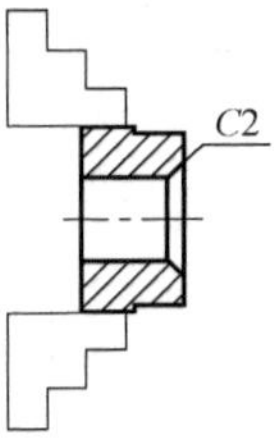	倒角为车螺纹做准备
5	调头车左端面，保证总长	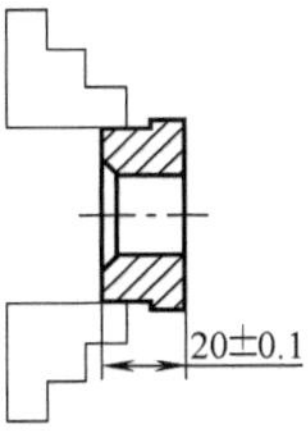	工件伸出 15mm 左右
6	粗、精车各外圆、圆角至尺寸	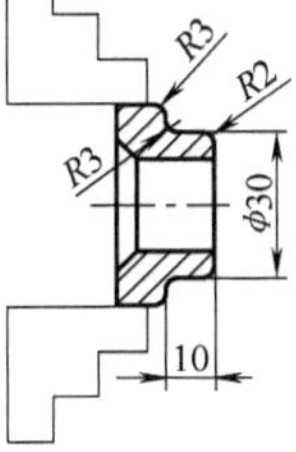	粗车时切削用量不宜选择太大，以避免工件掉落
7	粗、精车螺纹底孔、倒角	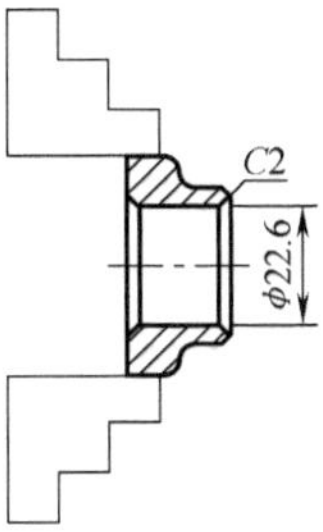	

（续）

<table>
<tr><th>工步号</th><th>工步内容</th><th colspan="2">简图与操作提示</th></tr>
<tr><td>8</td><td>粗、精车内螺纹至尺寸</td><td>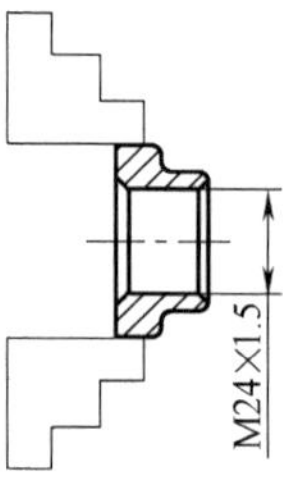
</td><td>适当增加分刀次数</td></tr>
<tr><td>9</td><td>去毛刺</td><td></td><td></td></tr>
<tr><td>10</td><td>检测</td><td colspan="2">用外径千分尺测量 $\phi42_{-0.033}^{\ 0}$mm 外圆尺寸，用游标卡尺测量外圆尺寸 $\phi30$mm 及总长（20±0.1）mm，用深度游标卡尺测量阶台尺寸 10mm，用螺纹塞规或螺纹哑铃轴测量内螺纹</td></tr>
<tr><td>编制</td><td></td><td>审核</td><td>批准</td></tr>
</table>

【考核评价】

螺母的手工编程与加工评分标准，见表 1-61。

表 1-61　螺母的手工编程与加工评分标准

姓名		零件名称	螺母	时间	60min	总得分	
项目	序号	检查内容		配分	评分标准	检测记录	得分
工件加工（50分）	1	外圆尺寸	$\phi42_{-0.033}^{\ 0}$mm	14	超差不得分		
			$\phi30$mm	3	超差不得分		
	2	长度尺寸	（20±0.1）mm	5	超差不得分		
			10mm	2	超差不得分		
	3	圆角	R3mm（两处）、R2mm	3	超差不得分		
	4	内螺纹		10	超差不得分		
	5	倒角尺寸 C2mm（两处）、毛刺		3	不合格全扣		
	6	表面粗糙度		10	每处降低一级扣 1 分		
程序与工艺（25分）	7	程序正确、完整		6	不正确每处扣 1 分		
	8	程序格式规范		5	不规范每处扣 0.5 分		
	9	工艺合理		5	不合理每处扣 1 分		
	10	程序参数选择合理		4	不合理每处扣 0.5 分		
	11	指令选用合理		5	不合理每处扣 1 分		
机床操作（17分）	12	工件装夹合理		3	不合理每次扣 1 分		
	13	刀具选择及安装正确		3	不正确每次扣 1 分		
	14	对刀及坐标系设定正确		4	不正确每次扣 1.5 分		
	15	机床面板操作正确		4	误操作每次扣 1 分		
	16	意外情况处理合理		3	不正确每次扣 1.5 分		
文明生产（8分）	17	安全操作		4	违反操作规程全扣		
	18	机床整理		4	不合格全扣		

【拓展训练】

加工如图 1-90 所示梯形螺母零件，毛坯尺寸为 ϕ45mm×25mm，材料为 45 钢，按要求完成下列任务。

1）编写加工程序；

2）对该零件进行仿真与实际加工。

【课后测评】

一、判断题

1.（　　）产生螺纹牙型不正确只有刀具磨损一种原因。

2.（　　）G92 指令不能在圆锥面上加工螺纹。

3.（　　）在实际切削过程中，牙型的实际深度等于（1.1~1.3）$P/2$。

4.（　　）采用直进法高速车削螺纹，可用双圆弧硬质合金外螺纹车刀进行粗精车。

5.（　　）车内螺纹前的底孔直径尺寸应比内螺纹小径稍小些。

二、选择题

1. 螺纹车刀沿牙型一侧平行的方向斜向进刀，直至牙底处，这种方法为（　　）。

A. 直进法　　B. 斜进法　　C. 交叉法　　D. 阶梯法

2. G92 X（U）__ Z（W）__ R __ F __；中 R 表示（　　）。

A. 螺纹起点和终点的半径差　　B. 螺纹起点和终点的直径差

C. 车螺纹时的圆锥长度　　D. 以上都不对

3. 车内螺纹前的底孔直径尺寸应比内螺纹小径稍（　　）些。

A. 大　　B. 小　　C. 不变　　D. 都可以

4. 螺纹切削时的每次切削深度应为（　　）方式，即随着螺纹深度的增加，要相应减小每次的切削深度。

A. 递增　　B. 递减　　C. 不变　　D. 以上均可

5. 用于三针测量法的量针最佳直径应该是使量针的（　　）与螺纹中径处牙侧相切。

A. 直径　　B. 横截面　　C. 斜截面　　D. 圆柱面

6. 用（　　）测量螺纹中径时，在测量前应先量出螺纹大径的实际尺寸。

A. 螺纹千分尺　　B. 三针测量法　　C. 单针测量法　　D. 螺纹量规

三、简答题

1. 选择内螺纹车刀时应注意哪几个问题？

2. 如何确定内螺纹底孔直径？

四、做中学

加工如图 1-91 所示零件，毛坯尺寸为 ϕ60mm×60mm，材料为 45 钢，按要求完成下列任务。

1）编写加工程序；

2）对该零件进行仿真与实际加工。

项目二

曲面哑铃的加工

曲面哑铃外形美观，可供女士健身。这里所讲的曲面哑铃主要由三部分组成，即曲面哑铃轴、椭圆帽（两个），如图 2-1 所示。通过曲面哑铃的加工，使学生巩固旧知识，并掌握曲面零件的手工编程与自动编程方法。

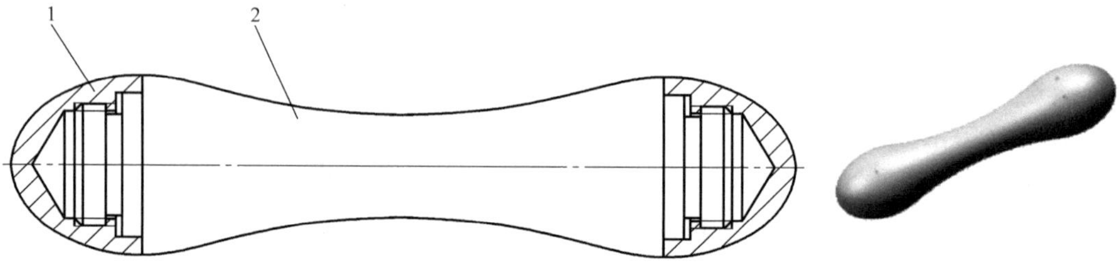

图 2-1　曲面哑铃装配图

1—椭圆帽　2—曲面哑铃轴

任务一　曲面哑铃轴的加工

在数控机床上除了能加工带有圆柱面、圆锥面、螺纹、圆弧和槽的零件外，有时还会遇到带有椭圆和抛物线的零件。如图 2-2 所示为曲面哑铃轴零件图，毛坯尺寸为 ϕ40mm×130mm，材料为 45 钢，生产类型为单件或小批量生产，无热处理工艺要求，试正确设定工

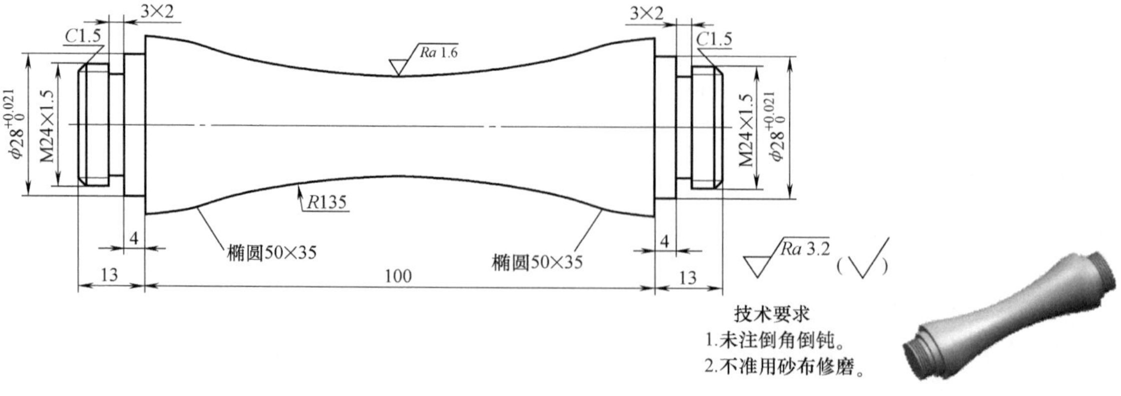

图 2-2　曲面哑铃轴

件坐标系，制订加工工艺方案，选择合理的刀具和切削工艺参数，正确编制数控加工程序并完成零件的加工。

子任务一 编制曲面哑铃轴的数控加工工艺

【任务目标】

1. 知识目标

1）掌握车刀几何角度。

2）掌握加工非圆曲线的方法。

2. 能力目标

1）会根据零件形状合理选择车刀几何角度。

2）能根据非圆曲线选择加工方法。

3. 素质目标

1）具备工艺分析的能力。

2）具备自我学习的能力。

3）具备语言表达能力。

【任务分析】

该零件表面由螺纹、槽、外圆、圆弧及椭圆构成，零件外形较复杂。中间圆弧与椭圆的加工，需要选择合理的刀具几何参数、切削用量与装夹方法。外圆车刀要选择菱形刀片；在满足刚性的情况下，切削深度与进给量应尽量选大值；两端外圆没有同轴度要求，可以选择一夹一顶装夹。

【知识储备】

一、曲面哑铃轴加工车刀的选择

1. 车刀的种类

根据内外轮廓的结构，车刀一般有外圆车刀、内（外）槽车刀、外（内）螺纹车刀和内孔车刀等，如图 2-3 所示。

2. 尖形车刀的选择

数控加工车刀几何参数的选择方法与普通车床基本相同，但应以是否适合数控加工的特点进行全面考虑，并应兼顾刀尖本身的强度。从图 2-3 中可以看出，2 号刀的几何参数和 1、4 号刀不同，2 号刀选择菱形刀片，以避免过切。

二、非圆曲线的加工方法

非圆曲线的加工常采用逼近法（图 2-4），就是采用多段圆弧或直线逼近非圆曲线轮廓。

采用直线段逼近非圆曲线，各直线段间的连接处存在尖角。由于在尖角处刀具不能连续地对工件进行切削，工件表面会出现硬点或切痕，使加工表面质量变差。采用圆弧段逼近非

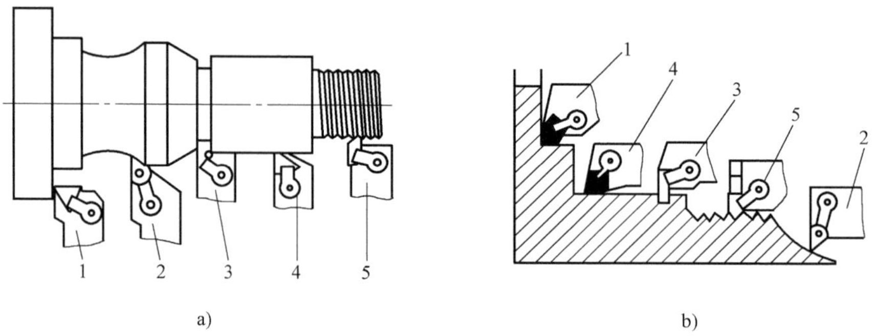

图 2-3　车刀
1—外（内）端面车刀　2—外（内）曲面车刀　3—外（内）槽车刀
4—外圆（内孔）车刀　5—外（内）螺纹车刀

圆曲线，可以大大减少程序段的数目，这种方式又分为两种情况：一种为相邻两圆弧段彼此相交；另一种为相邻两圆弧段彼此相切。后一种方法由于相邻圆弧彼此相切，一阶导数连续，工件表面整体光滑，有利于提高加工表面质量。但无论哪种情况都应使 $\delta \leqslant \delta'$（允许误差）。

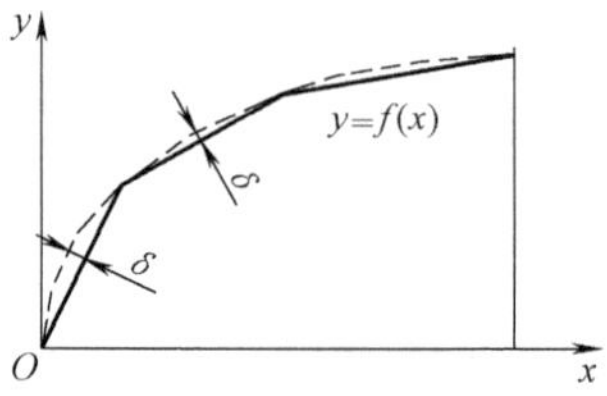

图 2-4　逼近法

在实际的手工编程中，主要采用直线逼近法，即用直线段逼近非圆曲线，目前常用的有等间距法、等步长法和等误差法等。应用这些方法加工非圆曲线时，只要步距足够小，在工件上所形成的最大误差（δ）就会小于所要求的最小误差，从而加工出图样所要求的非圆曲线轮廓。

等间距法就是将某一坐标轴划分成相等的间距。如图 2-5 所示，沿 x 轴方向取 Δx 为等间距长，根据已知曲线的方程 $y=f(x)$，可由 x_i 求得 y_i，$y_{i+1}=f(x_i+\Delta x)$。如此求得的一系列点就是节点坐标值。

在数控车床上加工如图 2-6 所示的椭圆时，可采用相同的思路，其中，a 为椭圆的长半轴，b 为椭圆的短半轴。沿 z 轴方向取 Δz 为等间距长，根据已知椭圆曲线的标准方程 $\frac{z^2}{a^2}+\frac{x^2}{b^2}=1$ 可得：$x=\frac{b}{a}\sqrt{a^2-z^2}$，可由 z_i 求得 x_i，…，z_n 求得 x_n。如此求得一系列节点坐标

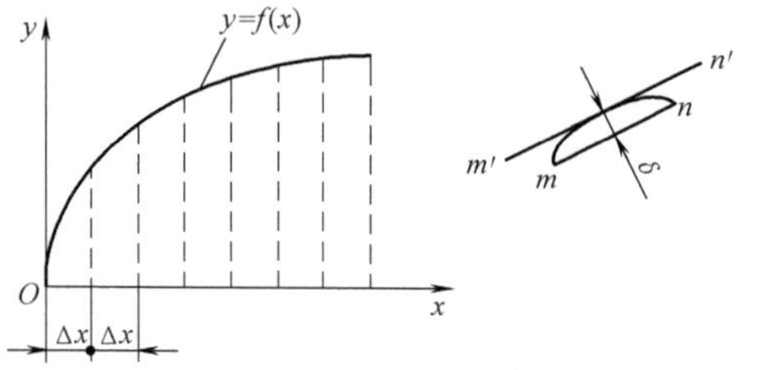

图 2-5　等间距法直线逼近

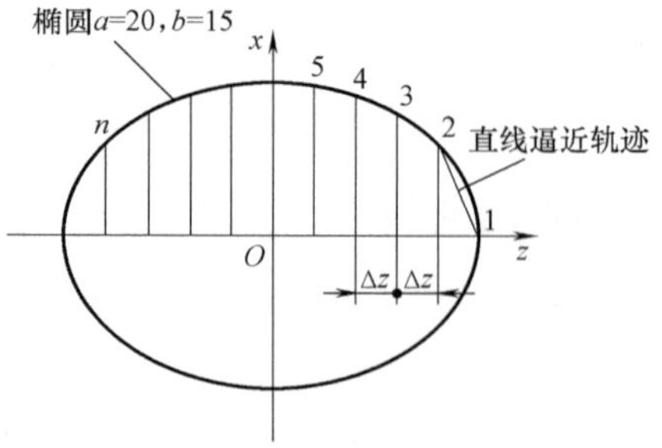

图 2-6　等间距法直线逼近加工椭圆

值，用直线插补指令 G01 将各点依次连接就能得到椭圆的近似轮廓。由公式可知，所求点位的坐标值都是相对于椭圆中心计算的。在编程加工时须把各点的坐标转换到工件坐标系下，数控车床上加工一般为直径编程，所以 x 值应转换为直径量，z 值应根据椭圆中心到工件坐标原点的距离进行转换。

三、工件的装夹方法

曲面哑铃轴长度不大，但结构形状复杂，在加工时需采用一夹一顶装夹，以提高工件的装夹刚性。

【任务实施】

一、曲面哑铃轴加工的机床、刀具选择

1. 设备选择

选用 FANUC 0i 系统数控车床，计算机及仿真软件；采用一夹一顶或两顶尖装夹。

2. 零件毛坯

选用 ϕ40mm×130mm 棒料，毛坯材质为 45 钢。

3. 工件的装夹

工件不长，但车削螺纹、圆弧与椭圆面切削力较大，所以选用一夹一顶装夹方式。

4. 刀具选择

选用 35°外圆车刀、3mm 切槽刀和 60°外螺纹车刀。制订数控加工刀具卡片，见表 2-1。

表 2-1　数控加工刀具卡片

产品名称或代号：			零件名称：曲面哑铃轴		零件图号：	
序号	刀具号	刀具规格及名称	材质	数量	加工表面	备注
1	T01	35°外圆车刀	YT15	1 把	粗、精车外圆、端面、圆弧和椭圆	R0.2mm
2	T02	3mm 切槽刀	YT15	1 把	切槽	
3	T03	60°外螺纹车刀	YT15	1 把	车螺纹	
4	T04	中心钻	高速工具钢	1 个	钻中心孔	
编制：			审核：			

二、编制加工工艺

以工件两端面轴心处为工件编程坐标原点，先粗加工左端外圆及端面，再加工右端。工艺路线安排如下：

1）夹持右端，伸出长 70mm，车削工件左端面、外圆 ϕ29mm×4mm 和 ϕ25mm×9mm，钻中心孔。

2）工件调头，车右端面，保证总长尺寸，钻中心孔。

3）夹持 ϕ25mm 外圆，一夹一顶。

① 粗车 ϕ29mm×4mm、ϕ25mm×9mm 外圆。

② 粗、精车圆弧及椭圆。

③ 精车 ϕ28mm×4mm、ϕ24mm×9mm 至尺寸。
④ 车槽至尺寸。
⑤ 车螺纹至尺寸。
4）去毛刺。
5）工件调头，夹持 ϕ28mm 直径处。
① 精车 ϕ28mm×4mm、ϕ24mm×9mm 外圆至尺寸。
② 车槽至尺寸。
③ 车螺纹至尺寸。
6）去毛刺。

数控加工工艺卡片见表 2-2。

表 2-2 数控加工工艺卡片

零件名称	曲面哑铃轴	零件图号		工件材质	45 钢	
工序号	夹具名称	数控系统			车间	
1	自定心卡盘	FANUC 0i				
工步号	工步内容	刀具号	主轴转速/(r/min)	进给量/(mm/r)	背吃刀量/mm	备注
1	车左端面	T01	800	0.15	1	自动
2	粗车 ϕ28mm、ϕ24mm 外圆柱面	T01	800	0.2	2	自动
	调头					
1	车右端面，保证总长	T01	800	0.15	1	自动
2	钻中心孔	T04	1200	0.1		手动
	一夹一顶					
1	粗车 ϕ28mm、ϕ24mm 外圆柱面	T01	700	0.15	1	自动
2	精车 ϕ28mm、ϕ24mm 外圆柱面	T01	1000	0.10	0.5	自动
3	粗车圆弧、椭圆面	T01	800	0.15	1	自动
4	精车圆弧、椭圆面	T01	1500	0.10	0.5	自动
5	车槽	T02	400	0.05	4	自动
6	粗、精车 M24 螺纹	T03	400			
	调头					
1	精车 ϕ28mm、ϕ24mm 外圆柱面	T01	1000	0.10	0.5	自动
2	车槽	T02	400	0.05	4	自动
3	粗、精车 M24 螺纹	T03	400			
编制		审核		批准		

【考核评价】

曲面哑铃轴数控加工工艺的评分标准，见表 2-3。

表 2-3　曲面哑铃轴数控加工工艺的评分标准

姓名		零件名称	曲面哑铃轴		总得分	
项目	序号	检查内容	配分	评分标准	小组互评	教师评价
加工工艺（50 分）	1	设备	5	设备选择合理		
	2	刀具	10	刀具选择合理		
	3	装夹方法	5	装夹方法合理		
	4	加工工艺	25	合理		
	5	切削用量	5	选择合理		
实际训练（30 分）	6	任务完成质量	20	质量好		
	7	作业网络互动	10	积极、按时		
团队协作（20 分）	8	小组协作	10	协调		
	9	考勤	10	考勤情况		

【拓展训练】

加工图 2-7 所示螺纹轴，材料为 45 钢，毛坯为 ϕ40mm×120mm 的棒料，按要求完成下列任务。

1）编写数控加工刀具卡片；

2）编写数控加工工艺卡片。

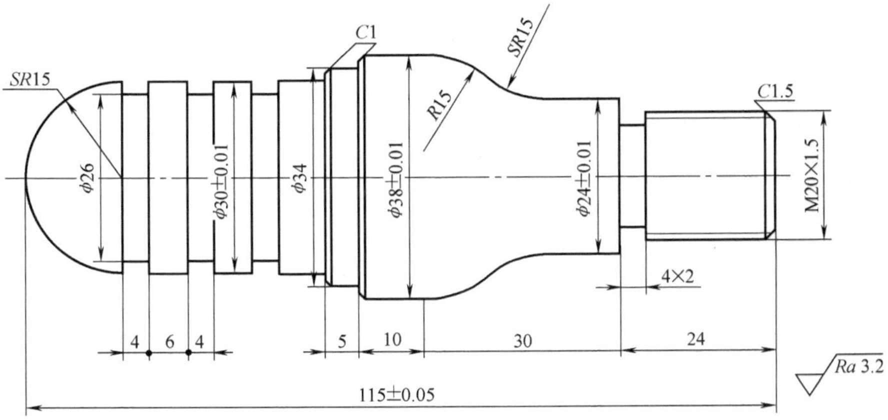

图 2-7　螺纹轴

【课后测评】

一、判断题

1.（　　）非圆曲线的加工常采用逼近法，就是采用多段圆弧或直线逼近非圆曲线轮廓。

2.（　　）加工椭圆时，逼近法比四心法加工精度高。

3.（　　）采用直线段逼近非圆曲线，各直线段间的连接处不存在尖角。

4.（　　）在实际的手工编程中，主要采用直线逼近法，即用直线段逼近非圆曲线，目前常用的有等间距法、等步长法和等误差法等。

二、选择题

1. 加工内凹曲面一般选择（　　）。

A. 菱形刀片　　B. 三角形刀片　　C. 四边形刀片　　D. 圆形刀片

2. 在数控车床上加工椭圆的方法有（　　）。

A. 近似法　　B. 等间距法　　C. 四心法与逼近法　　D. 误差分析法

三、简答题

1. 加工曲面哑铃轴一般选择哪些车刀?

2. 非圆曲线的加工方法有哪些?

四、做中学

加工如图 2-8 所示椭圆轴，材料为 45 钢，毛坯为 ϕ42mm×100mm 的棒料（两件），按要求完成下列任务。

1）编写数控加工刀具卡片；

2）编写数控加工工艺卡片。

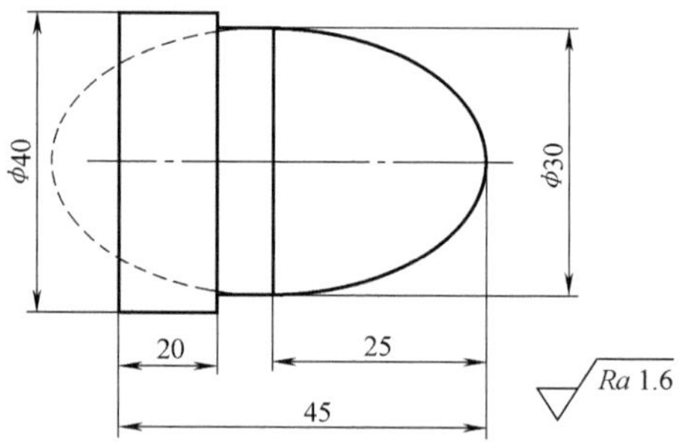

图 2-8　椭圆轴

子任务二　曲面哑铃轴的手工编程与加工

【任务目标】

1. 知识目标

1）掌握宏变量的种类和使用方法。

2）掌握 B 类宏程序命令的含义及功能。

3）熟练应用 B 类宏程序编写椭圆的加工程序。

4）掌握 G73 指令格式及应用。

2. 能力目标

1）能运用宏程序进行程序编制。

2）能完成椭圆零件的仿真与加工。

3）能正确测量零件尺寸。

3. 素质目标

1）具备规范操作的能力。

2）具备自我学习的能力。

3）具备语言表达能力。

【任务分析】

该零件表面由螺纹、槽、外圆、圆弧及椭圆构成，零件外形较复杂。零件中螺纹、槽、圆柱面和圆弧面的加工，可用前面所学的直线插补、螺纹插补、固定循环和复合循环等指令来完成。但对于零件中椭圆的加工，则较为困难，原因是数控系统没有椭圆插补功能，它本身提供的直线插补和圆弧插补功能不能直接用于加工椭圆。如果用宏程序来编写椭圆的加工程序，则程序编制容易，程序更简洁。

【知识储备】

一、宏程序

1. 宏程序的概念

宏程序的实质与子程序相似，它是把一组实现某种功能的指令，以子程序的形式预先存储在系统存储器中，通过宏程序调用指令执行这一功能，在主程序中只要编入相应的调用指令就能实现这些功能，如图 2-9 所示。

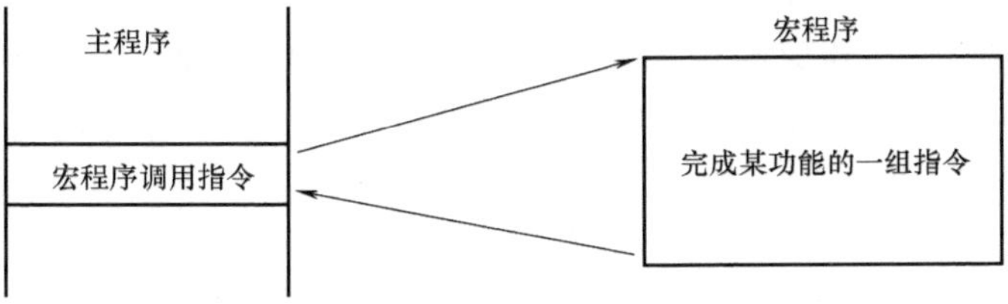

图 2-9　宏程序

一组以子程序的形式存储并带有变量的程序称为用户宏程序，简称宏程序；调用宏程序的指令称为用户宏程序指令或宏程序调用指令，简称宏指令。宏程序可以用函数公式来描述工件的轮廓或曲面。例如，对椭圆进行编程加工，只需把椭圆公式输入到系统中，然后给出 *Z* 坐标，并且每次加 10μm，那么宏就会自动算出 *X* 坐标，并且进行切削。实际上宏在程序中主要起运算作用。

宏程序与普通程序存在一定的区别，它们之间的简要对比见表 2-4。

表 2-4　宏程序与普通程序的简要对比

普通程序	宏程序
1)只能使用常量,即直接用数值指定 G 代码和移动距离,如 G01 X40;	1)可以使用变量,即数值可以直接指定或用变量指定,如 #100=01; #101=40; G#100 X#101; 则执行结果等同于 G01 X40;,使用变量可以使宏程序具有通用性
2)常量之间不可以运算	2)变量间可以赋值和运算,如#203=40,#205=#201+#202

2. 宏程序的用途

1）采用宏程序编写非圆曲线的加工程序，如椭圆、双曲线和抛物线等。

2）采用宏程序编写大批相似零件的加工程序，这样只需要改动几个数据就可以了，没有必要进行大量重复编程。

3. 宏程序的种类

宏程序分为 A 类和 B 类两种。它们的主要区别在于运算指令的不同：B 类宏程序类似于数学运算，可用各种数学符号直接表达各种数学运算和逻辑关系；而 A 类宏程序需要使用“G65 Hm”格式的宏指令来表达各种数学运算和逻辑关系。例如，要表达#201、#202 和#205 三个变量的加法运算关系时，在 B 类宏程序中可直接写成表达式“#205 = #201 + #

202;”，而在 A 类宏程序中要写成“G65 H02 P#205 Q#201 R#202;”。

因此，B 类宏程序比 A 类宏程序的直观性和可读性要好。本任务将介绍 B 类宏程序的应用。

二、变量

用一个可赋值的代号代替具体的数值，这个代号就称为变量。宏程序的优点是可以用变量代替具体数值，因而在加工同一类零件时，只需将实际的值赋予变量即可，不需要对每一个零件都编写一个程序。

1. 变量的表示

变量由变量符号“#”和变量号（阿拉伯数字）组成，如#1、#2、#3 等。变量也可以由变量符号“#”和表达式组成，如# [#1+1]。

2. 变量的类型

变量分为四种类型，见表 2-5。

表 2-5 变量的类型

变量类型	变量号	功　　能
空变量	#0	该变量总是空，没有值能赋给该变量，不能写，只能读
局部变量	#1～#33	局部变量只能用在宏程序中存储数据，如运算结果；当断电时，局部变量被初始化为空；当调用宏程序时，自变量对局部变量赋值
公共变量	#100～#199 #500～#999	公共变量在不同的宏程序中意义相同。当断电时，变量#100～#199 被初始化为空；变量#500～#999 的数据保存，即使断电也不丢失
系统变量	#1000～	系统变量用于读和写 CNC 运行时的各种数据，是具有固定用途的变量，它的值决定系统的状态，如刀具的当前位置和补偿值等

3. 变量的引用

普通程序总是将一个具体的数值赋给一个地址，如 G00 X100.0;，为了使程序更具通用性和灵活性，用户宏程序中可引用子变量。例如：

#1=100;

G00 X#1;

执行的结果等同于 G00 X100.0;

4. 使用变量的注意事项

当使用变量时，变量值可以由程序或 MDI 面板设定。为了在程序中能正确使用变量，需注意以下几点：

1）当在程序中定义变量时，小数点可以省略。例如，当定义#1=50 时，变量#1 的实际值是 50.0。

2）在程序中引用变量，变量号须放在地址字符后。例如：

#1=100;

G00 X#1;

执行的结果是 G00 X100.0;

3）如果改变引用的变量值的符号，则要把负号“-”放在“#”的前面。例如：

#1 = 10;

G00 Z-#1;

执行的结果是 G00 Z-10.0;

4）表达式可以用于表示变量号和变量，当用表达式指定一个变量号或变量时，须把表达式放在方括号“[ ]”中。例如：

[#1+#2]

G01 X [#1+#2] F0.3;

5）当引用一个未定义的变量时，程序运行时将忽略变量及引用变量的地址。例如：

#1 = 100;

#2 = ;

G00 X#1 Z#2;

执行的结果是 G00 X100.0;

6）程序号、程序段段号、任选段跳跃号不能使用变量。例如：

O#0001;

N#13 X100.0;

此为错误使用变量的方式。

三、变量的算术和逻辑运算

在宏程序编写中，有些值需用运算式编写，由系统自动运算完成取值，运算可以在变量中执行。运算符右侧的表达式，可以含有常量、逻辑运算、函数或运算符组成的变量。表达式中的变量#j 和#k 也可是常数，左侧的变量也可以用表达式赋值。在将程序输入系统时，只有输入数控系统规定的运算符，数控系统才可识别运算。FANUC 0i 系统的运算符见表 2-6。

表 2-6　FANUC 0i 系统的运算符

功能	运算符	格　式	备注/实例
定义、转换	=	#i = #j	#1 = #2, #100 = #10.0
加法	+	#i = #j+#k	#3 = #1+#2
减法	-	#i = #j-#k	#4 = #5-#6
乘法	*	#i = #j * #k	#7 = #8 * #9
除法	/	#i = #j/#k	#10 = #11/#12
正弦	SIN	#i = SIN[#j]	#1 = SIN[#2]
反正弦	ASIN	#i = ASIN[#j]	
余弦	COS	#i = COS[#j]	#2 = COS[#2+#1]
反余弦	ACOS	#i = ACOS[#j]	
正切	TAN	#i = TAN[#j]	#3 = TAN[#4+#5]
反正切	ATAN	#i = ATAN[#j]	
平方根	SQRT	#i = SQRT[#j]	#1 = SQRT[#2]
绝对值	ABS	#i = ABS[#j]	#3 = ABS[-#4]
舍入	ROUND	#i = ROUND[#j]	#5 = ROUND[3.1415]
上取整	FIX	#i = FIX[#j]	#6 = FIX[1.2]
下取整	FUP	#i = FUP[#j]	#7 = FUP[1.2]
自然对数	LN	#i = LN[#j]	#8 = LN[#9]
指数函数	EXP	#i = EXP[#j]	#10 = EXP[#11]

（续）

功能	运算符	格　式	备注/实例
或 异或 与	OR XOR AND	#i=#jOR#k #i=#jXOR#k #i=#jAND#k	逻辑运算按二进制执行
从 BCD 转为 BIN 从 BIN 转为 BCD	BIN BCD	#i=BIN[#j] #i=BCD[#j]	用于与 PMC 的信号交换

在宏程序编写中，使用表 2-6 中的运算符对变量进行算术和逻辑运算时，需注意以下几点。

1. 角度单位

函数 SIN、COS、TAN 等使用的角度单位是度。

例如：45°30′换算为 45.5°。

2. 缩写方式

在程序中指定函数时，可用函数名的前两个字符指定该函数。

例如：SQRT→SQ，ROUND→RO。

3. 运算次序

宏程序数学运算的次序依次为：函数运算（SIN、COS、TAN 等）→乘和除运算（*、/等）→加法和减法运算（+、-等）。

4. 括号嵌套

方括号 [ ] 也可用于改变运算的次序。函数中的括号允许嵌套使用，最多可嵌套五层。

例如：#1=COS[[[#2-#3] *#4+#5]/#6]；

注意：方括号用于封闭表达式，圆括号用于注释。

5. ROUND 功能

1）当 ROUND 功能包含在算术或逻辑操作、IF 语句、WHILE 语句中时，将保留小数点后一位，其余位四舍五入。

例如：#1=ROUND[#2]，其中#2=3.1415，则#1=3.0。

2）当 ROUND 出现在 NC 语句地址中时，进位功能根据地址的最小输入增量四舍五入指定的值。

例如：编一个程序，根据变量#1、#2 的值进行切削，然后返回到初始点。假定系统增量是 0.001mm，#1=1.2345，#2=2.3456。则

G00 Z-#1；移动 1.235mm。

G01 Z-#2 F0.3；移动 2.346mm。

G00 Z[#1+#2]；因为 1.2345+2.3456=3.5801，所以移动 3.580mm。这样不能返回到初始位置，而换成 G00 Z [[ROUND[#1]+ROUND[#2]]；就能返回到初始点。

6. 上取整和下取整

数控系统处理数值运算时，若操作产生的整数大于原数时为上取整，反之则为下取整。

例如：#1=10.2，#2=-10.2

#3=FUP[#1]，结果#3=11.0。

#3=FIX[#1]，结果#3=10.0。

#3=FUP[#2]，结果#3=-11.0。

#3=FIX[#2]，结果#3=-10.0。

四、变量的引用赋值

在程序中如果只设定变量号而不给其赋值，程序在运行时就不能按照编程人员的要求完成所需的算术和逻辑运算，变量可在操作面板 MACRO 界面处直接输入，也可在 MDI 方式下赋值。变量的赋值还可在程序内用定义方式赋值，也可通过运算式赋值，但等号左侧不能用表达式。可以多次给一个变量赋值，新变量值将取代原变量值，即最后赋的值有效。例如：

#1=40；

#2=30*SQRT[40*40-#1*#1]/40；

#3=[2*#2]；

#4=#1-40；

G01 X#3 Z#4 F0.2；

执行的结果等同于 G01 X0 Z0 F0.2；

五、功能语句

在一个程序中，如果有相同轨迹的指令，可通过语句改变程序的流向，让其反复运算执行，即可达到简化编程的目的。FANUC 0i 系统有三种语句可供使用。

1. 无条件转移（GOTO）语句

（1）编程格式

GOTO*n*；*n* 是段号

（2）语句功能　执行该语句时，程序无条件转移到顺序号为 *n* 的程序段执行。例如：

N010 G00 X50.0 Z1.0；

N020 G01 Z-50.0 F0.1；

N030 G00 X100.0；

N040 GOTO20；转移至 N20 程序段

2. 条件转移（IF）语句

（1）IF［条件表达式］GOTO*n*；

1）编程格式（图 2-10）。

IF［条件表达式］GOTO*n*；*n* 是段号。

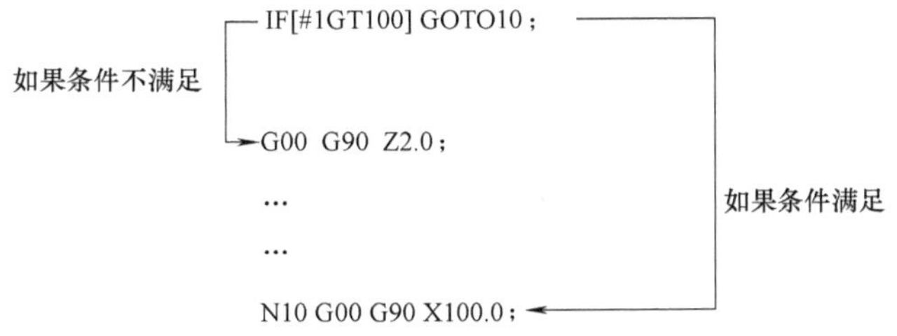

图 2-10　编程格式

2）语句功能。如果指定的条件表达式成立，则程序转移到段号为 *n* 的程序段执行；如果指定的条件表达式不成立，则执行下一个程序段。如图 2-10 所示，该语句的条件表达式必须包括运算符，将运算符插在两个变量或一个变量和一个常数之间，并用方括号［　］封闭。条件表达式运算符见表 2-7。

（2）IF［条件表达式］THEN；

如果条件表达式满足，则执行预先决定的宏程序语句，且只执行一个宏程序语句。

例如：IF［#1GT#2］THEN#3＝0；表示如果#1 大于#2，0 赋给#3。

表 2-7　条件表达式运算符

符号	含义	示例
EQ	等于（＝）	［#1EQ#2］ ［#1GT100］ ［#LE320］
NE	不等于（≠）	
GT	大于（>）	
GE	大于或等于（≥）	
LT	小于（<）	
LE	小于或等于（≤）	

3. 循环（WHILE）语句

（1）编程格式

WHILE［条件表达式］Dom；（m＝1，2，3）

…

…

ENDm；

注意：m 只能在 1、2、3 中取值。

（2）语句功能　在 WHILE 后指定一个条件表达式，当指定的条件表达式成立时，执行 DO 到 END 之间的程序段内容；当指定的条件表达式不成立时，执行 END 后的程序段内容。如图 2-11 所示，当#100<50 时，执行 DO 到 END1 之间的程序段，否则执行 END1 后的程序段。

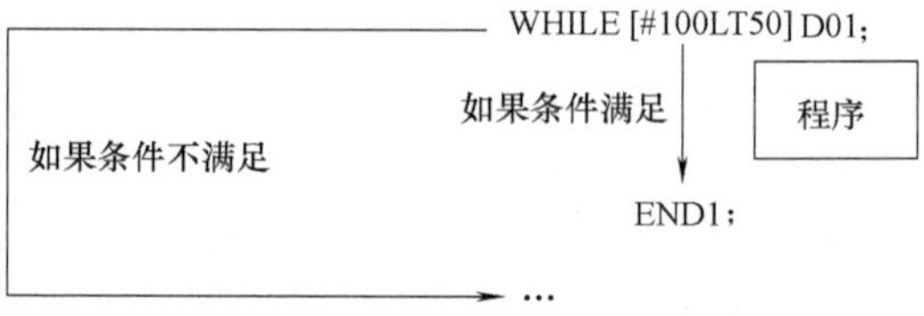

图 2-11　WHILE 语句

六、编制椭圆宏程序的基本步骤

1. 根据给定的方程选定自变量，并确定变量的范围

在解析几何学中，表达椭圆曲线的方程有标准方程$\left[\dfrac{x^2}{a^2}+\dfrac{y^2}{b^2}=1\ (a>0,\ b>0)\right]$和参数方程（$x=a\cos t$、$y=b\sin t$）两种。在椭圆的标准方程中，每一个具体的 x 坐标值都有一个对应的 y 值；在椭圆的参数方程中，每一个具体的角度值 t 都有一个对应的 y 或 x 值，因此可采用坐标值或角度值作为自变量。加工椭圆采用角度值为自变量时，计算更方便，不需要做任何判断就可自动过象限，且终点判别简单，实时性好，如图 2-12 所示。因此，从加工精度、程序的数据量和加工效率出发，在数控车削编程加工椭圆时应优先采用角度值作为自变量。参数 t 是圆的角度。

2. 进行函数变换，确定因变量相对于自变量的宏表达式

椭圆在解析几何学中的标准方程的图形如图 2-13a 所示。在数控车床的工件坐标系中，要注意坐标轴的转换，把椭圆方程坐标系的 x 轴变为车床的 z 轴，y 轴变为 x 轴，则椭圆的参数方程转换为 $z=a\cos t$、$x=b\sin t$，其图形如图 2-13b 所示。

因此，以角度值 t 为自变量，因变量为 x 和 z，再考虑直径编程，则当椭圆中心与坐标原点重合时 x 和 z 的表达式为：$z=a\cos t$，$x=(b\sin t)\times 2$。

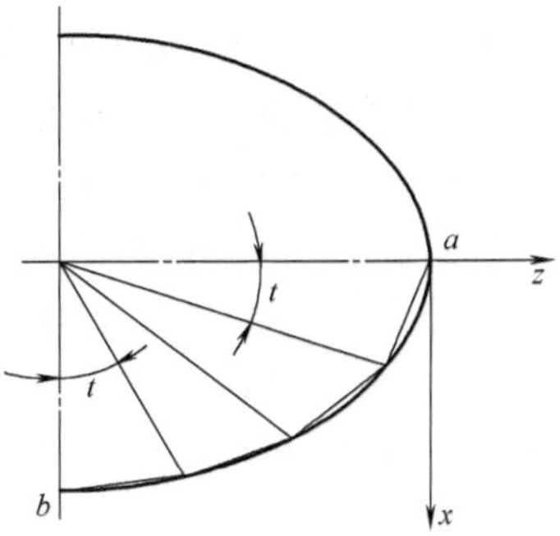

图 2-12　以角度值为自变量的直线段逼近椭圆

3. 根据给定的方程确定相对于工件坐标系的偏移量

在实际加工过程中，椭圆相对于工件坐标系原点的位置存在多种形式，如椭圆中心与工件坐标系原点重合、椭圆中心与 x 轴或 z 轴重合、椭圆中心在工件坐标系中的任意位置等。因此需考虑椭圆中心与工件坐标系的相对位置关系。

当椭圆中心偏移坐标原点时，如图 2-13c 所示，则椭圆的参数方程变为：$z=a\cos t-z_0$、$x=(b\sin t-x_0)\times 2$，其中（x_0，z_0）为椭圆中心坐标。

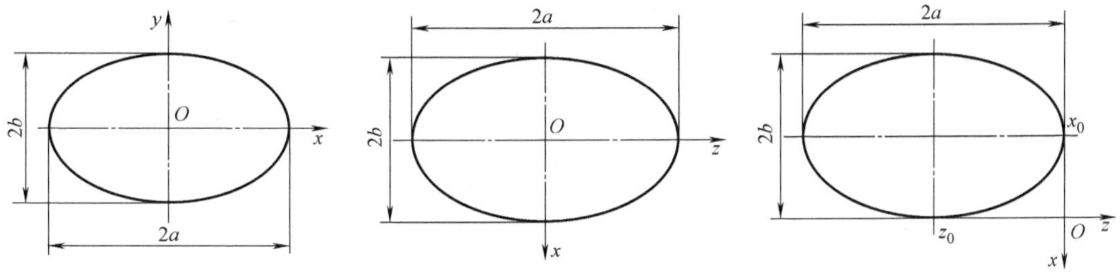

a) 椭圆在解析几何学中的标准方程的图形　b) 椭圆在工件坐标系中的图形（椭圆中心与坐标原点重合）　c) 椭圆在工件坐标系中的图形（椭圆中心偏移坐标原点）

图 2-13　椭圆在坐标系中的图形

4. 确定椭圆的加工轨迹，明确加工的起点

（1）粗车椭圆的加工路线　粗车椭圆的加工路线有阶梯式和仿形式两种，分别如图 2-14a、b 所示。

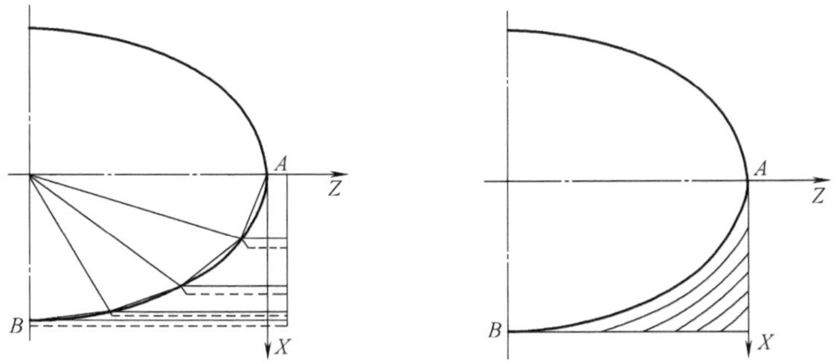

a) 阶梯式走刀法粗车椭圆　b) 仿形式走刀法粗车椭圆

图 2-14　粗车椭圆的加工路线

（2）精车椭圆的加工路线　由于精车工件的加工路线原则上是沿工件轮廓顺序走刀来完成的，因此精车椭圆的加工路线是：当以角度值 t 为自变量时，精车椭圆是根据椭圆的参数方程利用角度的微小变化来拟合椭圆的最终轮廓表面。

5. 确定构成循环的条件，明确加工的终点

在宏程序的编制中，终点判别是很重要的，它控制着循环语句的执行。如图 2-14 所示的椭圆，以角度值 t 为自变量时，采用阶梯式粗车路线的起始角度是 90°，终止角度是 0°，角度从 90°变化到 0°；采用仿形式粗车路线的起始角度是 0°，终止角度是 90°，角度从 0°变化到 90°；而精车椭圆的加工路线是从点 A 开始，沿若干段小直线所形成的折线走刀到点 B 来完成的，其角度从 0°变化到 90°。

注意：自变量的初始值要放在循环语句的外部，不可放在内部，否则没有计算结果，系统永远执行初始值，成为死循环。

七、固定形状粗加工复合循环指令 G73

1. 指令运动轨迹

系统根据精车余量、退刀量、切削次数等数据自动计算粗车偏移量、粗车的单次进给量和粗车轨迹，每次切削的轨迹都是精车轨迹的偏移，切削轨迹逐步靠近精车轨迹，最后一次切削轨迹为按余量偏移的精车轨迹，G73 的起点和终点相同。G73 指令适用于成形毛坯的粗车，其运动轨迹如图 2-15 所示。

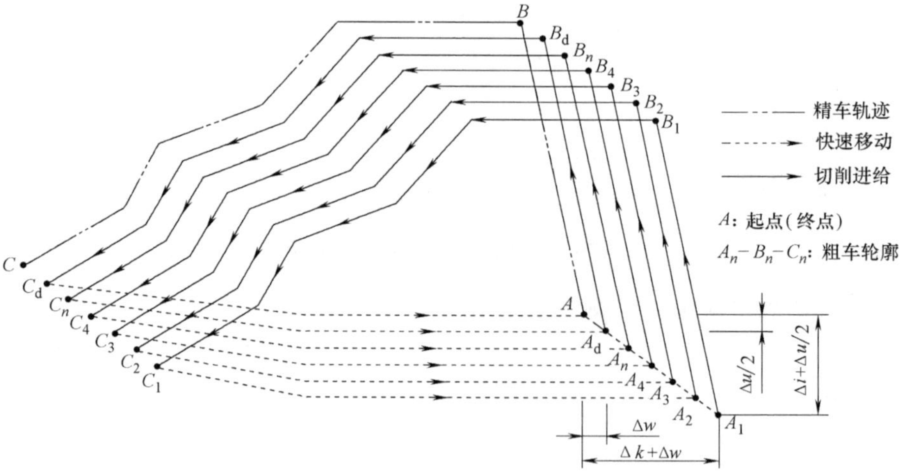

图 2-15　G73 指令运动轨迹

精车轨迹为 $A \to B \to C$；粗车轨迹为精车轨迹的一组偏移轨迹，粗车轨迹数量与切削次数相同。坐标偏移后精车轨迹的 A、B、C 点分别对应粗车轨迹的 A_n、B_n、C_n 点（n 为切削次数），第一次切削相对于精车轨迹的坐标偏移量为（$\Delta i \times 2+\Delta u$，$\Delta k+\Delta w$），最后一次切削相对于精车轨迹的坐标偏移量为（$\Delta u$，$\Delta w$）。

2. 指令执行过程

1）$A \to A_1$：快速移动。

2）第一次粗车，$A_1 \to B_1 \to C_1$。

$A_1 \to B_1$：ns 程序段一般是 G00 快速移动；$B_1 \to C_1$：切削进给。

3）$C_1 \to A_2$：快速移动。

4）第二次粗车，$A_2 \to B_2 \to C_2$。

$A_2 \to B_2$：ns 程序段一般是 G00 快速移动；$B_2 \to C_2$：切削进给。

……

第 n 次粗车，$A_n \to B_n \to C_n$。

……

最后一次粗车，$A_d \to B_d \to C_d$。

$A_d \to B_d$：ns 程序段一般是 G00 快速移动；$B_d \to C_d$：切削进给。

3. 指令格式

G73 U $\underline{\Delta i}$ W $\underline{\Delta k}$ R$\underline{d}$ F __ S __ T __;

G73 P$\underline{ns}$ Q$\underline{nf}$ U$\underline{\Delta u}$ W$\underline{\Delta w}$;

N __(ns)……;

……;

……F;

……S;

……;

N __(nf)……;

其中，Δi 为 X 轴粗车退刀量（半径值，有符号），Δi 等于 A_1 点相对于 A_d 点的 X 轴坐标偏移量；Δk 为 Z 轴粗车退刀量（有符号），Δk 等于 A_1 点相对于 A_d 点的 Z 轴坐标偏移量；d 为切削次数；ns 为精车轨迹的第一个程序段号；nf 为精车轨迹的最后一个程序段号；Δu 为 X 轴的精加工余量（直径值，有符号）；Δw 为 Z 轴的精加工余量（有符号）；F 为切削进给速度；S 为主轴转速；T 为刀具号、刀具偏置号。

4. 粗、精车时坐标的偏移方向

Δi、Δk 反映了粗车时坐标偏移方向，Δu、Δw 反映了精车时坐标偏移方向；Δi、Δk、Δu、Δw 可以有多种组合，一般 Δi 和 Δu 的符号一致，Δk 和 Δw 的符号一致，常见的有四种组合，如图 2-16 所示。图中 $B \to C$ 为工件轮廓，$B' \to C'$ 为粗车轮廓，$B'' \to C''$ 为精车轨迹，A 为起刀点。

通过图 2-16 所示，在确定 Δi、Δk、Δu、Δw 的正负号时，可以简单地总结出两句话：当 X 轴方向向远离工件的方向偏移和留余量时，Δi、Δu 的符号为正，反之为负；当 Z 轴方向向远离工件的方向偏移和留余量时，Δk、Δw 的符号为正，反之为负。

5. 指令说明

1）ns~nf 程序段必须紧跟在 G73 程序段后编写。

2）执行 G73 指令时，ns~nf 程序段仅用于计算粗车轮廓，程序段并未被执行。ns~nf 程序段中的 F、S、T 指令在执行 G73 时无效，G73 程序段中的 F、S、T 指令有效。执行 G70 精加工循环时，ns~nf 程序段中的 F、S、T 指令有效。

3）ns 程序段只能是 G00、G01、G02、G03 指令。

4）G96、G97、G98、G99、G40、G41、G42 指令在执行 G73 循环时无效，执行 G70 精

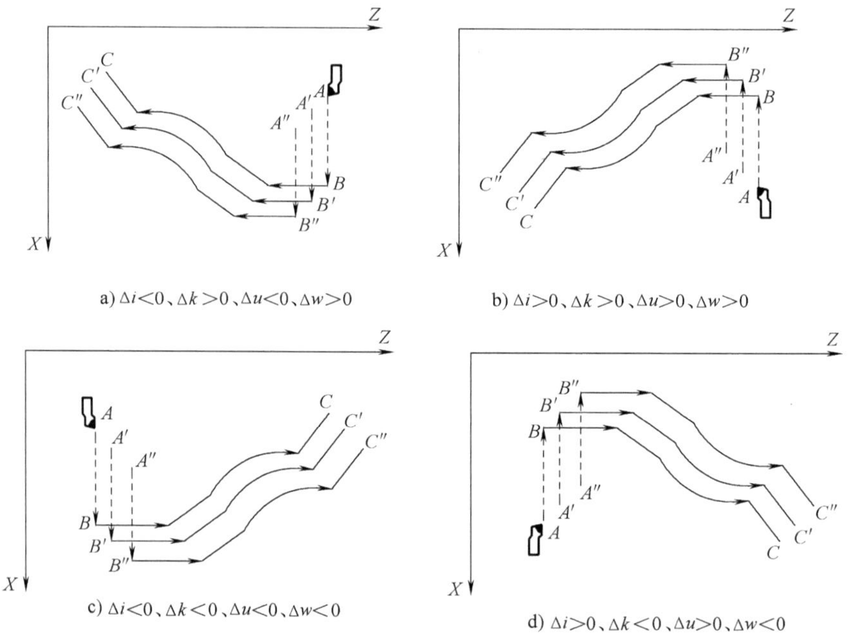

图 2-16　Δi、Δk、Δu、Δw 正负号的确定

加工循环时有效。

6. 对椭圆的编程方法

采用逼近法拟合加工椭圆，即将椭圆曲线分解成若干段小直线，由这若干段小直线所形成的折线来逼近椭圆进行拟合加工。如图 2-17 所示，可将椭圆分解成 *A-B-C-D-E-F* 所形成的折线来逼近椭圆，只要计算出 *A*、*B*、*C*、*D*、*E*、*F* 共六个节点在 *X*、*Z* 轴上的坐标值即可进行编程。工件表面质量要求越高，椭圆分解得就越细。但这种“直线逼近法”加工椭圆只能采用 G01 指令来编程，为了保证椭圆的表面质量，必须有足够数量的直线段，如果采用手工计算这些直线段的节点坐标，不仅计算量非常大，而且程序段多，所以手工编程几乎无法完成。当椭圆的尺寸发生变化时，所有工作又要重新开始。若采用系统配置的宏程序，不仅计算简单，而且通用性强。当椭圆的尺寸发生变化时，只需改动几个变量的值就可以。

采用逼近法拟合加工椭圆，应使逼近误差 $\delta \leqslant \delta'$（允许误差），如图 2-18 所示。

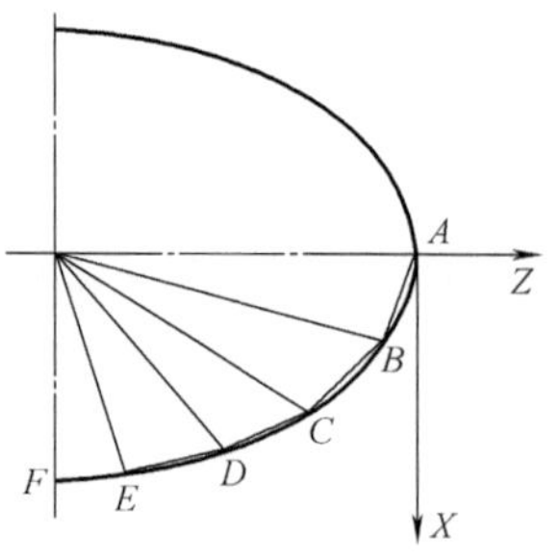

图 2-17　逼近法拟合加工椭圆

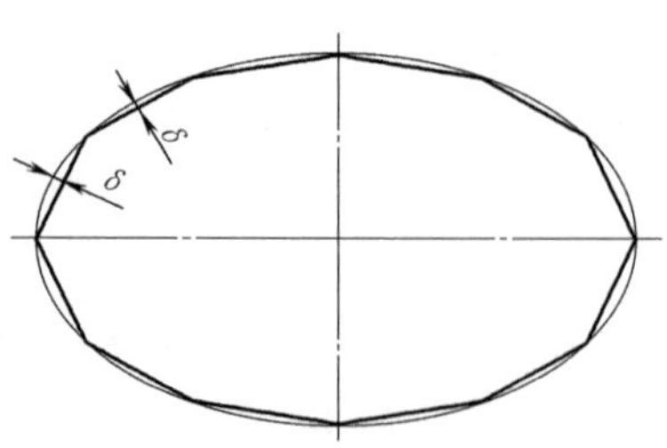

图 2-18　椭圆的逼近误差

【任务实施】

一、任务准备

1）准备相关教学资料，包括教材、教参、多媒体课件、视频文件、工作任务书等。

2）准备教学用辅具、量具、刀具；选用 FANUC 0i 系统数控车床，计算机及仿真软件；采用自定心卡盘装夹。选用 ϕ40mm×130mm 棒料，毛坯材质为 45 钢。

3）准备相关工艺生产资料。

4）量具选用。

① 钢直尺：0～300mm。

② 游标卡尺：0.02mm/0～150mm。

③ 外径千分尺：0.01mm/25～50mm。

④ M24×1.5 螺纹环规。

⑤ 椭圆、圆弧样板。

⑥ 表面粗糙度样板。

5）安全文明教育。

二、曲面哑铃轴的编程与加工

1. 程序设计

曲面哑铃轴的参考程序见表 2-8～表 2-11。

表 2-8　曲面哑铃轴的参考程序（左端粗加工）

加工程序	程序说明	仿真图示
O3001;	程序号	
G99 G97 M03 S800 T0101 F0.15;	调用 1 号刀及 1 号刀补,主轴转速为 800r/min	
G00 X42. Z3.;	车刀靠近工件并到达循环起点	
G94 X-0.5 Z0 F0.15;	G94 指令车左端面	
G90 X38.0 Z-13.0 F0.2;	粗车 ϕ28mm、ϕ24mm 外圆	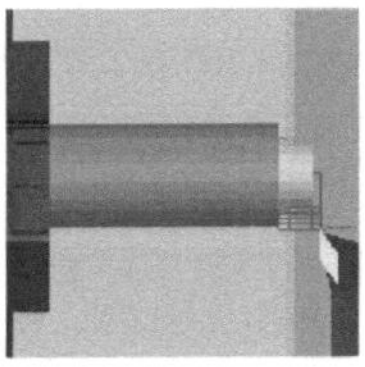
X34.0;		
X30.0;		
X29.0;		
X25.0 Z-9.0;		
G00 X100.0 Z100.0;	快速离开工件	
M05;	主轴停	
M30;	程序结束,返回程序头	

表 2-9　曲面哑铃轴的参考程序（右端螺纹粗精加工）

加工程序	程序说明	仿真图示
O3002；	程序号	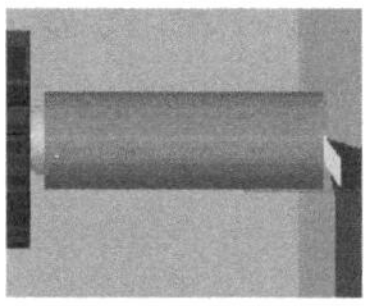
G99 G97 M03 S800 T0101 F0.15；	调用 1 号刀及 1 号刀补，主轴转速为 800r/min	
G94 X-0.5 Z0 F0.15；	G94 指令车右端面，保证总长	
G00 X42.0 Z2.0；	车刀靠近工件并到达循环起点	
G71 U1.0 R1.0；	用 G71 指令粗、精车外圆	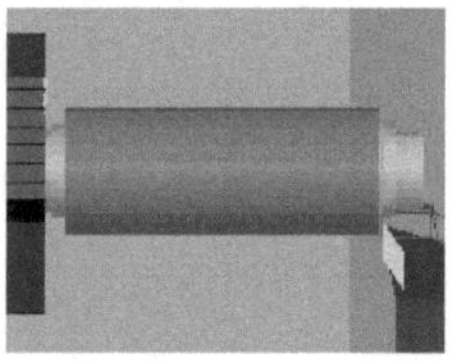
G71 P1 Q2 U1.0 W0.0；		
N1 G00 X21.0；		
G01 Z0.0；		
X23.8 Z-1.5；		
Z-9.0；		
X27.0；		
X28.0 Z-9.5；		
Z-13.0；		
N2 G01 X42.0；		
G00 X100.0 Z10.0；		
M05；		
M00；		
M03 S1000 T0101 F0.1；		
G00 G42 X42.0 Z2.0；		
G70 P1 Q2；		
G00 G40 X100.0 Z100.0；		
M03 S400 T0202 F0.05；	换 2 号刀，车槽	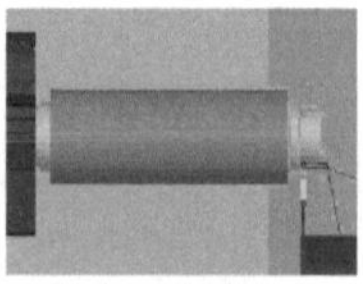
G00 X29.0 Z-9.0；		
G01 X20.0；		
G01 X29.0 F0.2；		
G00 X100 .0 Z10.0；	快速离开工件	

（续）

加工程序	程序说明	仿真图示
M03 S400 T0303；	换 3 号刀，车螺纹	
G00 X26.0 Z3.0；		
G92 X23.0 Z-8.0 F1.5；		
X22.5；		
X22.4；		
X22.3；		
X22.1；		
G00 X100.0 Z10.0；	快速离开工件	
M05；	主轴停	
M30；	程序结束，返回程序头	

表 2-10　曲面哑铃轴的参考程序（右端椭圆、圆弧粗精加工）

加工程序	程序说明	仿真图示
O3003；	程序号	
G97 G99 G40 M03 S800 T0101 F0.15；	调用 1 号刀及 1 号刀补，主轴转速为 800r/min	
G00 X36.0 Z2.0；	快速定位	
G73 U16. W0 R8；	粗车椭圆、圆弧	
G73 P5 Q6 U1.0 W0；		
N5 G00 G42 X35.0；	刀具快速定位，刀具补偿	
#1 = 1；	定义椭圆的长半轴加工起点	
WHILE [#1GE-10.105] DO1；	判断语句以及条件（如果#1 大于或等于-10.105，则跳出循环 1）	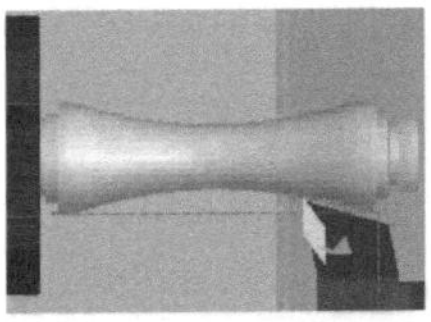
#2 = 17.5 * SQRT[1-#1 * #1/625]；	计算椭圆长半轴对应的短半轴，即 X 值	
G01 X[#2 * 2] Z[#1]；	车削椭圆弧	
#1 = #1-0.5；	步距自减	
END1；	循环 1 结束	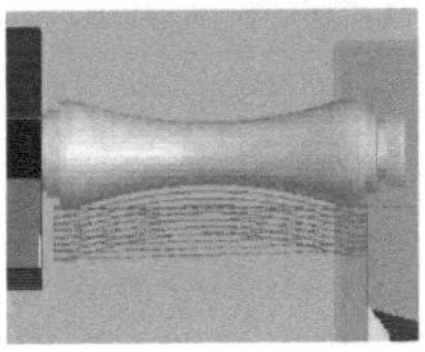
G02 X33.0 Z-89.89 R135；	车削 R135mm 圆弧	
#3 = 10.105；	定义椭圆的长半轴加工起点	
WHILE [#3GE-1] DO2；	判断语句以及条件（如果#3 大于或等于-1，则跳出循环 2）	
#4 = 17.5 * SQRT[1-#3 * #3/625]；	计算椭圆长半轴对应的短半轴，即 X 值	

（续）

加工程序	程序说明	仿真图示
G01 X[#4*2] Z[#3-100]；	车削椭圆弧	
#3=#3-0.5；	步距自减	
END2；	循环 2 结束	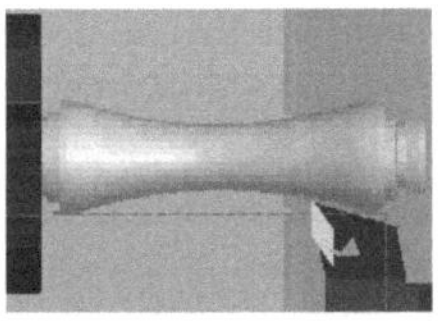
N6 G01 G40 X36.0 F0.3；	精车轨迹的最后一个程序段	
G00 X100.0；	快速回安全点	
Z2.0；		
M05；	主轴停	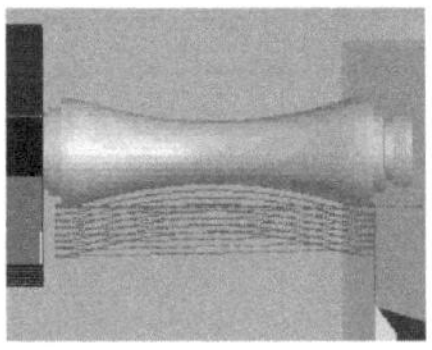
M00；	暂停	
M03 S1500 T0101 F0.1；	精加工转速为 1500r/min，进给量为 0.1mm/r	
G00 G42 X36.0 Z2.0；	快速定位	
G70 P5 Q6；	精加工循环	
G00 G40 X100.0；	刀具返回参考点	
Z2.0；		
M05；	主轴停	
M30；	程序结束，返回程序头	

表 2-11　曲面哑铃轴的参考程序（左端精加工）

加工程序	程序说明	仿真图示
O3004；	程序号	
G99 G97 M03 S700 T0101 F0.15；	调用 1 号刀及 1 号刀补，转速为 700r/min	
G00 X21.0 Z2.0；	车刀靠近工件并到达循环起点	
G01 Z0.0；	精车外轮廓	
X23.8 Z-1.5；		
Z-9.0；		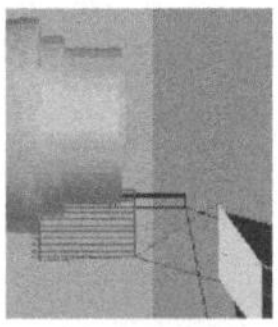
X27.0；		
X28. Z-9.5；		
Z-13.0；		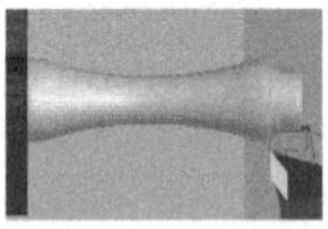
G01 X42.0；		
G00 X100.0 Z10.0；		
M03 S400 T0202；	换 2 号刀，车槽	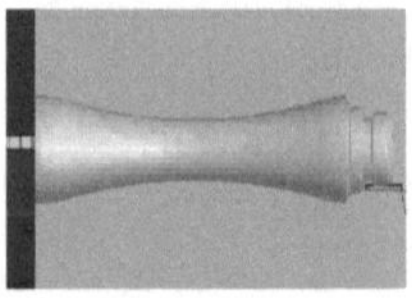
G00 X29.0 Z-9.0；		
G01 X20.0；		
G01 X29.0 F0.2；		
G00 X100.0 Z10.0；	快速离开工件	

（续）

加工程序	程序说明	仿真图示
M03 S400 T0303；	换 3 号刀，车螺纹	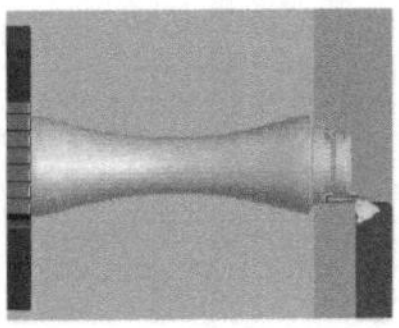
G00 X26.0 Z3.0；		
G92 X23.0 Z-8.0 F1.5；		
X22.5；		
X22.4；		
X22.3；		
X22.1；		
G00 X100.0 Z10.0；	快速离开工件	
M05；	主轴停	
M30；	程序结束，返回程序头	

提示：

采用直线逼近法车削非圆曲线时，椭圆的加工精度与编程时所选择的步距有关。步距值越小，加工精度越高；但是减小步距值会造成数控系统工作量加大，运算烦琐，影响进给速度的提高，从而降低加工效率。因此，必须根据加工要求合理选择步距值。一般在满足加工要求的前提下，应尽可能选取较大的步距值。

2. 曲面哑铃轴的加工

曲面哑铃轴的加工过程见表 2-12。

表 2-12　曲面哑铃轴的加工过程

零件名称	曲面哑铃轴	零件图号		工件材质	45 钢
工步号	工步内容	简图			备注
	三爪夹持，伸出长 72mm	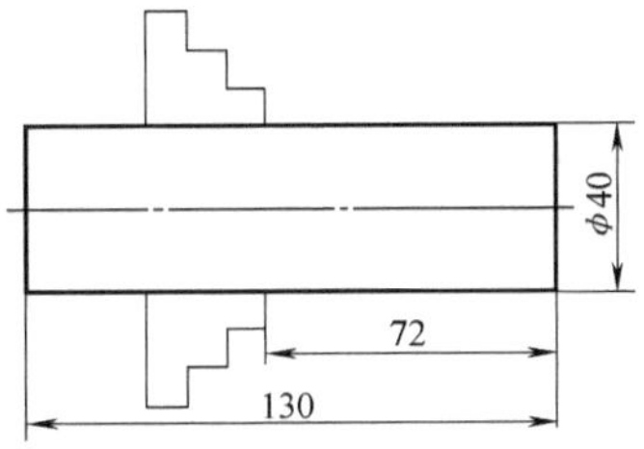			
1	车左端面	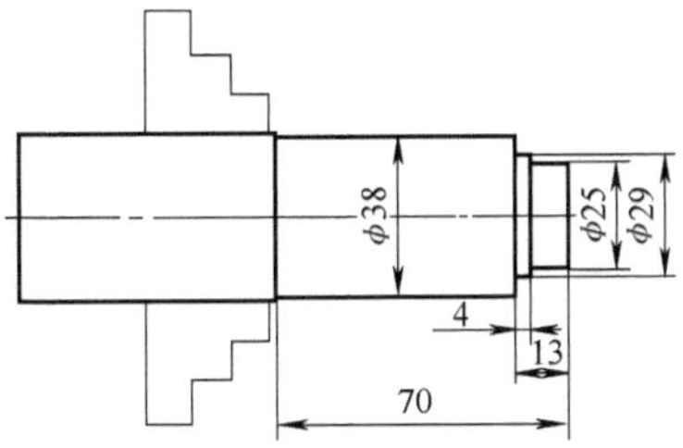			
2	粗车 φ28mm、φ24mm 外圆柱面				

（续）

工步号	工步内容	简图	备注
3	钻中心孔	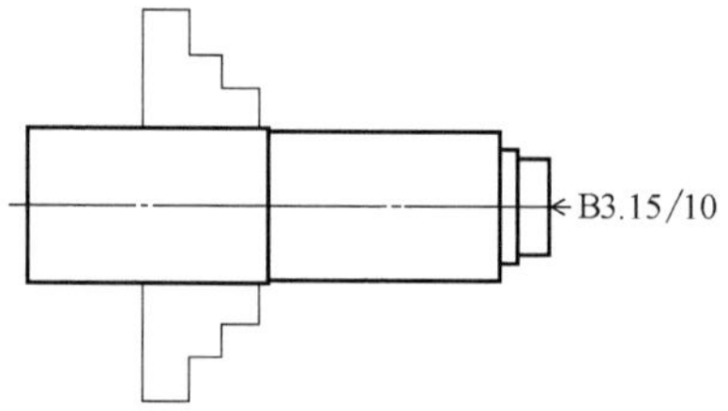	手动
调头		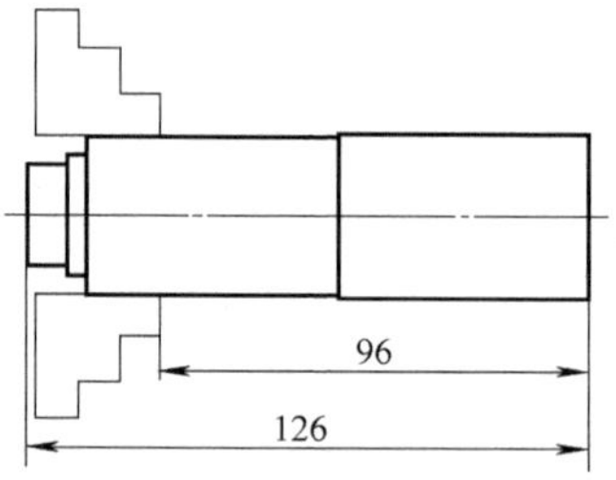	
1	车右端面，保证总长		
2	钻中心孔	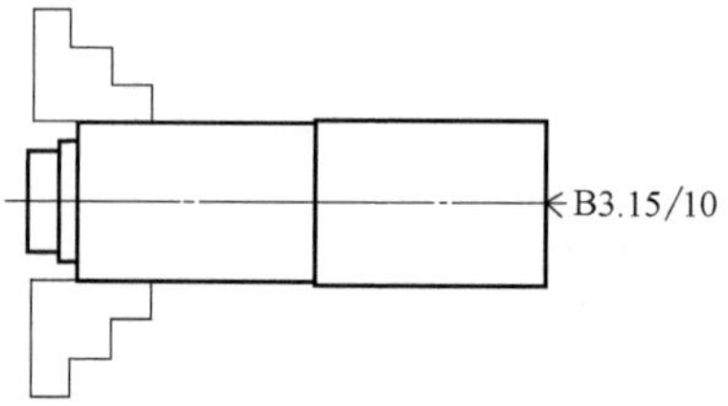	
一夹一顶		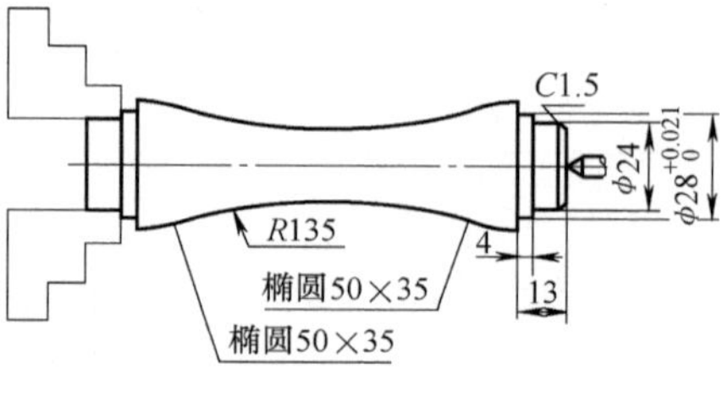	一夹一顶装夹，切削用量要小
1	粗车 ϕ28mm、ϕ24mm 外圆柱面		
2	精车 ϕ28mm、ϕ24mm 外圆柱面		
3	粗车圆弧、椭圆面		
4	精车圆弧、椭圆面		
5	车槽	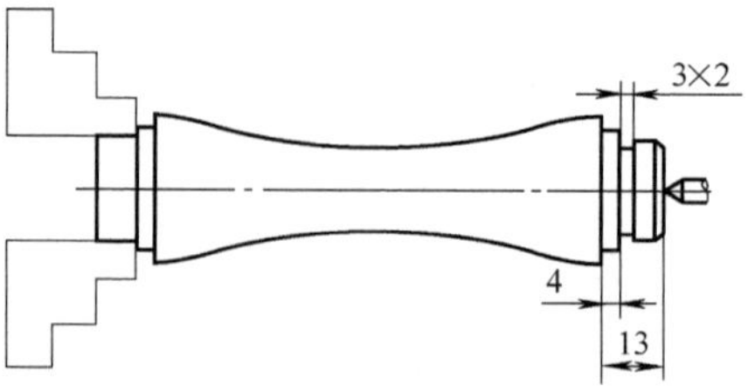	
6	粗、精车 M24 螺纹	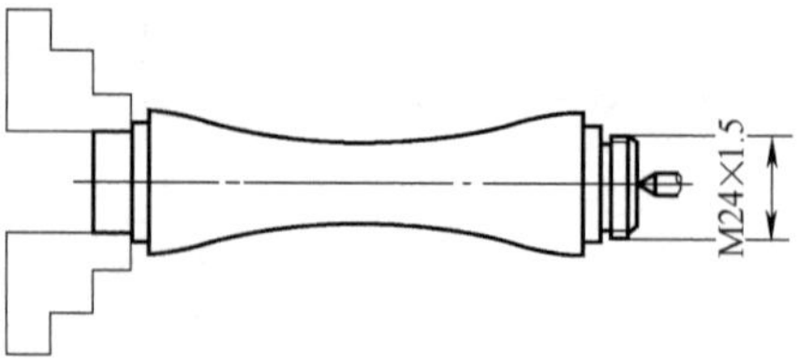	

（续）

工步号	工步内容	简图	备注
调头		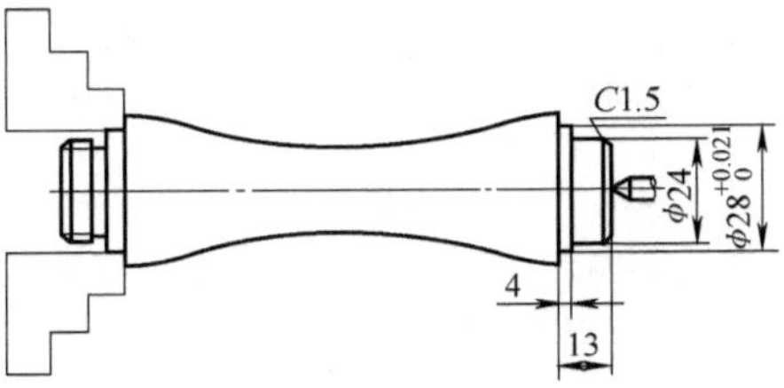	
1	精车 ϕ28mm、ϕ24mm 外圆柱面		
2	车槽	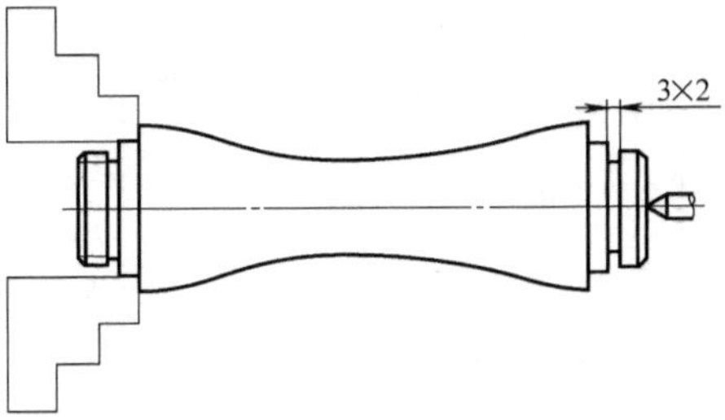	
3	粗、精车 M24 螺纹	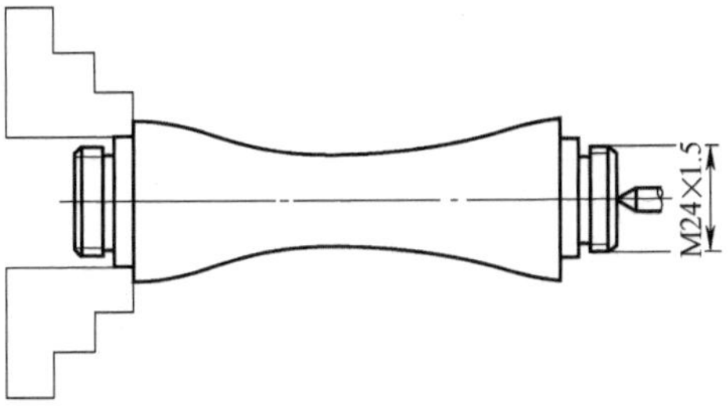	
4	去毛刺		
5	检测	用游标卡尺测量总长、槽 3mm×2mm 等尺寸，用深度游标卡尺测量 4mm、13mm 尺寸，用外径千分尺检测 $\phi28^{+0.021}_{0}$mm 外圆尺寸，用螺纹环规测量螺纹 M24×1.5，用椭圆、圆弧样板检测椭圆、圆弧	
编制		审核	批准

【考核评价】

曲面哑铃轴的手工编程与加工评分标准，见表 2-13。

表 2-13　曲面哑铃轴的手工编程与加工评分标准

姓名		零件名称		曲面哑铃轴	时间	240min	总得分	
项目	序号	检查内容		配分	评分标准		检测记录	得分
工件加工（50分）	1	外圆尺寸	$\phi28^{+0.021}_{0}$mm（两处）	8	每处 4 分，超差不得分			
	2	圆弧尺寸	R135mm	6	超差不得分			
	3	长度尺寸	100mm、4mm、13mm	6	每处 2 分，超差不得分			
	4	槽	3mm×2mm	1	超差不得分			

（续）

项目	序号	检查内容		配分	评分标准	检测记录	得分
工件加工（50分）	5	螺纹尺寸	外径	1	不合格全扣		
			牙型	2	不合格全扣		
			中径	3	超差不得分		
			表面粗糙度	2	每处降低一级扣1分		
	6	椭圆尺寸	椭圆 50mm×35mm	8	超差不得分		
	7	倒角尺寸 $C1.5$mm、毛刺		3	不合格全扣		
	8	表面粗糙度		10	每处降低一级扣1分		
加工程序（25分）	9	程序正确、完整		6	不正确每处扣1分		
	10	程序格式规范		5	不规范每处扣0.5分		
	11	工艺合理		5	不合理每处扣1分		
	12	程序参数选择合理		4	不合理每处扣0.5分		
	13	指令选用合理		5	不合理每处扣1分		
机床操作（17分）	14	工件装夹合理		3	不合理每次扣1分		
	15	刀具选择及安装正确		3	不正确每次扣1分		
	16	对刀及坐标系设定正确		4	不正确每次扣1.5分		
	17	机床面板操作正确		4	误操作每次扣1分		
	18	意外情况处理合理		3	不正确每次扣1.5分		
文明生产（8分）	19	安全操作		4	违反操作规程全扣		
	20	机床整理		4	不合格全扣		

【拓展训练】

加工如图2-7所示螺纹轴，材料为45钢，毛坯为ϕ40mm×120mm的棒料，按要求完成下列任务。

1）编写加工程序；

2）对该零件进行仿真与实际加工。

【课后测评】

一、判断题

1.（　　）公共变量是在主程序以及调用的子程序中通用的变量。

2.（　　）自变量的初始值要放在循环语句的外部，不可放在内部。

3.（　　）局部变量就是在用户宏中局部使用的变量。

4.（　　）宏程序的特点是可以使用变量，变量之间不能进行运算。

5.（　　）局部变量在数控车床断电后可保持不变。

二、选择题

1. 加工非圆曲线，广州 980T 系统用的是（ ）编程。

A. 宏程序 B. 参数 C. 计算机高级语言 D. 自动

2. 条件式运算符中代表大于的符号是（ ）。

A. EQ B. GE C. GT D. LT

3. 在数控车床上，加工非圆曲线常用的指令是（ ）。

A. G73 B. G90 C. G60 D. G65

4. 下列叙述正确的是（ ）。

A. 宏指令 G65 可以实现算术运算和逻辑运算

B. 用户宏命令不可以对变量进行赋值

C. 用户宏主体中不可以使用变量

D. 使用用户宏命令，必须记忆用户宏主体

5. 在广州 980T 数控系统中，可以独立使用并保存计算结果的变量为（ ）。

A. 空变量 B. 系统变量 C. 公共变量 D. 局部变量

三、简答题

1. 什么是用户宏程序？
2. 用户宏的最大特点有哪些？
3. 宏程序中有哪几种变量？

四、做中学

加工如图 2-8 所示椭圆轴，材料为 45 钢，毛坯为 ϕ42mm×100mm 的棒料（两件），按要求完成下列任务。

1）编写加工程序；

2）对该零件进行仿真与实际加工。

子任务三 曲面哑铃轴的自动编程与加工

用自动编程完成曲面哑铃轴的加工，先加工造型（建模），生成加工轨迹，然后根据 FANUC 0i 系统要求进行后置处理，生成 CAM 编程 NC 代码，完成零件的加工。

【任务目标】

1. 知识目标

1）巩固 CAXA 软件功能键的使用方法。

2）掌握 CAXA 软件的基本操作方法。

3）掌握粗精加工参数的选择方法。

4）掌握生成加工程序的操作方法。

2. 能力目标

1）能熟练操作数控车 CAXA 软件。

2）能用数控车 CAXA 软件生成曲面哑铃轴的加工程序。

3）能用数控车 CAXA 软件完成曲面哑铃轴零件的加工。

3. 素质目标

1）具备自动编程操作的能力。

2）具备自我学习的能力。

3）具备语言表达能力。

【任务分析】

曲面哑铃轴的结构复杂，手工编程比较麻烦，用自动编程完成曲面哑铃轴的加工，既省时又不易出错，工件质量较好。

【知识储备】

一、自动编程的概念及特点

1. 自动编程的概念

由计算机完成程序编制中的大部分或全部工作的编程方法，称为自动编程。

在自动编程中，编程人员只需按零件图样的要求，将加工信息输入到计算机中，计算机在完成数值计算和后置处理后，编制出零件加工程序单，甚至自动制作穿孔纸带，或将加工程序直接以通信方式送入数控装置。所编制的加工程序还可通过计算机或自动绘图仪进行刀具运动轨迹的检查。

2. 自动编程的特点

由于自动编程是用计算机代替编程人员完成了烦琐的数值计算，并省去了书写程序单及制作穿孔纸带的工作量，因而自动编程可以大大减轻编程人员的劳动强度，将编程效率提高几十倍甚至上百倍，同时解决了手工编程无法解决的复杂零件的编程难题。自动编程是提高编程质量和效率的有效手段。因此，对于结构复杂或计算烦琐的零件，应采用自动编程。

二、自动编程系统的类型

目前，由世界各国研制的自动编程系统已有上百种。按照加工信息输入方式的不同，自动编程系统可分为语言式系统和 CAD/CAM 系统两类。

1. 语言式系统

早期的自动编程系统均为语言式系统。编程人员需将全部加工内容用数控语言编写好零件源程序，输入计算机，计算机接收源程序后，首先进行编译处理，再经过后置处理，输出可以直接用于数控机床的数控加工程序。由美国麻省理工学院在 1955 年研制成功的 APT 系统属于语言式系统。APT 是世界上出现最早、流传最广且影响最深的自动编程系统。APT 语言词汇丰富，定义的几何类型多，并配有多种后置处理程序，通用性好，应用广泛。许多自动编程系统都借助于 APT 的思想体系。

2. CAD/CAM 系统

采用数控语言编程虽比手工编程简化了许多，但仍需要编程人员编写源程序，仍比较费时。随着微型计算机技术和数控编程技术的发展，出现了可以直接将零件的几何图形转化为数控加工程序的 CAD/CAM 系统，如美国 CNC Software 公司开发的 Master CAM 系统。

在使用这种系统编程时，编程人员不需要编写数控源程序，只需要利用自动编程系统本身的 CAD 功能，以人机对话的方式，很方便地在显示器上勾画出复杂的零件图形，从而完成编程信息的输入。这种方式操作方便，容易学习，又可大大提高编程效率。对于一些功能强大的 CAD/CAM 系统，甚至还包括数据后置处理器，可自动生成数控加工源程序，并进行加工模拟，用来检验数控程序的正确性。

这种自动编程方法实现了 CAM 与 CAD 的高度结合，因此被纳入 CAD/CAM 技术，成为 CAD/CAM 系统中的数控模块。CAM 与 CAD、CAPP（计算机辅助工艺过程设计）、CAT（计算机辅助检验）的一体化，将是自动编程系统的发展方向。

【任务实施】

一、任务准备

1）准备相关教学资料，包括教材、教参、多媒体课件、视频文件等。

2）准备教学用辅具；选用 FANUC 0i 系统数控车床，计算机及 CAXA 软件。

二、曲面哑铃轴的自动加工

单击桌面左下角的“开始”→“程序”→“CAXA 数控车”来运行软件。运用 CAXA 数控车软件完成曲面哑铃轴的自动加工。

1. 加工造型

在“CAXA 数控车 2013”中完成曲面哑铃轴的加工造型（建模），如图 2-19 所示。

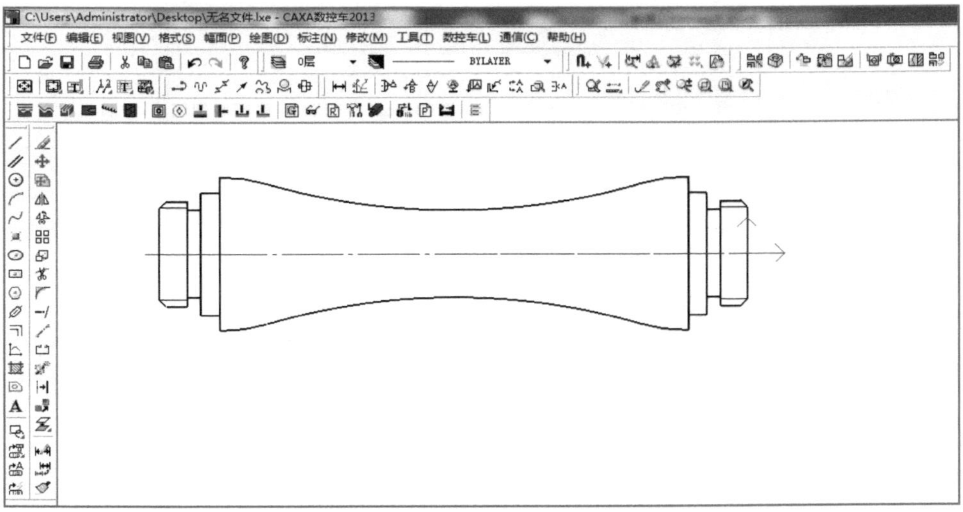

图 2-19　曲面哑铃轴的加工造型

2. 曲面哑铃轴右端外轮廓加工

（1）机床类型设置　单击按钮，弹出“机床类型设置”对话框，如图 2-20 所示。设置完成后单击 确定[O] 按钮保存。

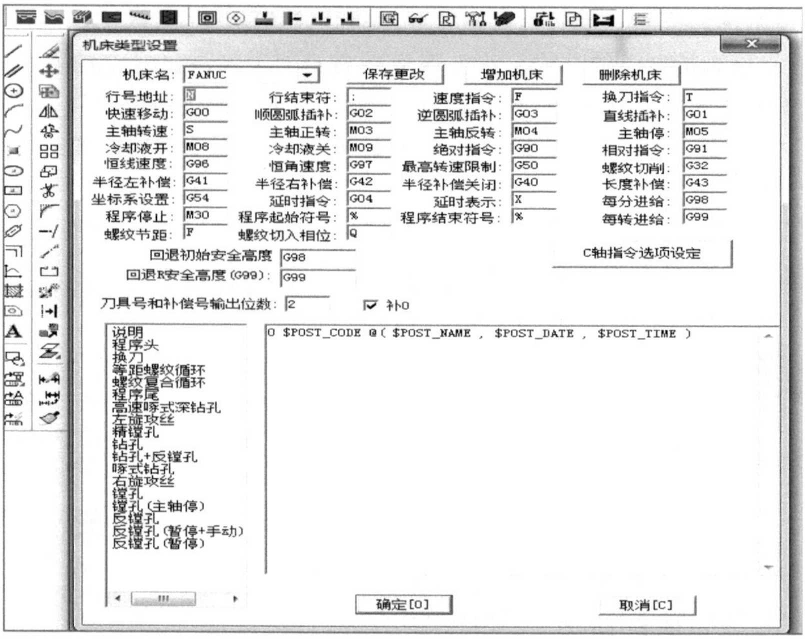

图 2-20　机床类型设置

（2）后置处理设置　单击按钮，弹出“后置处理设置”对话框，如图 2-21 所示。

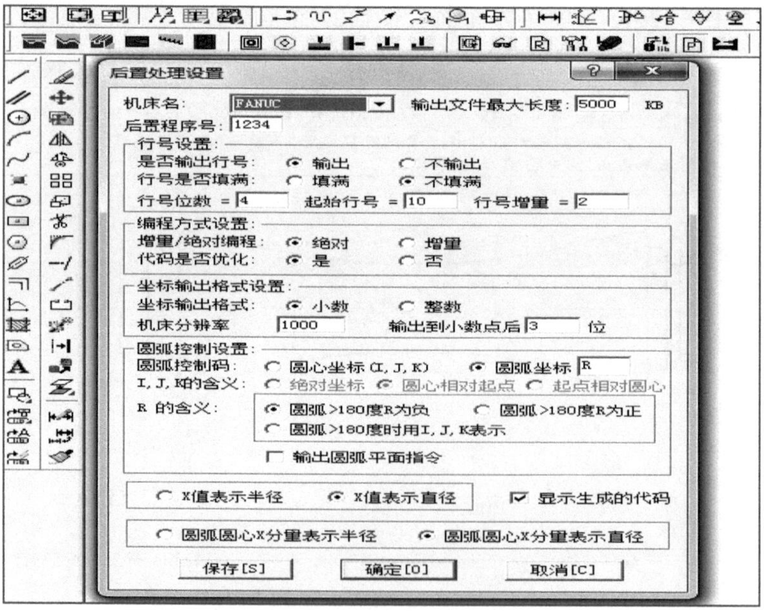

图 2-21　后置处理设置

设置完成后单击 确定[O] 按钮保存。

机床类型和后置处理设置完成后，按曲面哑铃轴的加工工艺依次对该工件各部分进行自动加工设置。

（3）右端外圆、螺纹外圆粗车加工

1）形成封闭加工区域，如图 2-22 所示。

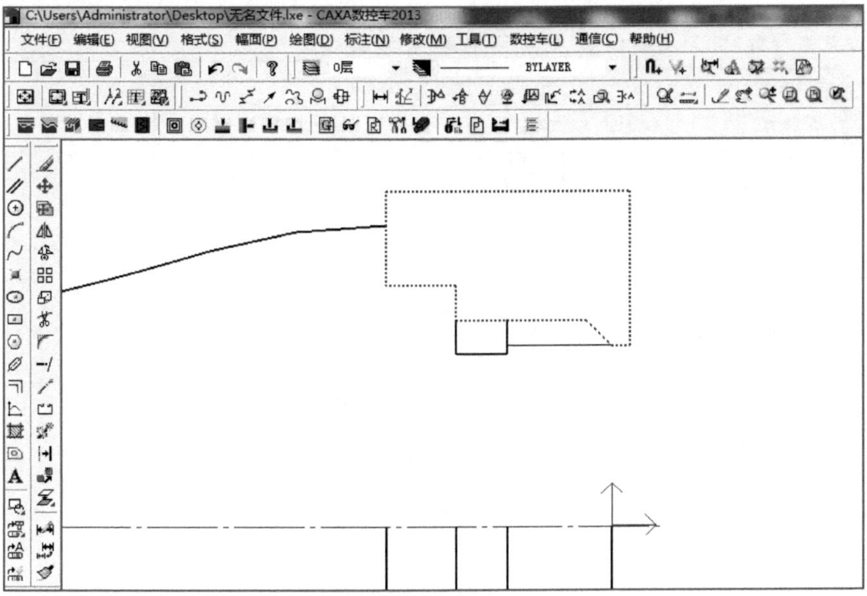

图 2-22　形成封闭加工区域

2）外轮廓粗车参数设置。单击“数控车”→“轮廓粗车”菜单，或单击按钮，弹出“粗车参数表”对话框，按图 2-23 进行参数设置。

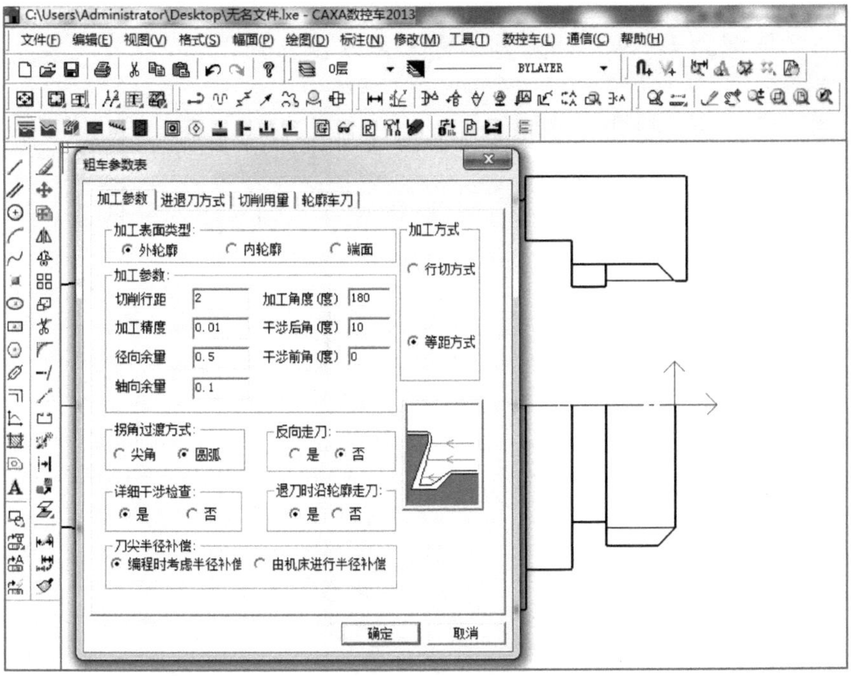

a) 加工参数设置

图 2-23　粗车参数设置

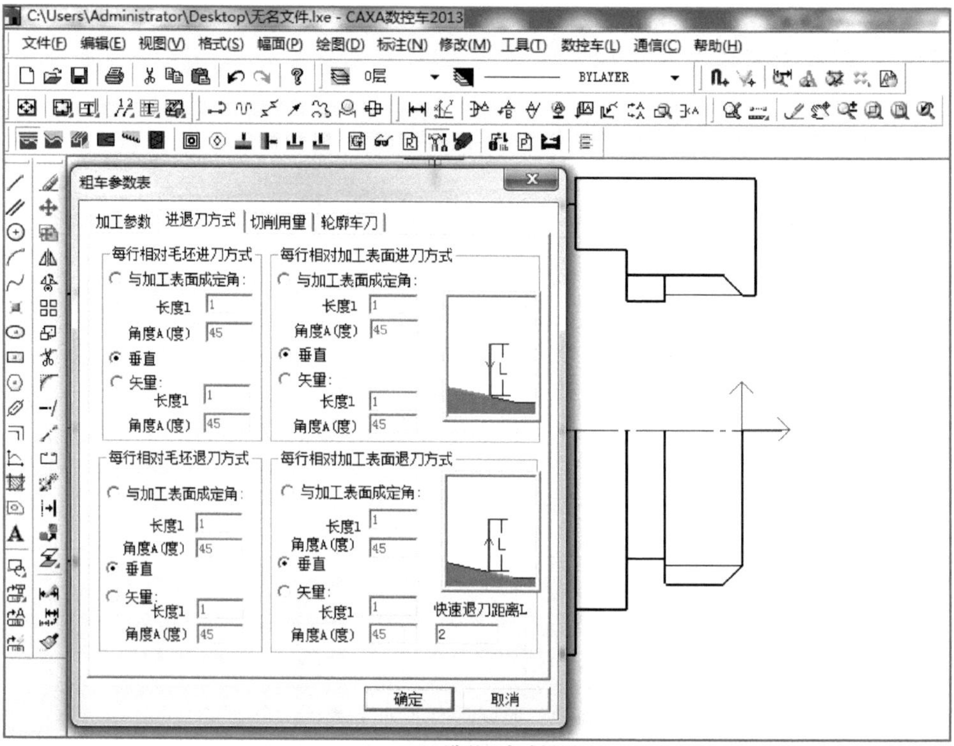

b) 进退刀方式设置

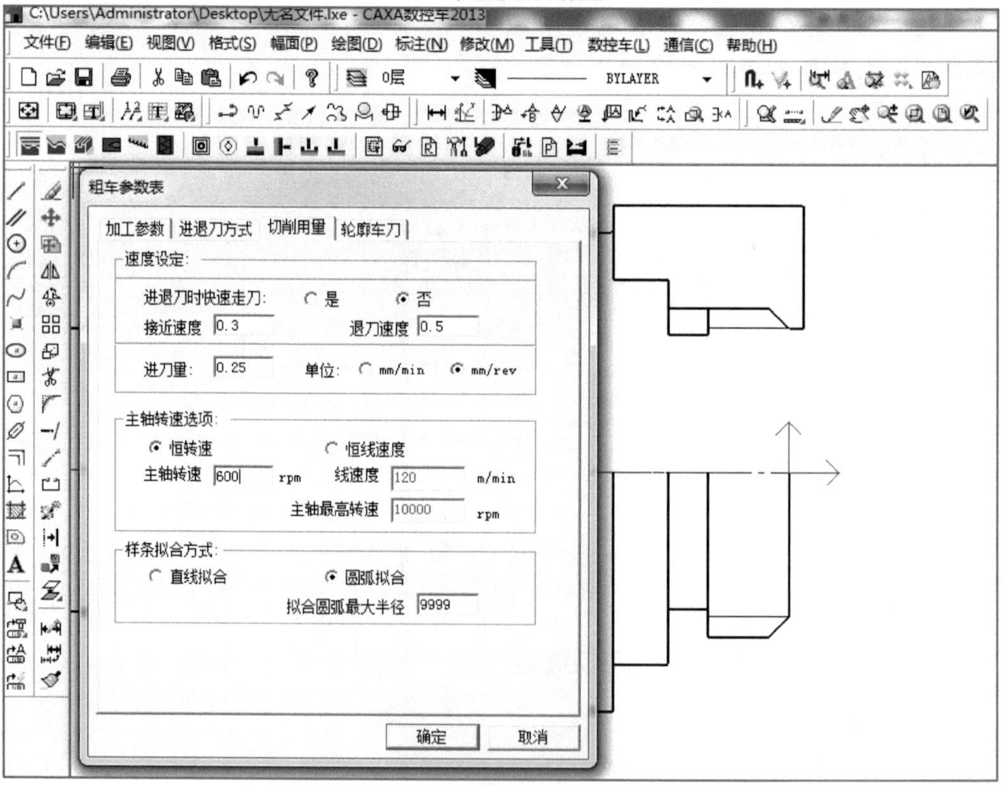

c) 切削用量设置

图 2-23　粗车参

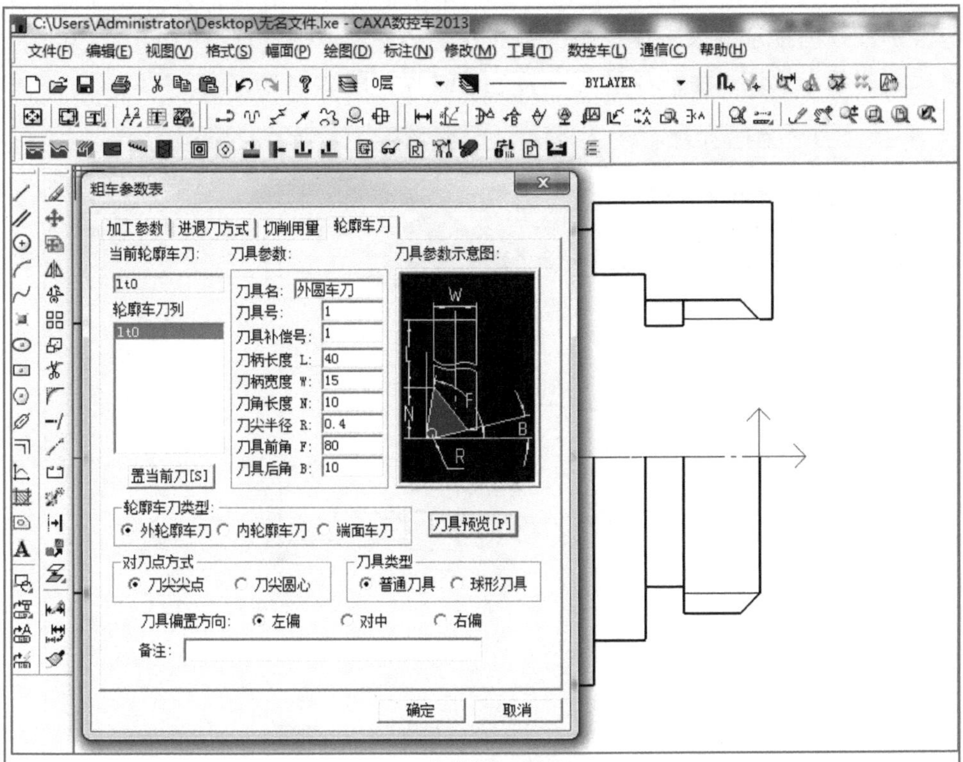

d) 轮廓车刀设置

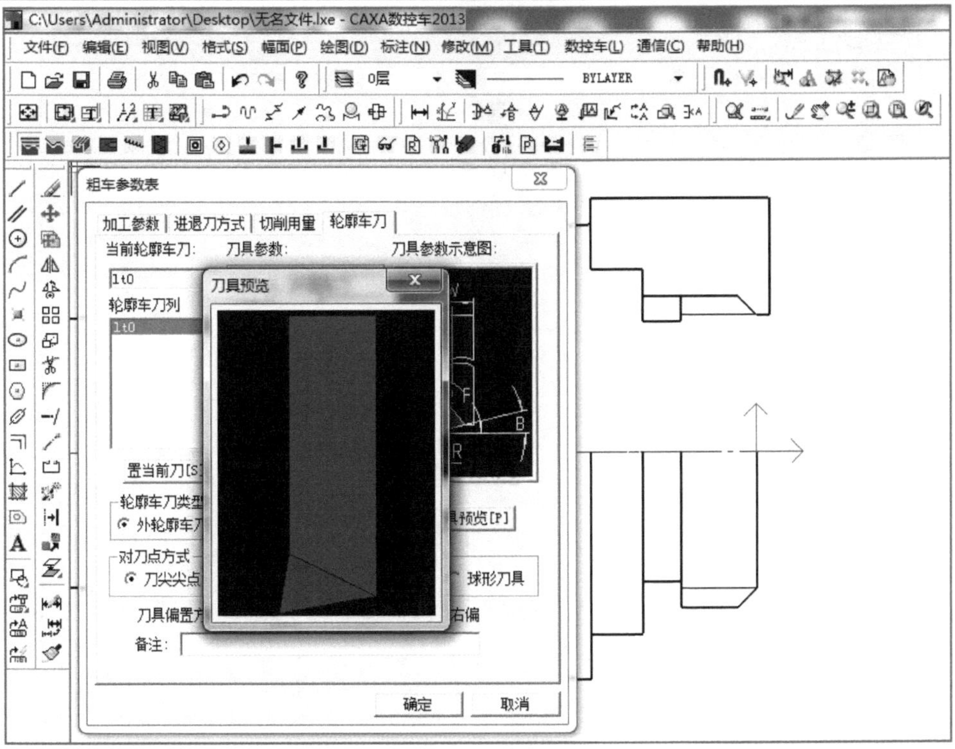

e) 刀具预览

数设置（续）

3）设置完成后，单击“确定”按钮，用“单个拾取”方式拾取被加工工件表面轮廓，单击鼠标右键，根据提示拾取毛坯轮廓，然后在毛坯外面单击，选择一点作为刀具的进退刀点，即生成轮廓粗车轨迹，生成轮廓粗车轨迹的过程如图 2-24 所示。

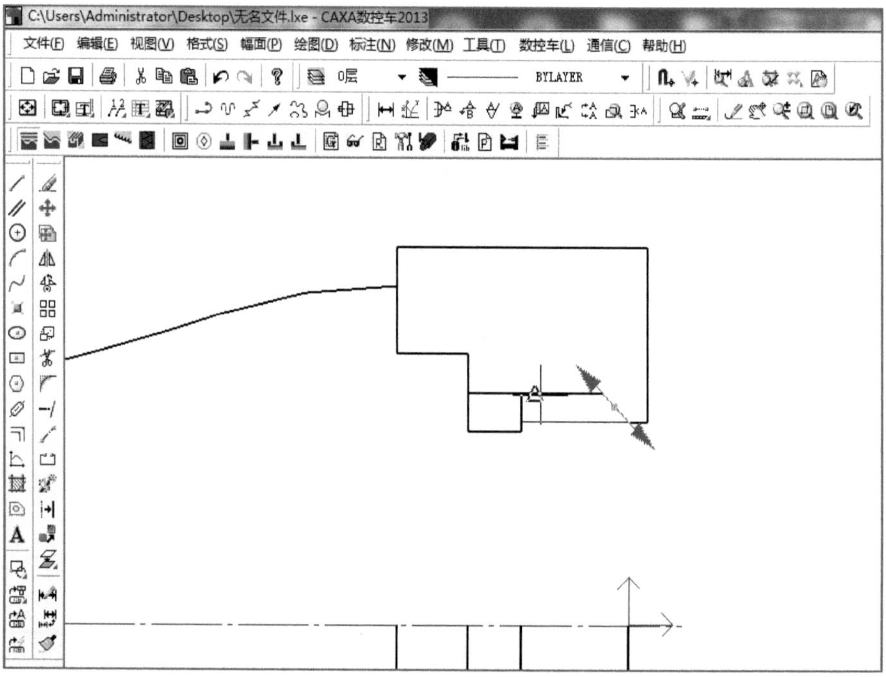

a) 拾取被加工工件表面轮廓方向选择

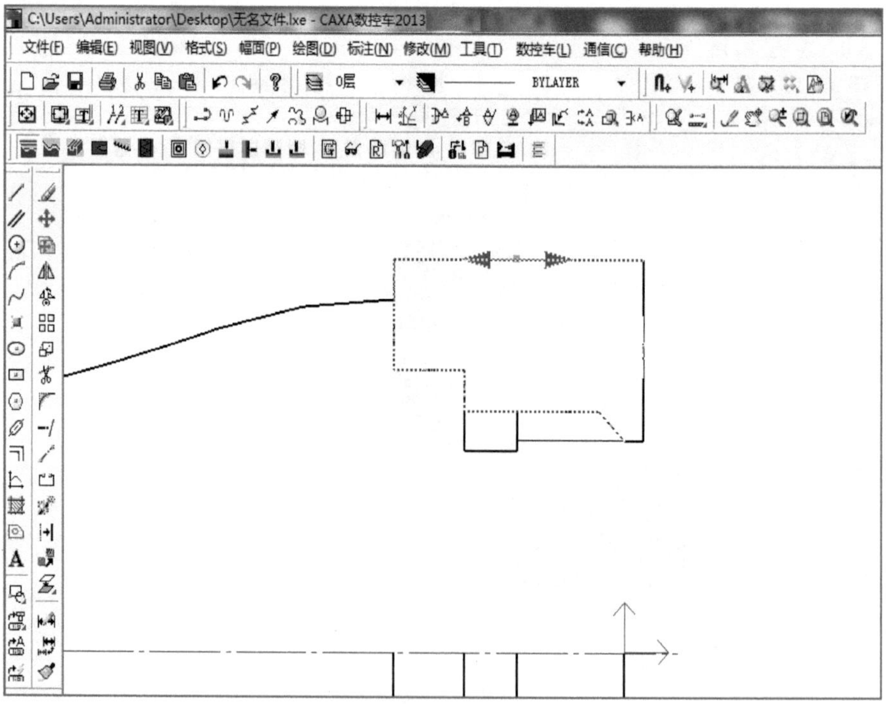

b) 拾取被加工工件表面轮廓

图 2-24　生成轮廓粗车轨迹的过程

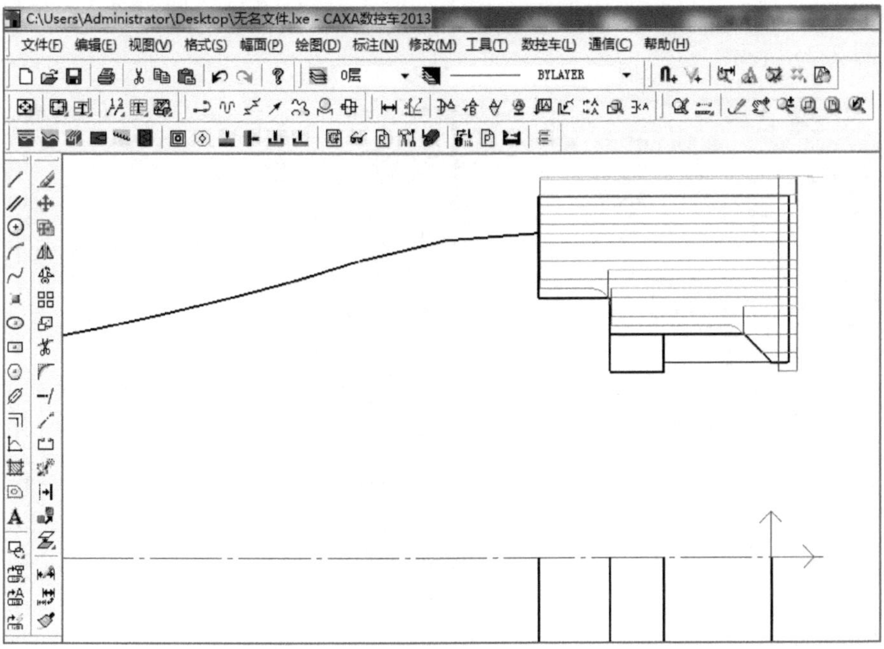

c) 生成轮廓粗车轨迹

图 2-24　生成轮廓粗车轨迹的过程（续）

提示：为便于后面的加工轨迹生成，可将生成的轨迹通过图层进行隐藏。

4）生成 NC 代码。单击“数控车”→“代码生成”菜单，或单击按钮，弹出“生成后置代码”对话框，输入文件名，选择好存放文件的目录，如图 2-25 所示。

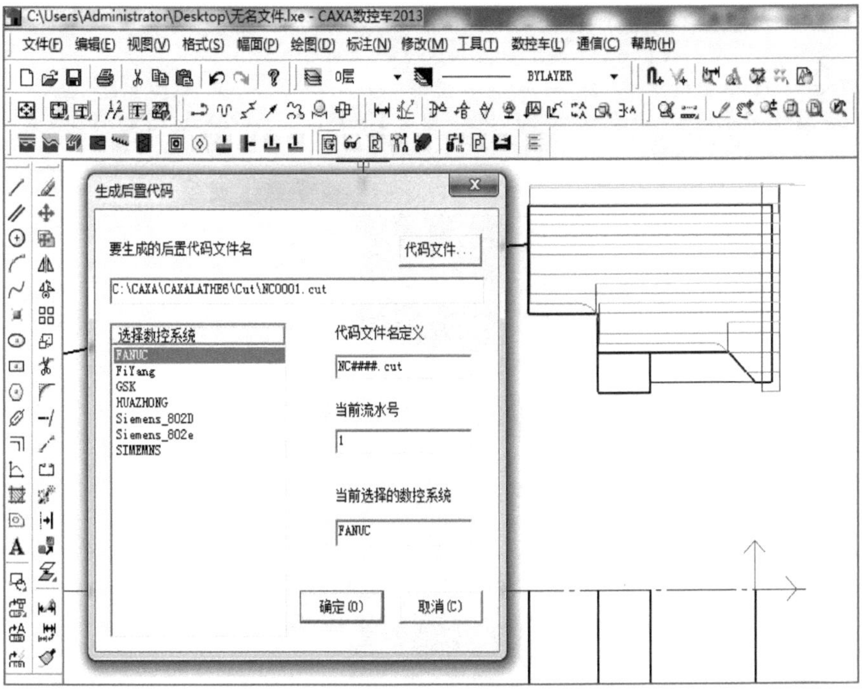

图 2-25　后置代码数控系统的选择

按照加工工艺顺序，选择“轮廓粗车轨迹”，单击鼠标右键，即生成NC代码（粗加工程序），如图2-26所示。

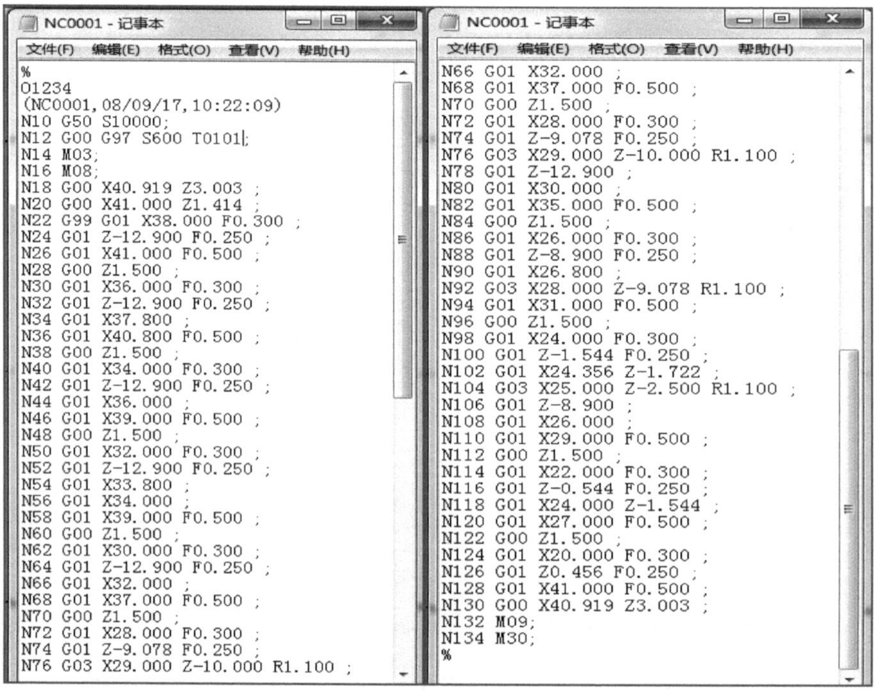
NC0001 - 记事本

文件(F) 编辑(E) 格式(O) 查看(V) 帮助(H)

```
%
O1234
(NC0001,08/09/17,10:22:09)
N10 G50 S10000;
N12 G00 G97 S600 T0101;
N14 M03;
N16 M08;
N18 G00 X40.919 Z3.003 ;
N20 G00 X41.000 Z1.414 ;
N22 G99 G01 X38.000 F0.300 ;
N24 G01 Z-12.900 F0.250 ;
N26 G01 X41.000 F0.500 ;
N28 G00 Z1.500 ;
N30 G01 X36.000 F0.300 ;
N32 G01 Z-12.900 F0.250 ;
N34 G01 X37.800 ;
N36 G01 X40.800 F0.500 ;
N38 G00 Z1.500 ;
N40 G01 X34.000 F0.300 ;
N42 G01 Z-12.900 F0.250 ;
N44 G01 X36.000 ;
N46 G01 X39.000 F0.500 ;
N48 G00 Z1.500 ;
N50 G01 X32.000 F0.300 ;
N52 G01 Z-12.900 F0.250 ;
N54 G01 X33.800 ;
N56 G01 X34.000 ;
N58 G01 X39.000 F0.500 ;
N60 G00 Z1.500 ;
N62 G01 X30.000 F0.300 ;
N64 G01 Z-12.900 F0.250 ;
N66 G01 X32.000 ;
N68 G01 X37.000 F0.500 ;
N70 G00 Z1.500 ;
N72 G01 X28.000 F0.300 ;
N74 G01 Z-9.078 F0.250 ;
N76 G03 X29.000 Z-10.000 R1.100 ;
```

NC0001 - 记事本

文件(F) 编辑(E) 格式(O) 查看(V) 帮助(H)

```
N66 G01 X32.000 ;
N68 G01 X37.000 F0.500 ;
N70 G00 Z1.500 ;
N72 G01 X28.000 F0.300 ;
N74 G01 Z-9.078 F0.250 ;
N76 G03 X29.000 Z-10.000 R1.100 ;
N78 G01 Z-12.900 ;
N80 G01 X30.000 ;
N82 G01 X35.000 F0.500 ;
N84 G00 Z1.500 ;
N86 G01 X26.000 F0.300 ;
N88 G01 Z-8.900 F0.250 ;
N90 G01 X26.800 ;
N92 G03 X28.000 Z-9.078 R1.100 ;
N94 G01 X31.000 F0.500 ;
N96 G00 Z1.500 ;
N98 G01 X24.000 F0.300 ;
N100 G01 Z-1.544 F0.250 ;
N102 G01 X24.356 Z-1.722 ;
N104 G03 X25.000 Z-2.500 R1.100 ;
N106 G01 Z-8.900 ;
N108 G01 X26.000 ;
N110 G01 X29.000 F0.500 ;
N112 G00 Z1.500 ;
N114 G01 X22.000 F0.300 ;
N116 G01 Z-0.544 F0.250 ;
N118 G01 X24.000 Z-1.544 ;
N120 G01 X27.000 F0.500 ;
N122 G00 Z1.500 ;
N124 G01 X20.000 F0.300 ;
N126 G01 Z0.456 F0.250 ;
N128 G01 X41.000 F0.500 ;
N130 G00 X40.919 Z3.003 ;
N132 M09;
N134 M30;
%
```

图2-26　生成轮廓粗加工后置文件

5）粗车轨迹仿真加工如图2-27所示。单击“数控车”→“轨迹仿真”菜单，可指定仿

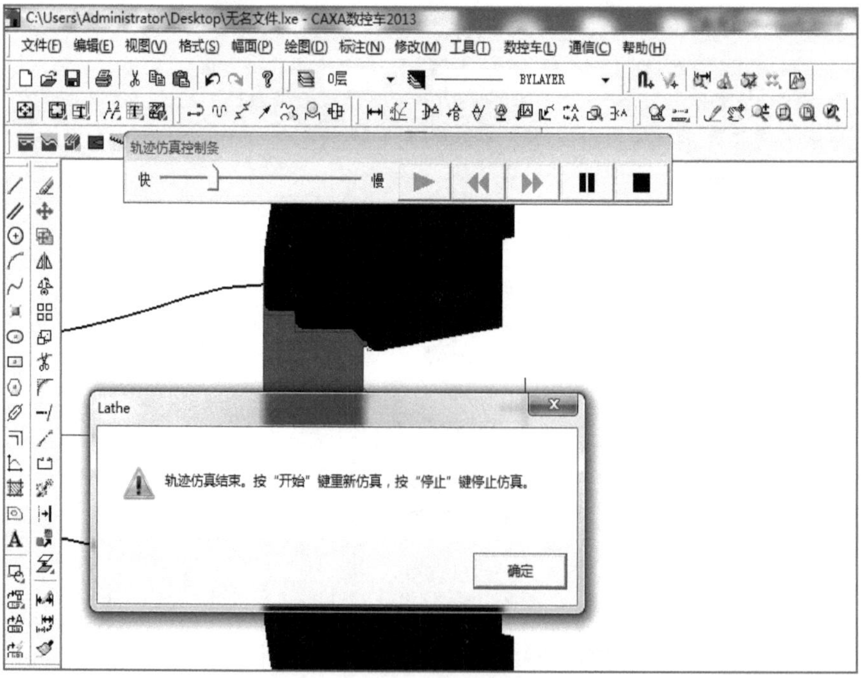

图2-27　粗车轨迹仿真加工

真的类型和仿真的步长。拾取要仿真的加工轨迹，此时可使用系统提供的选择拾取工具。在结束拾取前，仍可修改仿真的类型和仿真的步长。单击鼠标右键结束拾取，系统弹出“轨迹仿真控制条”，单击按钮开始仿真。仿真过程中可单击按钮暂停仿真，单击按钮仿真下一步，单击按钮仿真上一步，单击按钮终止仿真。仿真结束后，可以单击按钮重新仿真，或者单击按钮终止仿真。

（4）右端外圆精车加工

1）形成封闭加工区域，如图 2-28 所示。

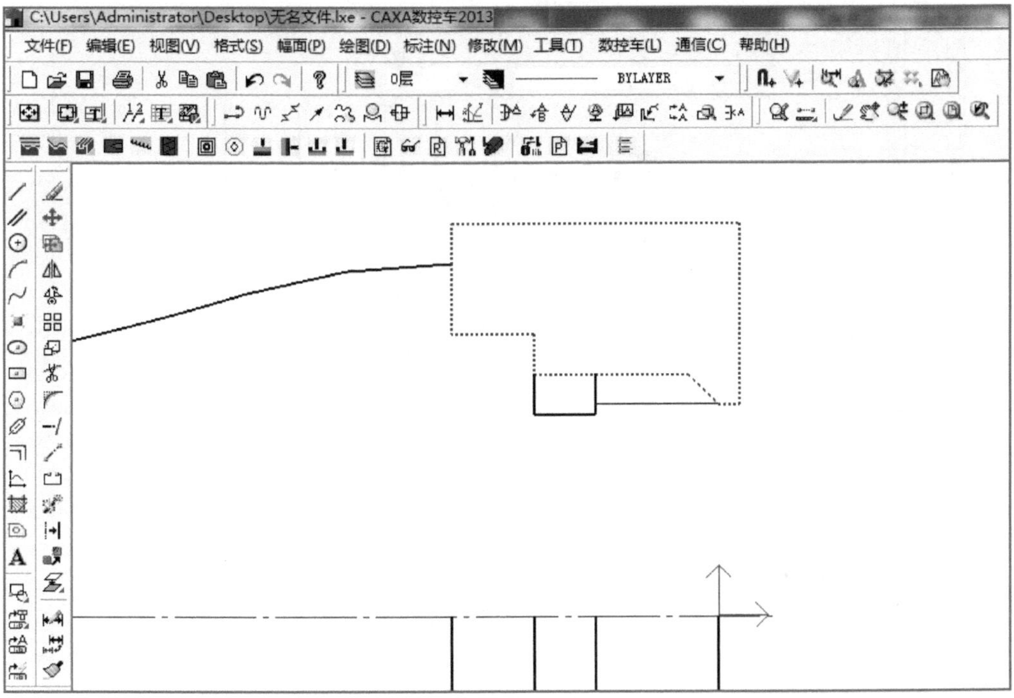

图 2-28　精车加工区域

2）精车参数设置。单击“数控车”→“轮廓精车”菜单，或单击按钮，弹出“精车参数表”对话框，按图 2-29 进行参数设置。

3）设置完成后，单击“确定”按钮，用“单个拾取”方式拾取被加工工件表面轮廓，单击鼠标右键，根据提示拾取精加工区域（图 2-30），然后在毛坯外面单击，选择一点作为刀具的进退刀点，即生成轮廓精车轨迹，如图 2-31 所示。

4）自动生成精加工程序，如图 2-32 所示。

5）精车轨迹仿真加工如图 2-33 所示。

3. 曲面哑铃轴右端切槽加工

1）切槽参数设置。单击“数控车”→“切槽”菜单，或单击按钮，弹出“切槽参数表”对话框，按图 2-34 进行参数设置。

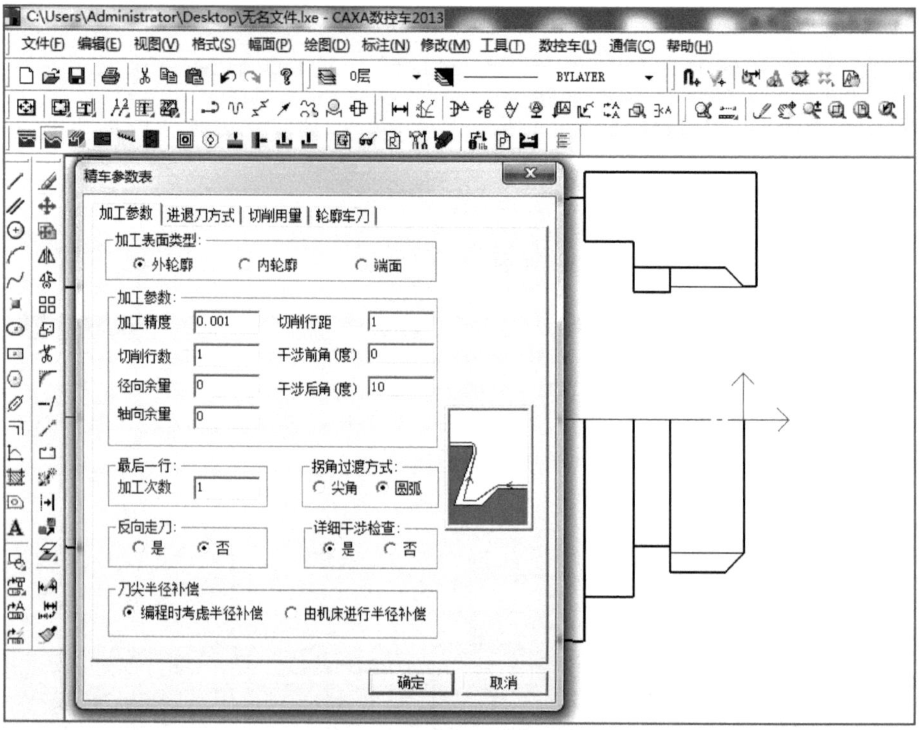

a) 加工参数设置

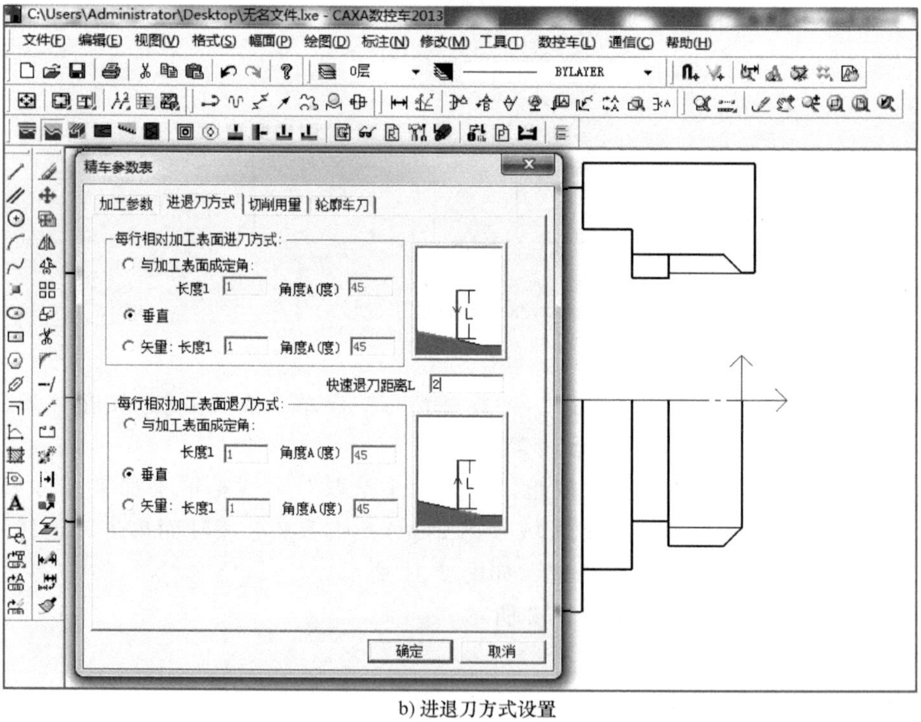

b) 进退刀方式设置

图 2-29 精车参

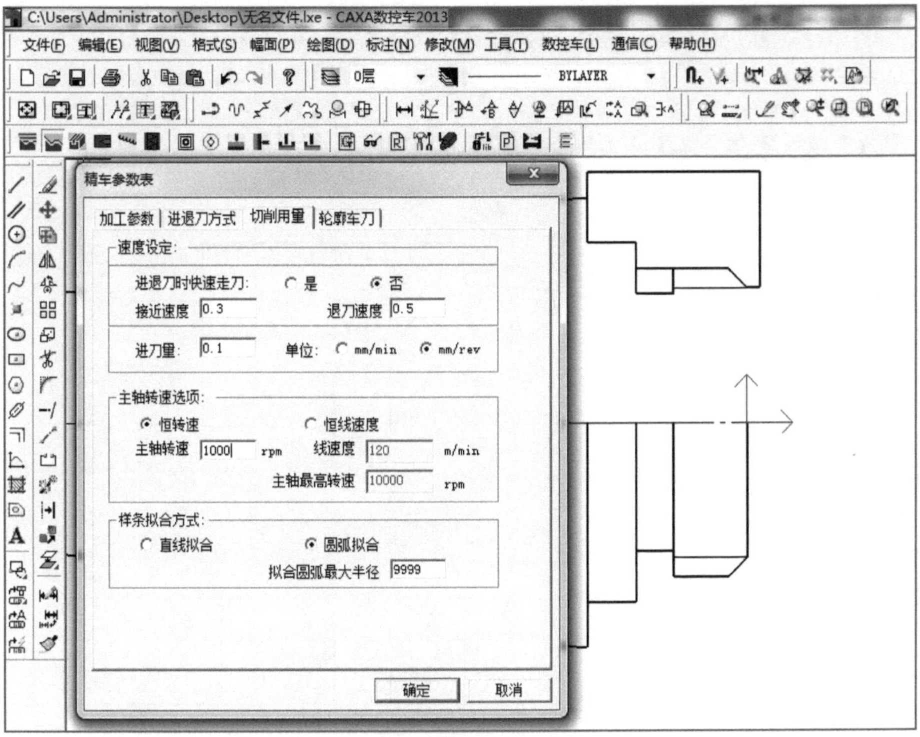

c) 切削用量设置

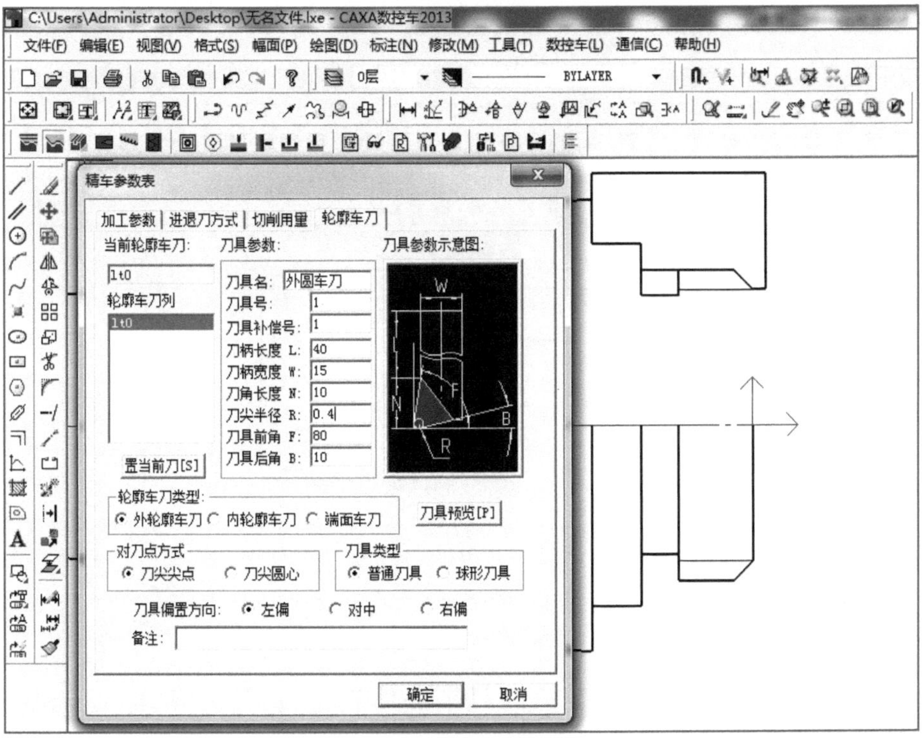

d) 轮廓车刀设置

数设置（续）

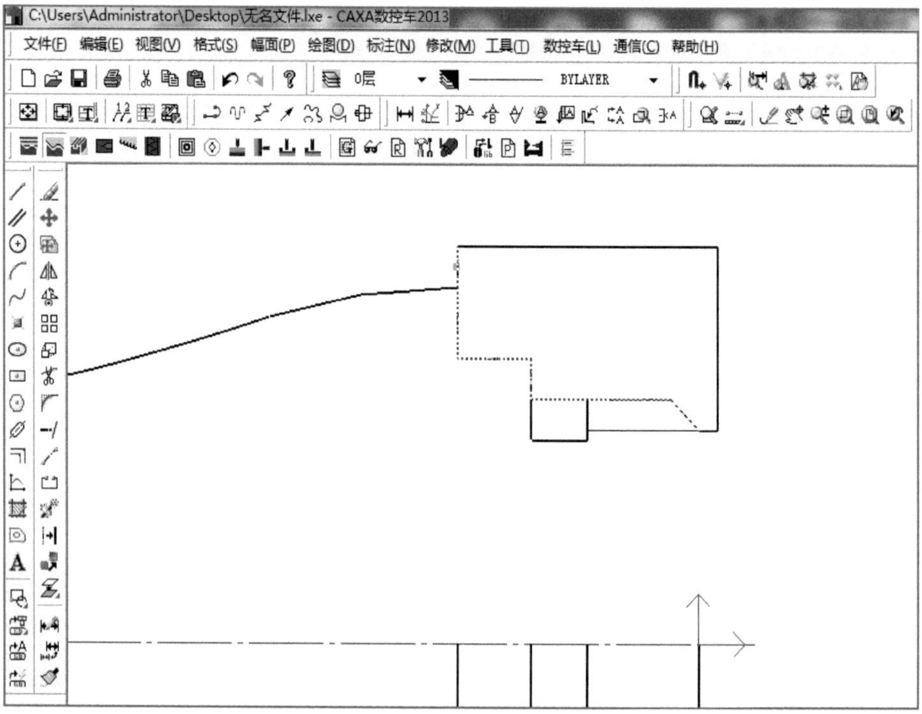

图 2-30 精加工区域

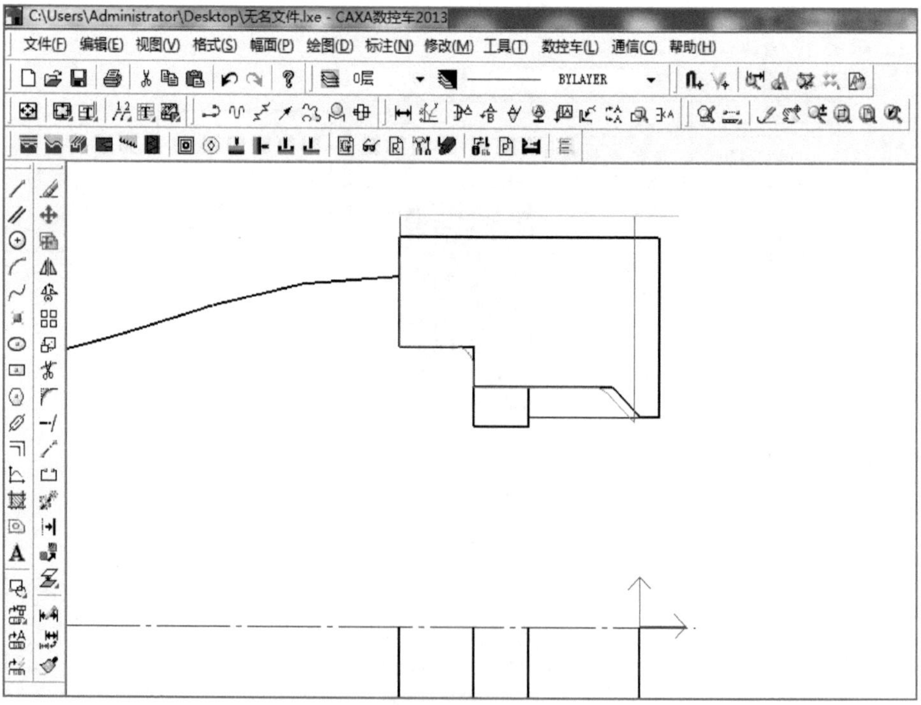

图 2-31 生成轮廓精车轨迹

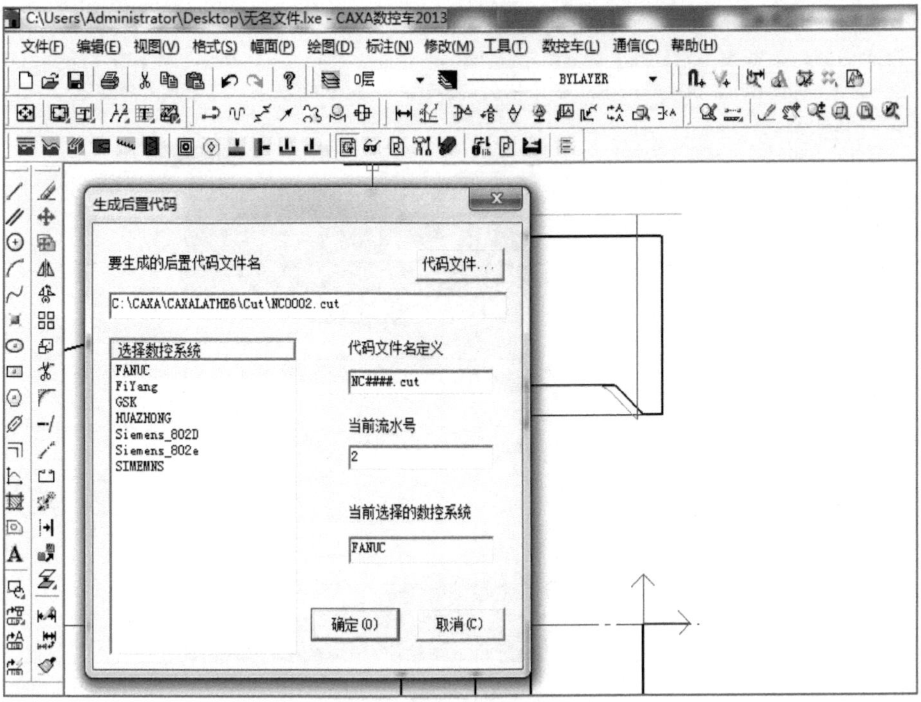

a) 数控系统的选择

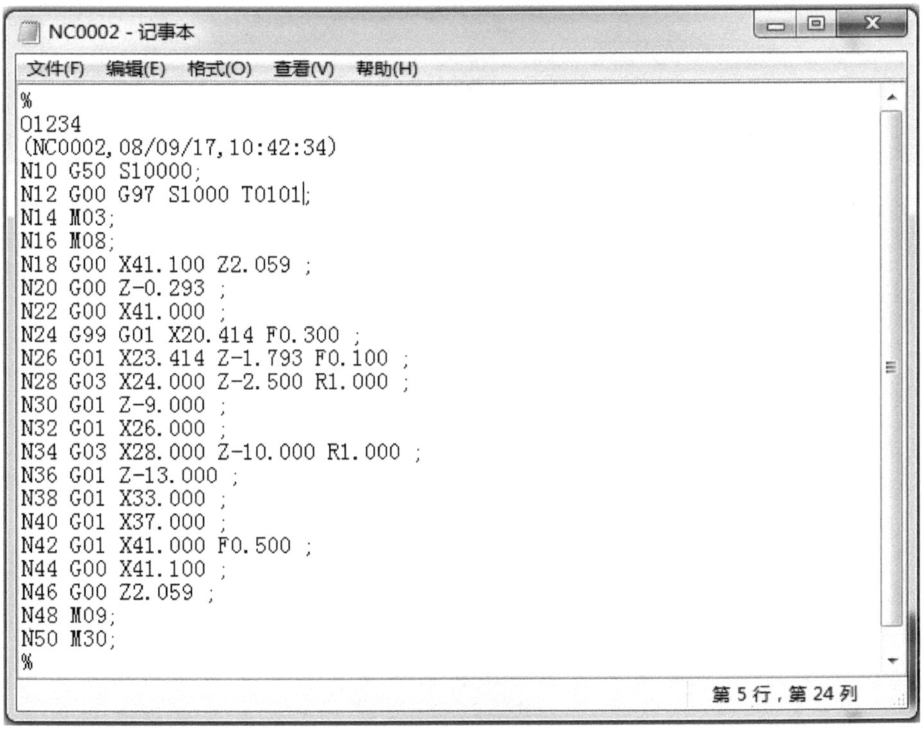

NC0002 - 记事本

文件(F) 编辑(E) 格式(O) 查看(V) 帮助(H)

```
%
O1234
(NC0002,08/09/17,10:42:34)
N10 G50 S10000;
N12 G00 G97 S1000 T0101;
N14 M03;
N16 M08;
N18 G00 X41.100 Z2.059 ;
N20 G00 Z-0.293 ;
N22 G00 X41.000 ;
N24 G99 G01 X20.414 F0.300 ;
N26 G01 X23.414 Z-1.793 F0.100 ;
N28 G03 X24.000 Z-2.500 R1.000 ;
N30 G01 Z-9.000 ;
N32 G01 X26.000 ;
N34 G03 X28.000 Z-10.000 R1.000 ;
N36 G01 Z-13.000 ;
N38 G01 X33.000 ;
N40 G01 X37.000 ;
N42 G01 X41.000 F0.500 ;
N44 G00 X41.100 ;
N46 G00 Z2.059 ;
N48 M09;
N50 M30;
%
```

第 5 行，第 24 列

b) 精加工程序

图 2-32　生成轮廓精加工后置文件

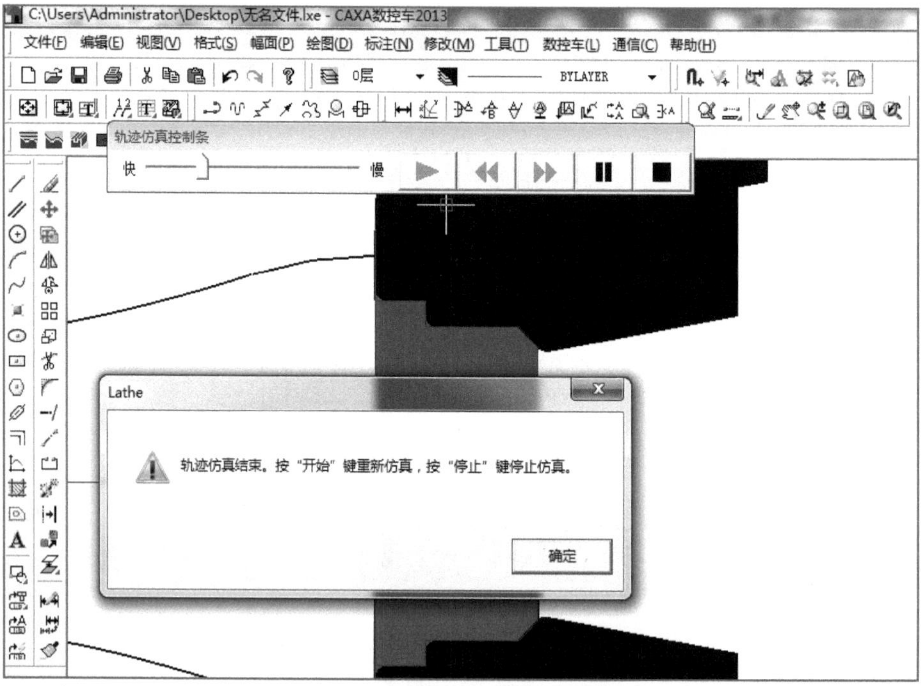

图 2-33 精车轨迹仿真加工

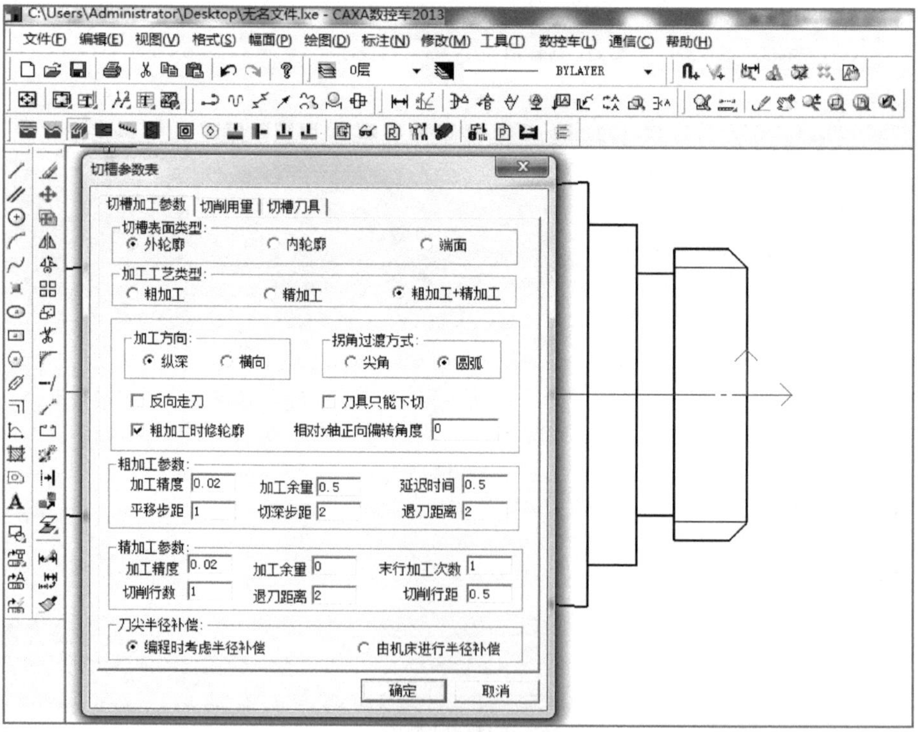

a) 切槽加工参数设置

图 2-34 切槽参数设置

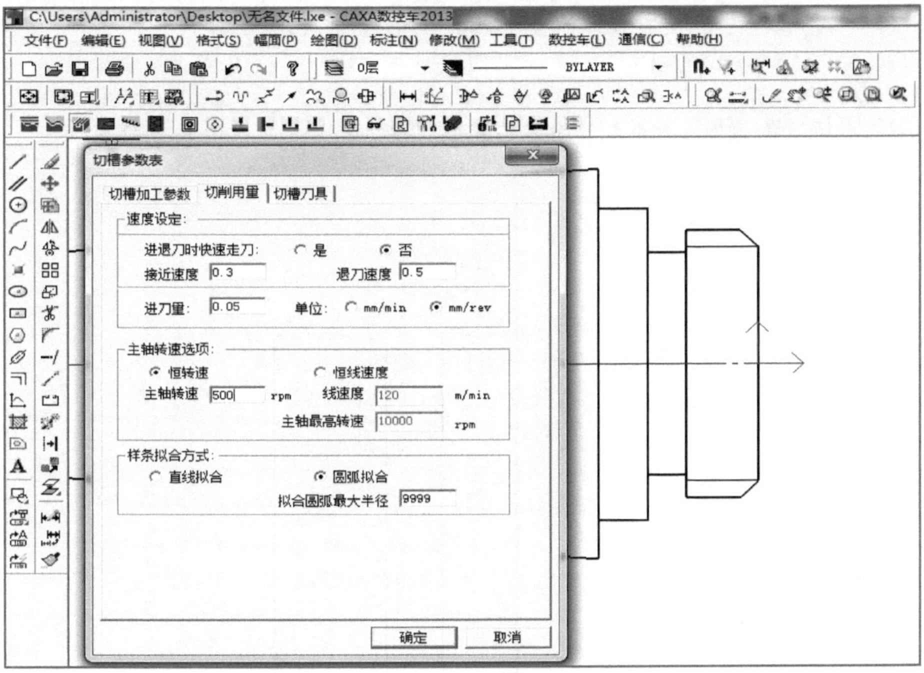

b) 切削用量设置

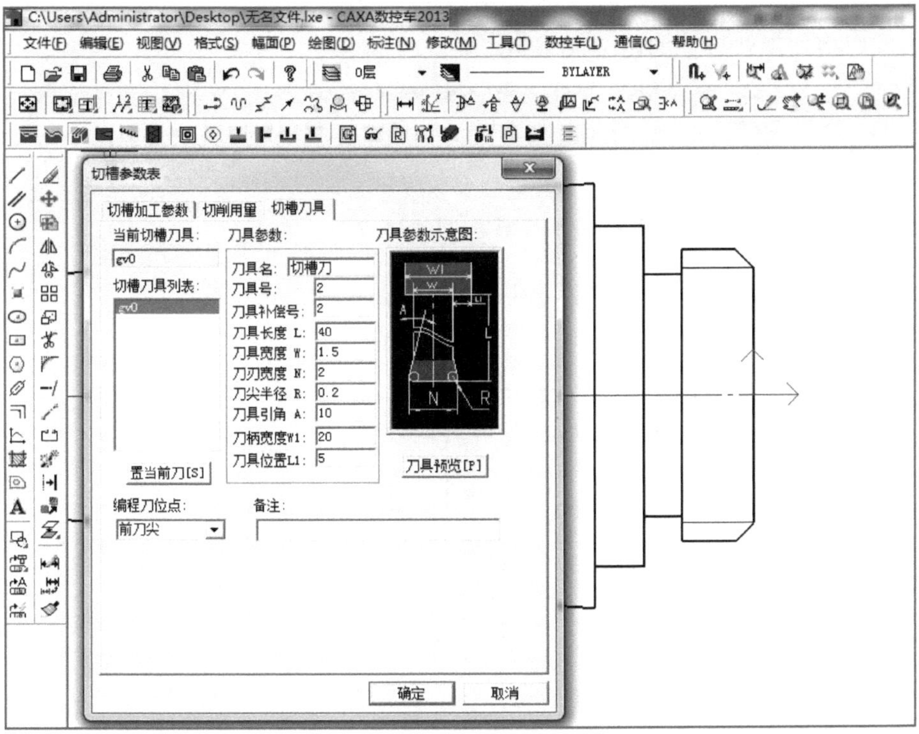

c) 切槽刀具设置

图 2-34　切槽参数设置（续）

2）拾取粗、精车切槽加工区域，如图 2-35 所示。

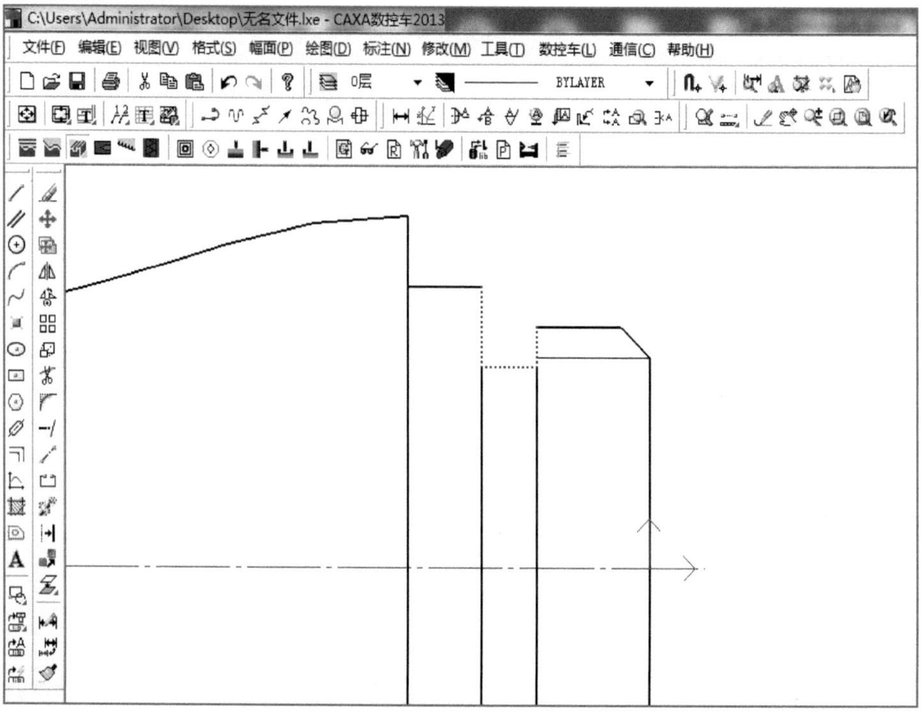

图 2-35　拾取粗精车切槽加工区域

3）生成切槽加工轨迹，如图 2-36 所示。

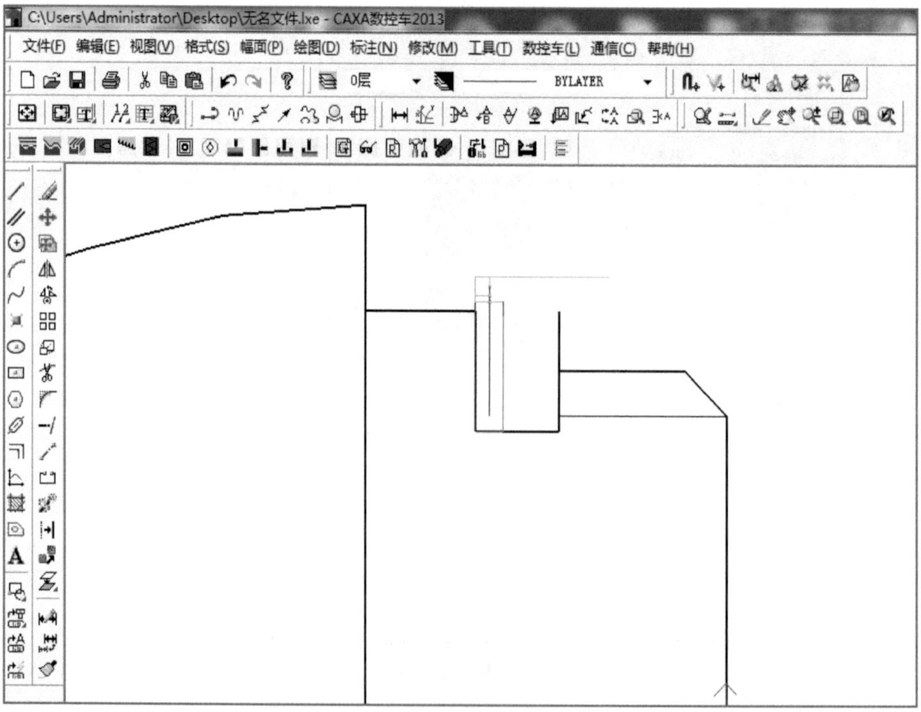

图 2-36　切槽加工轨迹

4）生成 NC 代码（后置文件）。单击“数控车”→“代码生成”菜单，或单击按钮，弹出“生成后置代码”对话框，输入文件名，选择好存放文件的目录，如图 2-37 所示。

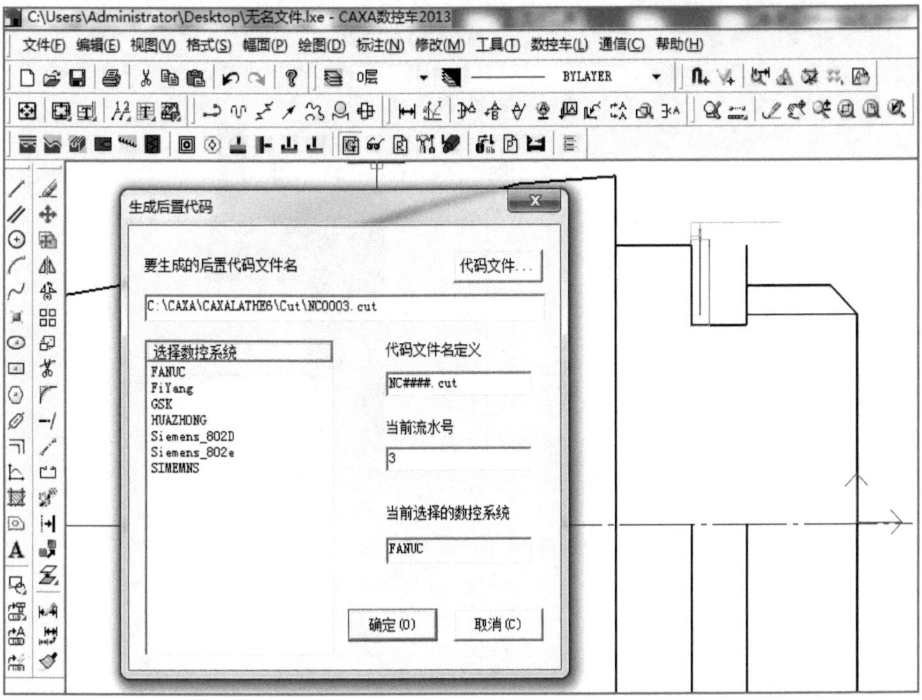

图 2-37 后置代码数控系统的选择

然后按照加工工艺顺序，选择“槽轨迹”，单击鼠标右键，即生成 NC 代码（切槽加工程序），如图 2-38 所示。

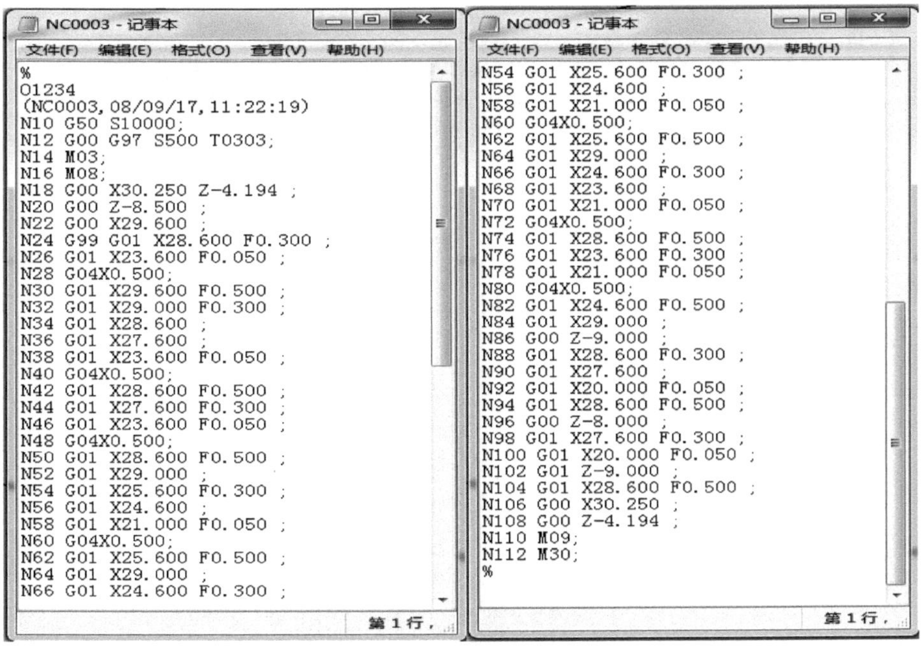


```
%
O1234
(NC0003,08/09/17,11:22:19)
N10 G50 S10000;
N12 G00 G97 S500 T0303;
N14 M03;
N16 M08;
N18 G00 X30.250 Z-4.194 ;
N20 G00 Z-8.500 ;
N22 G00 X29.600 ;
N24 G99 G01 X28.600 F0.300 ;
N26 G01 X23.600 F0.050 ;
N28 G04X0.500;
N30 G01 X29.600 F0.500 ;
N32 G01 X29.000 F0.300 ;
N34 G01 X28.600 ;
N36 G01 X27.600 ;
N38 G01 X23.600 F0.050 ;
N40 G04X0.500;
N42 G01 X28.600 F0.500 ;
N44 G01 X27.600 F0.300 ;
N46 G01 X23.600 F0.050 ;
N48 G04X0.500;
N50 G01 X28.600 F0.500 ;
N52 G01 X29.000 ;
N54 G01 X25.600 F0.300 ;
N56 G01 X24.600 ;
N58 G01 X21.000 F0.050 ;
N60 G04X0.500;
N62 G01 X25.600 F0.500 ;
N64 G01 X29.000 ;
N66 G01 X24.600 F0.300 ;
```

```
N54 G01 X25.600 F0.300 ;
N56 G01 X24.600 ;
N58 G01 X21.000 F0.050 ;
N60 G04X0.500;
N62 G01 X25.600 F0.500 ;
N64 G01 X29.000 ;
N66 G01 X24.600 F0.300 ;
N68 G01 X23.600 ;
N70 G01 X21.000 F0.050 ;
N72 G04X0.500;
N74 G01 X28.600 F0.500 ;
N76 G01 X23.600 F0.300 ;
N78 G01 X21.000 F0.050 ;
N80 G04X0.500;
N82 G01 X24.600 F0.500 ;
N84 G01 X29.000 ;
N86 G00 Z-9.000 ;
N88 G01 X28.600 F0.300 ;
N90 G01 X27.600 ;
N92 G01 X20.000 F0.050 ;
N94 G01 X28.600 F0.500 ;
N96 G00 Z-8.000 ;
N98 G01 X27.600 F0.300 ;
N100 G01 X20.000 F0.050 ;
N102 G01 Z-9.000 ;
N104 G01 X28.600 F0.500 ;
N106 G00 X30.250 ;
N108 G00 Z-4.194 ;
N110 M09;
N112 M30;
%
```

图 2-38 生成切槽加工后置文件

5）切槽轨迹仿真加工如图 2-39 所示。

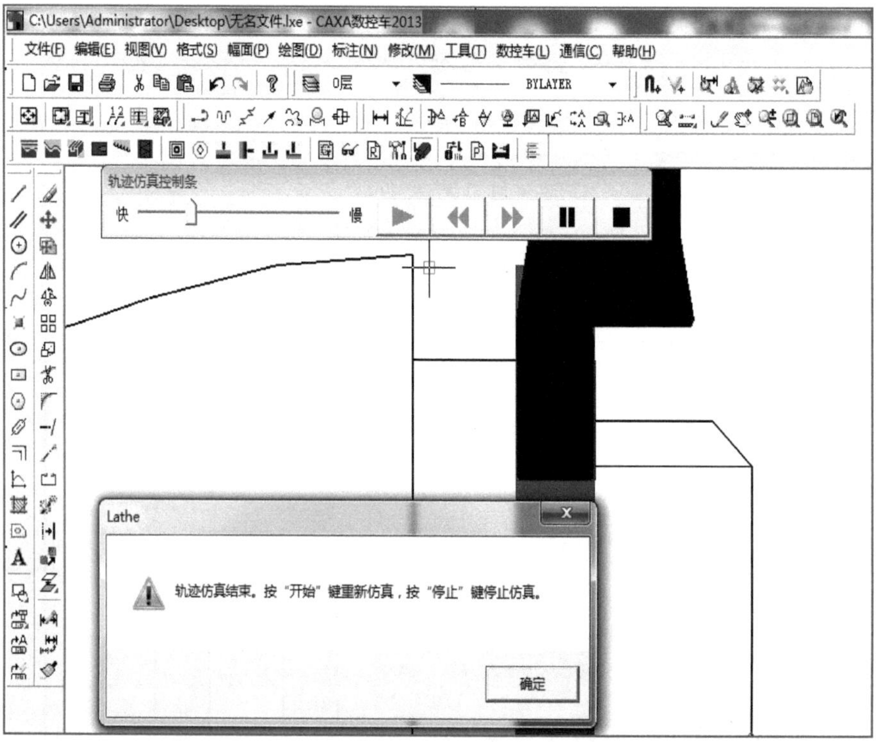

图 2-39　切槽轨迹仿真加工

4. **曲面哑铃轴右端螺纹粗、精车加工**

1）在工件右端螺纹区域拾取螺纹起始点，如图 2-40 所示。

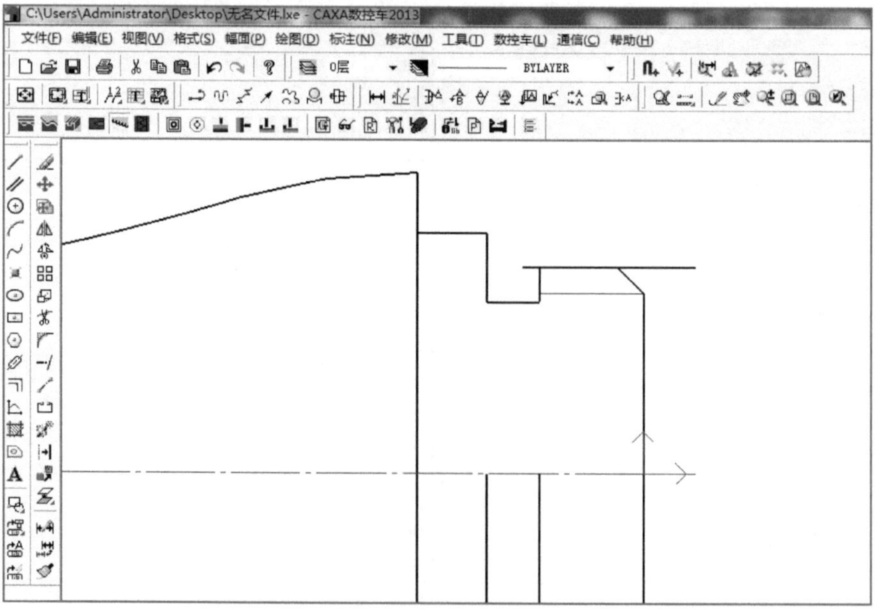

图 2-40　螺纹起始点的拾取

2）螺纹参数设置。单击“数控车”→“车螺纹”菜单，或单击 按钮，按提示拾取螺纹起始点和螺纹终点，弹出“螺纹参数表”对话框，按图 2-41 进行参数设置。

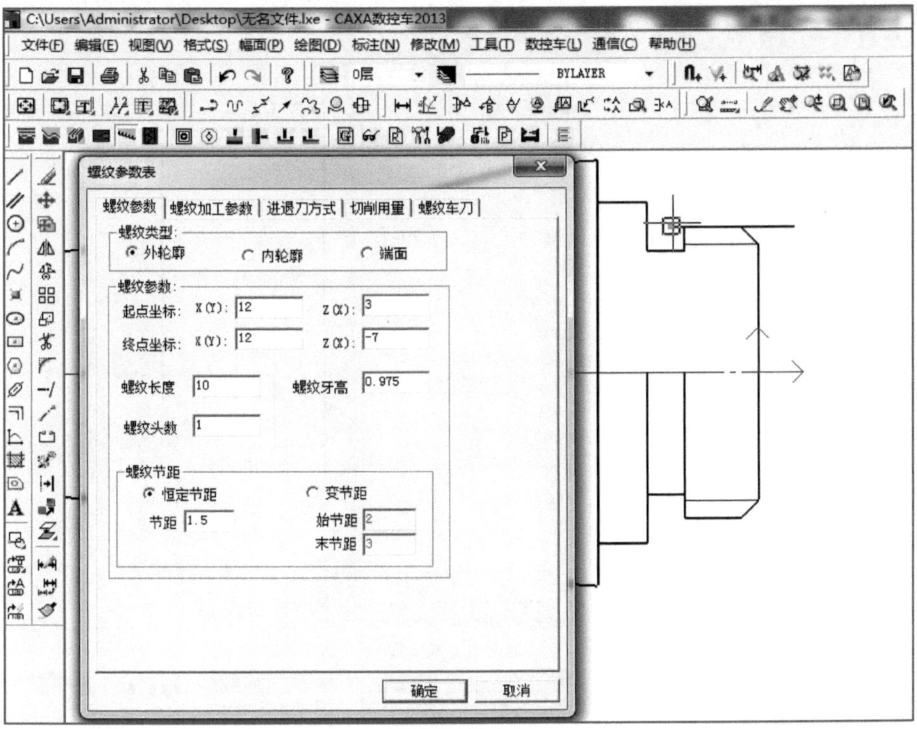

a) 螺纹参数设置

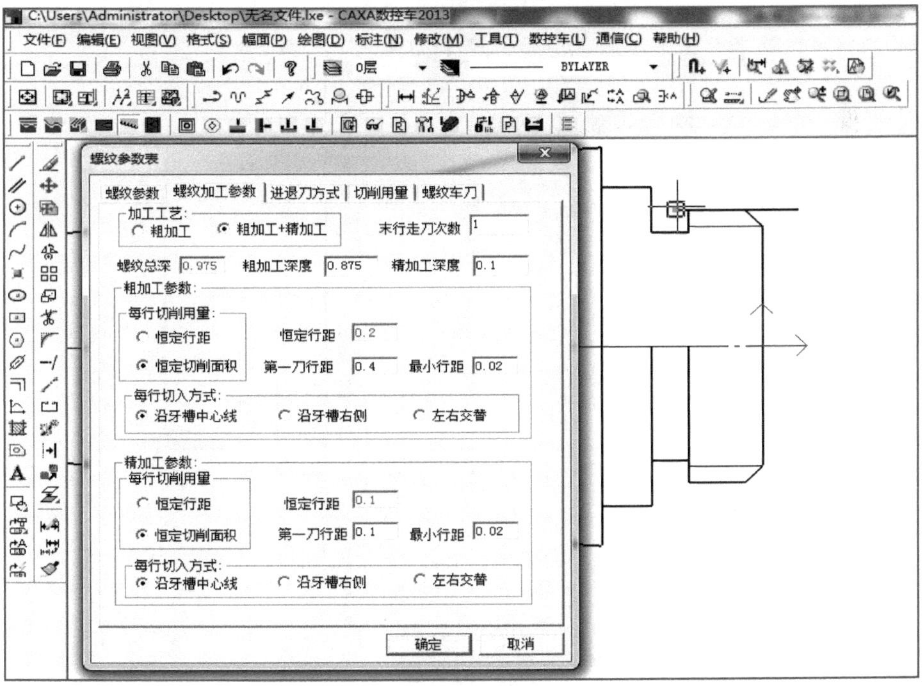

b) 螺纹加工参数设置

图 2-41　螺纹参数设置

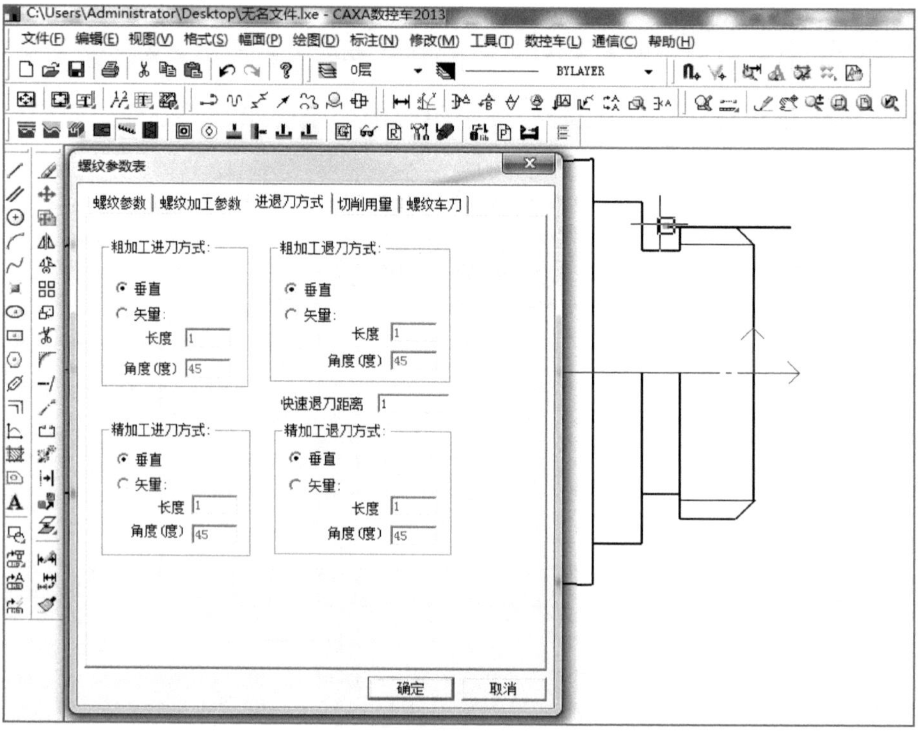

c) 进退刀方式设置

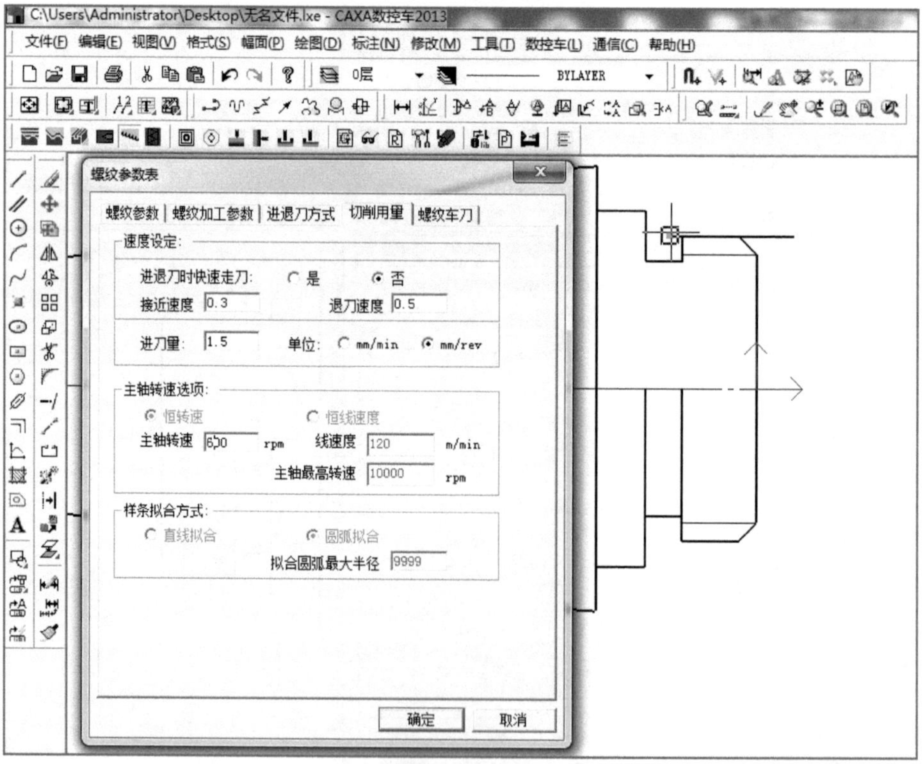

d) 切削用量设置

图 2-41 螺纹参数设置（续）

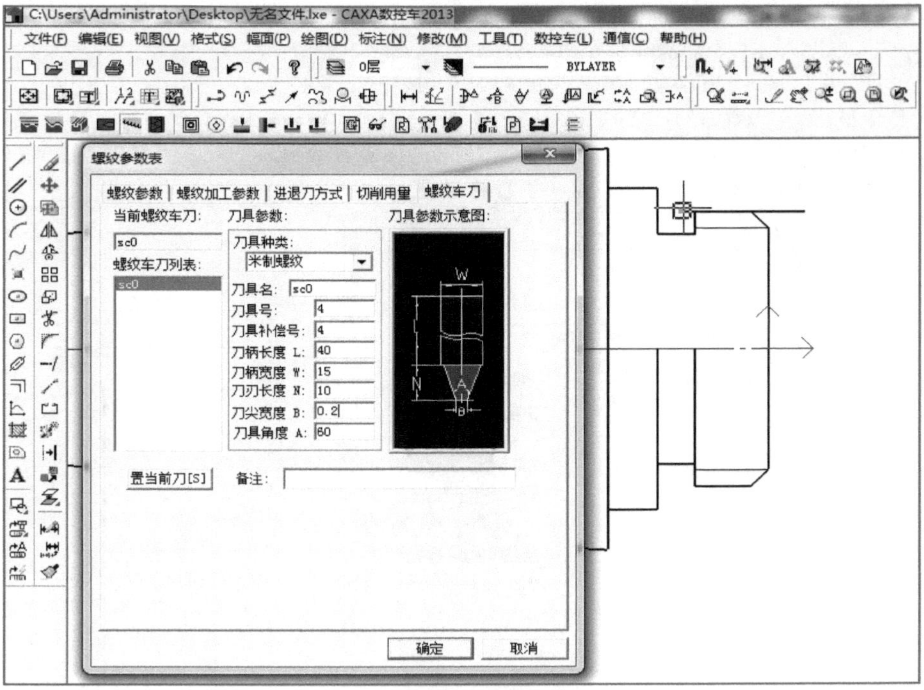

e) 螺纹车刀设置

图 2-41　螺纹参数设置（续）

3）设置完成后，单击“确定”按钮，在毛坯外面单击，选择一点作为刀具的进退刀点，即生成螺纹加工轨迹，如图 2-42 所示。

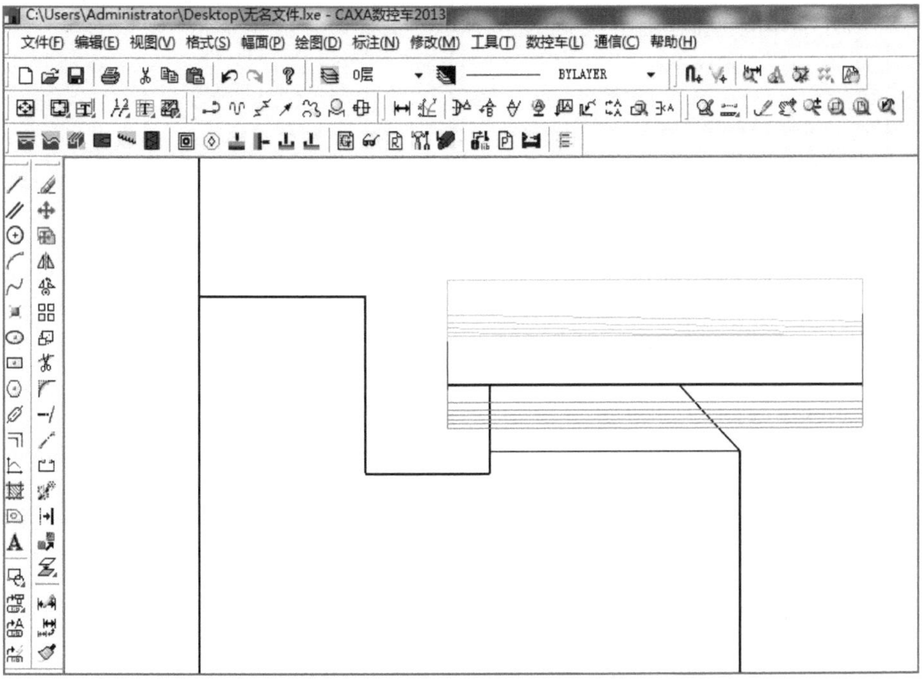

图 2-42　生成螺纹加工轨迹

4）自动生成螺纹加工程序，如图 2-43 所示。

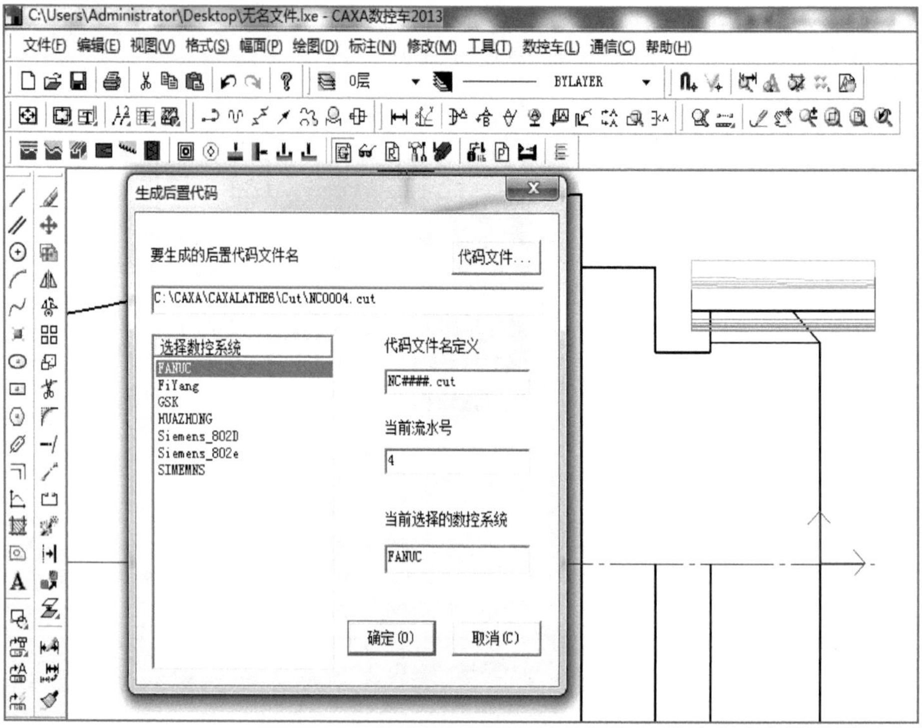

a) 数控系统的选择

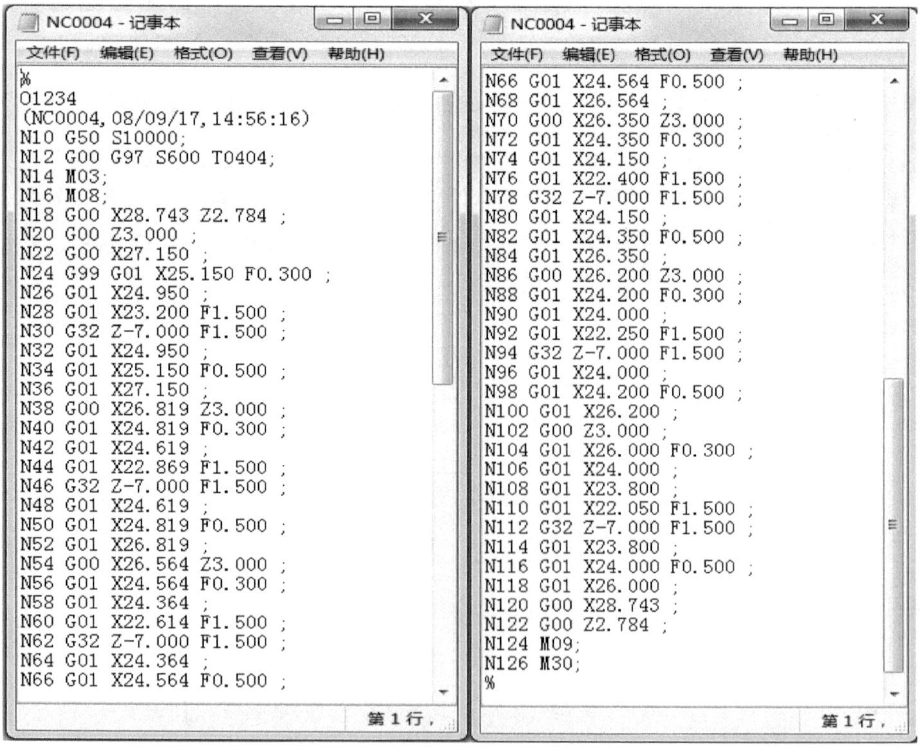

```
%
O1234
(NC0004,08/09/17,14:56:16)
N10 G50 S10000;
N12 G00 G97 S600 T0404;
N14 M03;
N16 M08;
N18 G00 X28.743 Z2.784 ;
N20 G00 Z3.000 ;
N22 G00 X27.150 ;
N24 G99 G01 X25.150 F0.300 ;
N26 G01 X24.950 ;
N28 G01 X23.200 F1.500 ;
N30 G32 Z-7.000 F1.500 ;
N32 G01 X24.950 ;
N34 G01 X25.150 F0.500 ;
N36 G01 X27.150 ;
N38 G00 X26.819 Z3.000 ;
N40 G01 X24.819 F0.300 ;
N42 G01 X24.619 ;
N44 G01 X22.869 F1.500 ;
N46 G32 Z-7.000 F1.500 ;
N48 G01 X24.619 ;
N50 G01 X24.819 F0.500 ;
N52 G01 X26.819 ;
N54 G00 X26.564 Z3.000 ;
N56 G01 X24.564 F0.300 ;
N58 G01 X24.364 ;
N60 G01 X22.614 F1.500 ;
N62 G32 Z-7.000 F1.500 ;
N64 G01 X24.364 ;
N66 G01 X24.564 F0.500 ;
```

```
N66 G01 X24.564 F0.500 ;
N68 G01 X26.564 ;
N70 G00 X26.350 Z3.000 ;
N72 G01 X24.350 F0.300 ;
N74 G01 X24.150 ;
N76 G01 X22.400 F1.500 ;
N78 G32 Z-7.000 F1.500 ;
N80 G01 X24.150 ;
N82 G01 X24.350 F0.500 ;
N84 G01 X26.350 ;
N86 G00 X26.200 Z3.000 ;
N88 G01 X24.200 F0.300 ;
N90 G01 X24.000 ;
N92 G01 X22.250 F1.500 ;
N94 G32 Z-7.000 F1.500 ;
N96 G01 X24.000 ;
N98 G01 X24.200 F0.500 ;
N100 G01 X26.200 ;
N102 G00 Z3.000 ;
N104 G01 X26.000 F0.300 ;
N106 G01 X24.000 ;
N108 G01 X23.800 ;
N110 G01 X22.050 F1.500 ;
N112 G32 Z-7.000 F1.500 ;
N114 G01 X23.800 ;
N116 G01 X24.000 F0.500 ;
N118 G01 X26.000 ;
N120 G00 X28.743 ;
N122 G00 Z2.784 ;
N124 M09;
N126 M30;
%
```

b) 螺纹加工程序

图 2-43 生成螺纹加工后置文件

5）螺纹轨迹仿真加工如图 2-44 所示。

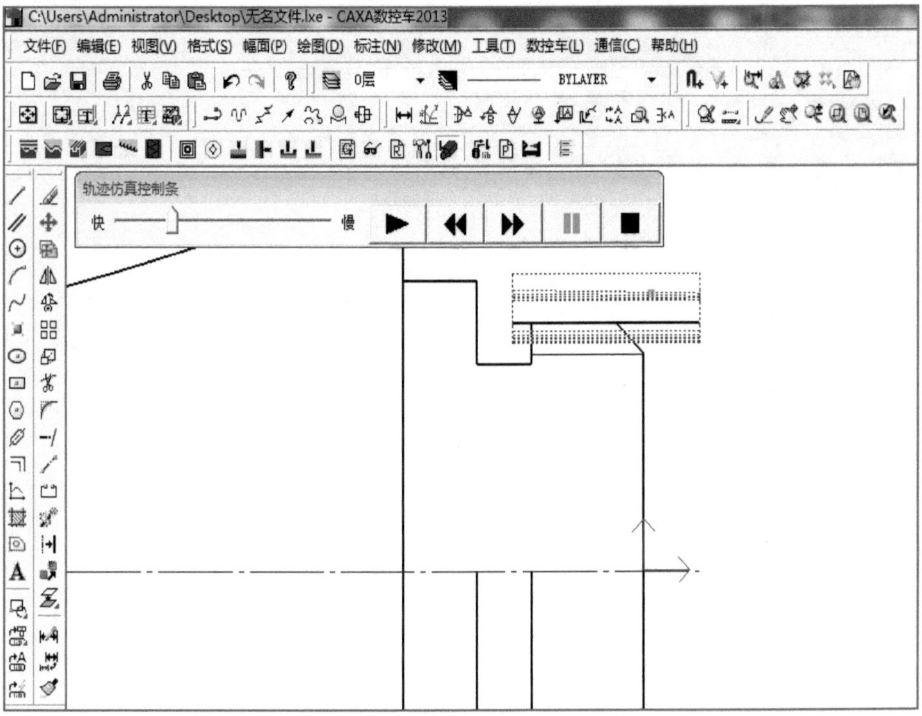

图 2-44　螺纹轨迹仿真加工

5. 曲面哑铃轴外轮廓粗车加工

1）形成封闭加工区域，如图 2-45 所示。

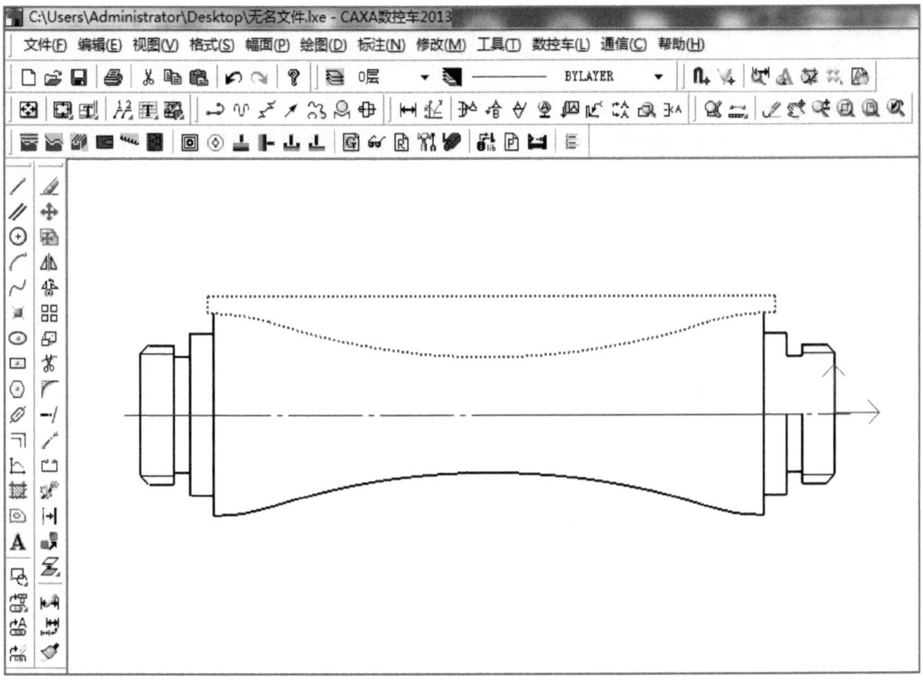

图 2-45　形成封闭加工区域

2）轮廓粗车参数设置如图 2-46 所示。

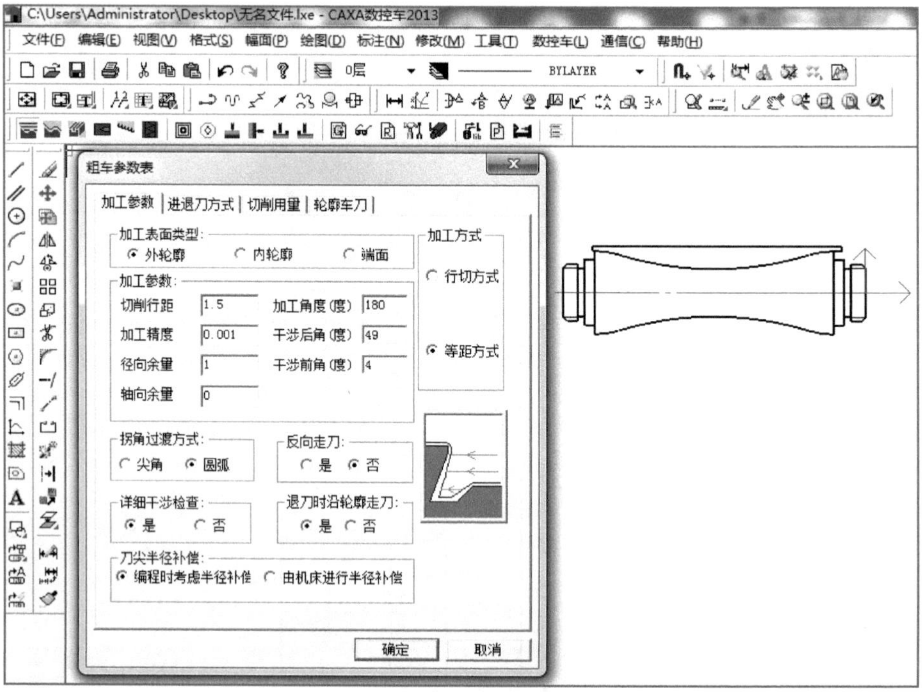

a) 加工参数设置

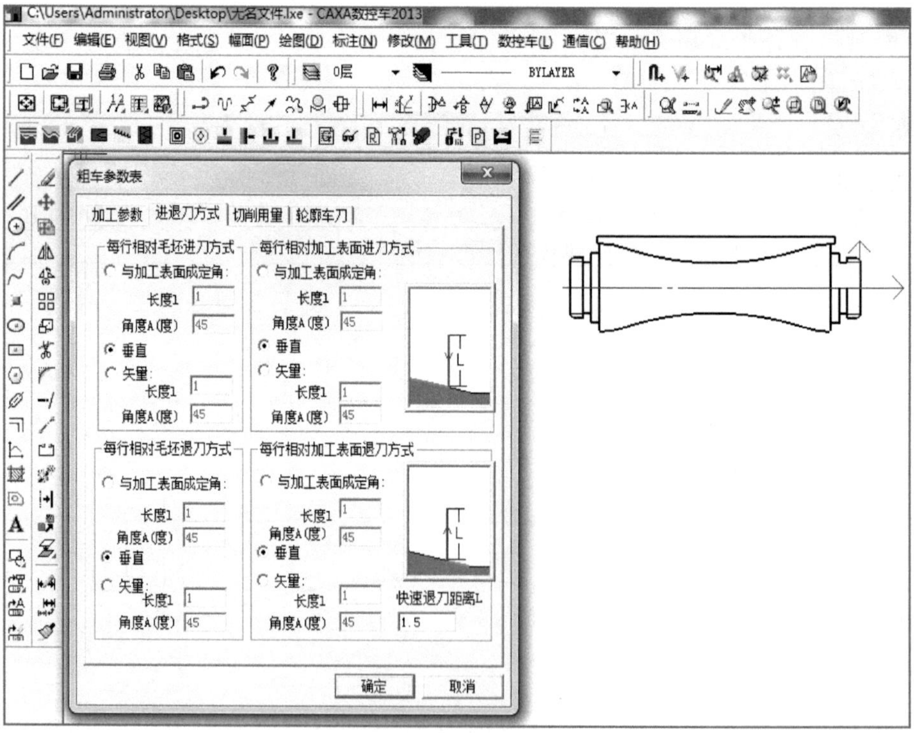

b) 进退刀方式设置

图 2-46　轮廓粗

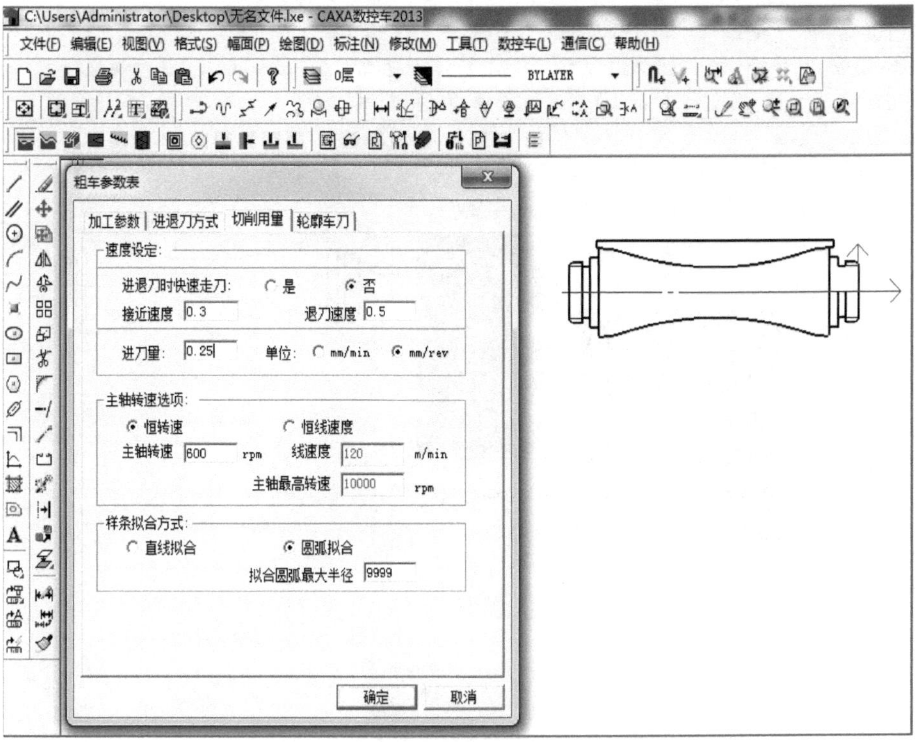

c) 切削用量设置

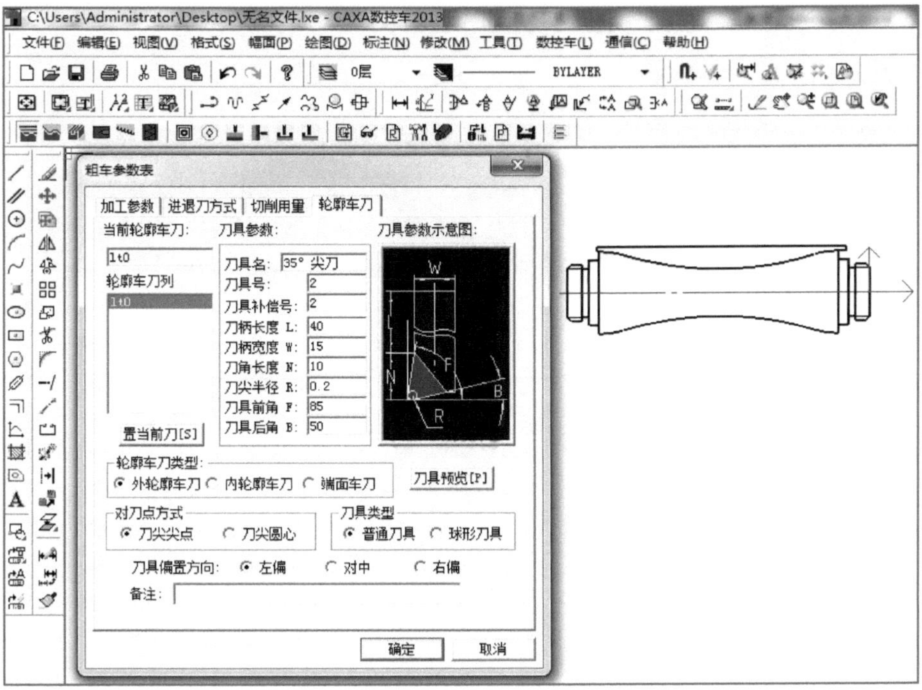

d) 轮廓车刀设置

车参数设置

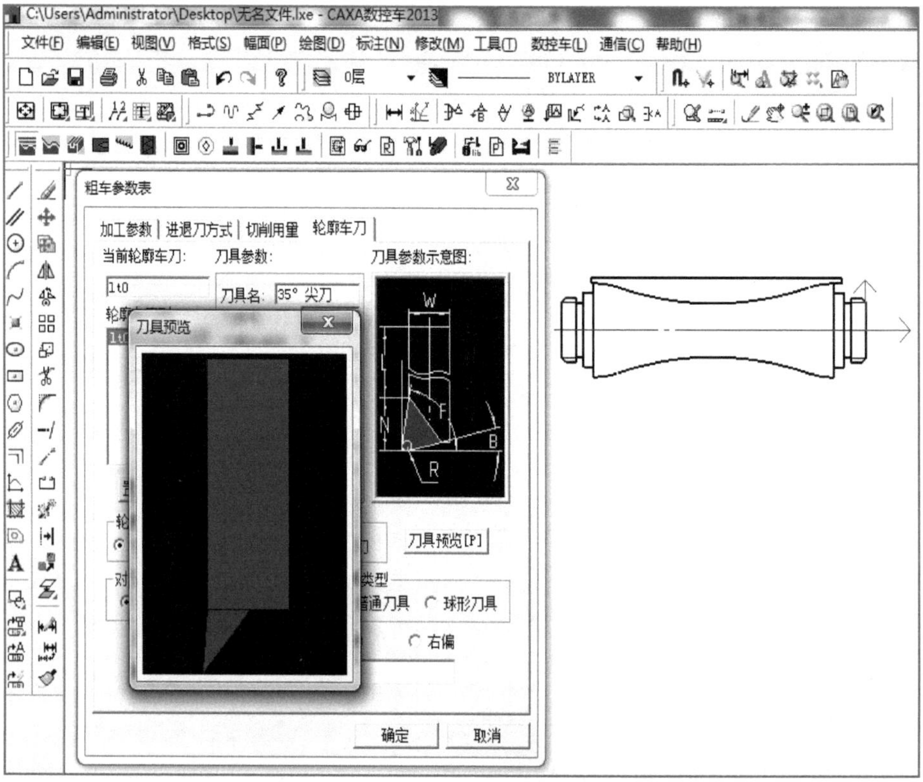

e) 刀具预览

图 2-46　轮廓粗车参数设置（续）

3）确定拾取方向，拾取加工轮廓，如图 2-47 所示。

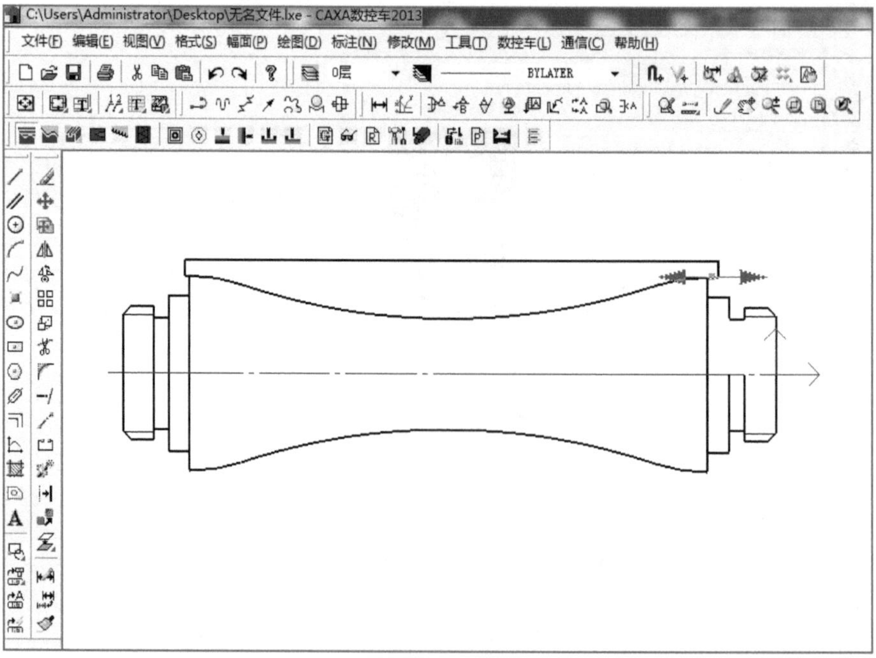

图 2-47　确定拾取方向，拾取加工轮廓

4）自动生成轮廓粗车轨迹，如图 2-48 所示。

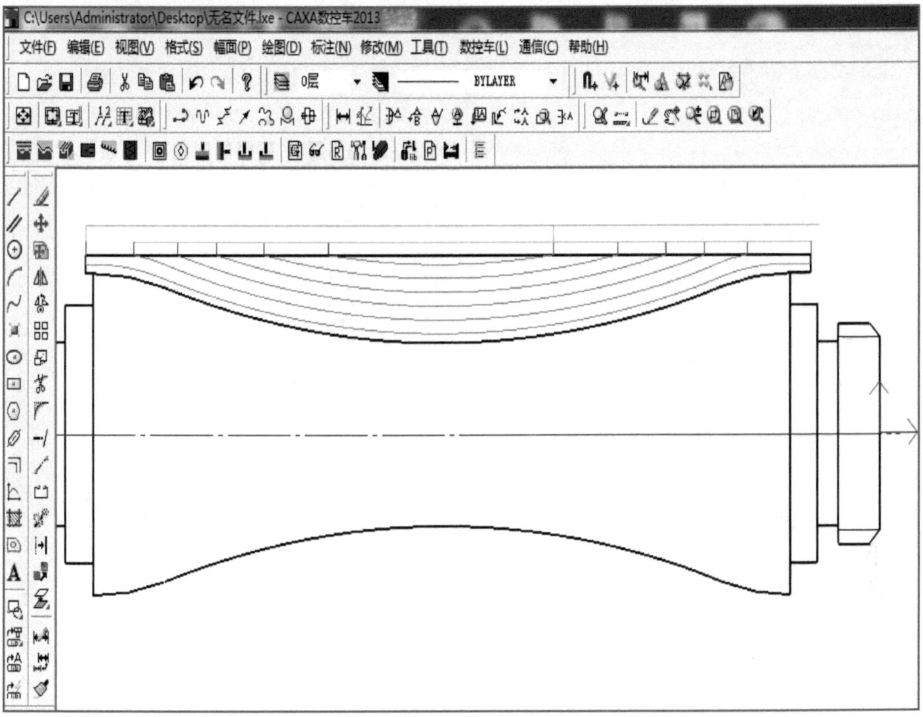

图 2-48　生成轮廓粗车轨迹

5）自动生成粗加工程序，如图 2-49 所示。

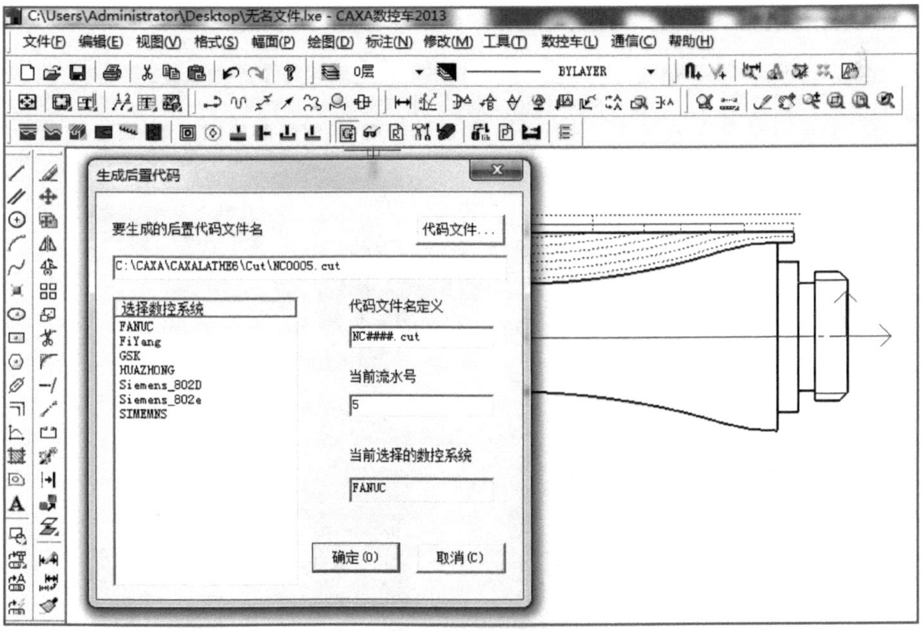

a) 数控系统的选择

图 2-49　生成轮廓粗加工后置文件

```
%
O1234
(NC0005,08/09/17,15:38:03)
N10 G50 S10000;
N12 G00 G97 S600 T0202;
N14 M03;
N16 M08;
N18 G00 X45.495 Z-8.803 ;
N20 G00 Z-47.096 ;
N22 G00 X42.000 ;
N24 G99 G01 X39.000 F0.300 ;
N26 G02 Z-79.304 R127.300 F0.250 ;
N28 G01 X42.000 F0.500 ;
N30 G00 Z-37.833 ;
N32 G01 X39.000 F0.300 ;
N34 G02 Z-88.567 R128.800 F0.250 ;
N36 G01 X42.000 F0.500 ;
N38 G00 Z-31.073 ;
N40 G01 X39.000 F0.300 ;
N42 G02 Z-95.327 R130.300 F0.250 ;
N44 G01 X42.000 F0.500 ;
N46 G00 Z-25.447 ;
N48 G01 X39.000 F0.300 ;
N50 G02 Z-100.953 R131.800 F0.250 ;
N52 G01 X42.000 F0.500 ;
N54 G00 Z-19.277 ;
N56 G01 X39.000 F0.300 ;
N58 G03 X38.640 Z-20.269 R36.091
F0.250 ;
N60 G03 X37.846 Z-22.048 R35.123 ;
N62 G03 X36.862 Z-23.807 R33.517 ;
N64 G02 Z-102.593 R133.300 ;
```

```
N54 G00 Z-19.277 ;
N56 G01 X39.000 F0.300 ;
N58 G03 X38.640 Z-20.269 R36.091
F0.250 ;
N60 G03 X37.846 Z-22.048 R35.123 ;
N62 G03 X36.862 Z-23.807 R33.517 ;
N64 G02 Z-102.593 R133.300 ;
N66 G03 X38.417 Z-105.586 R33.847 ;
N68 G03 X39.000 Z-107.125 R36.229 ;
N70 G01 X42.000 F0.500 ;
N72 G00 Z-10.000 ;
N74 G01 X37.000 F0.300 ;
N76 G01 Z-10.200 F0.250 ;
N78 G01 Z-13.200 ;
N80 G03 X36.676 Z-16.606 R35.919 ;
N82 G03 X35.696 Z-19.980 R34.591 ;
N84 G03 X34.936 Z-21.683 R33.623 ;
N86 G03 X33.996 Z-23.364 R32.017 ;
N88 G02 Z-103.036 R134.800 ;
N90 G03 X35.483 Z-105.896 R32.347 ;
N92 G03 X36.459 Z-108.810 R34.729 ;
N94 G03 X36.865 Z-111.001 R35.359 ;
N96 G03 X37.000 Z-113.200 R35.915 ;
N98 G01 Z-114.000 ;
N100 G01 X39.000 ;
N102 G01 X42.000 F0.500 ;
N104 G00 X45.495 ;
N106 G00 Z-8.803 ;
N108 M09;
N110 M30;
%
```

b) 粗加工程序

图 2-49 生成轮廓粗加工后置文件（续）

6）粗车轨迹仿真加工如图 2-50 所示。

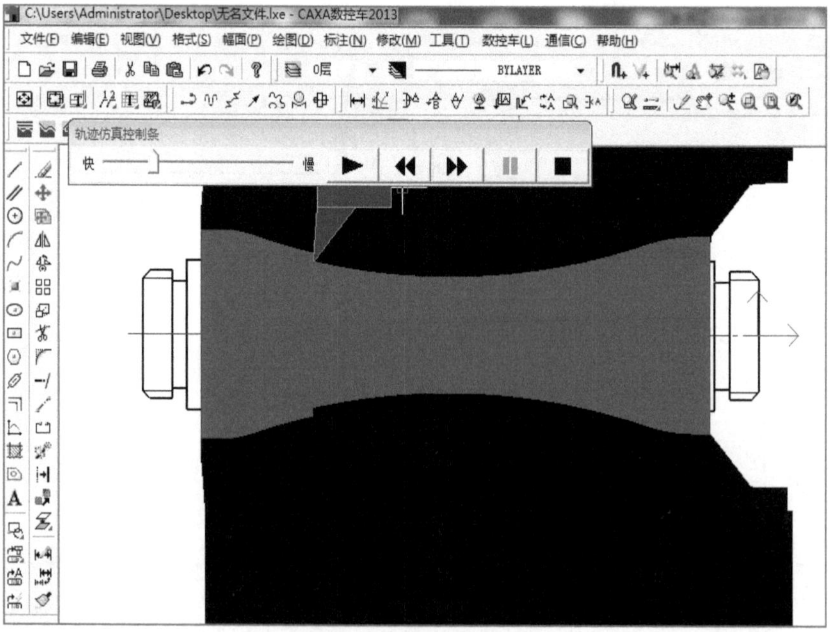

图 2-50 粗车轨迹仿真加工

6. 曲面哑铃轴外轮廓精车加工

1）轮廓精车参数设置如图 2-51 所示。

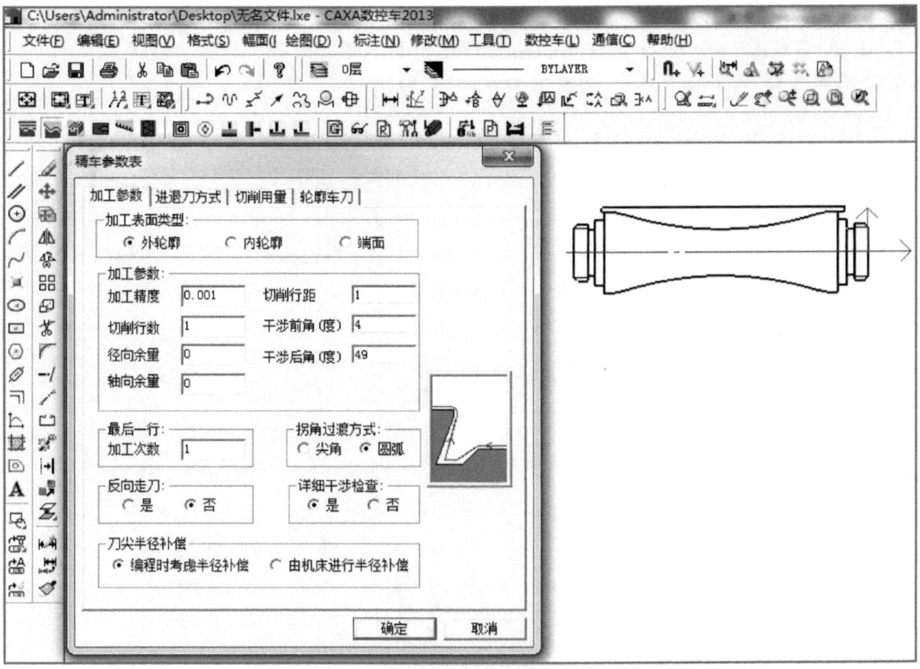

a) 加工参数设置

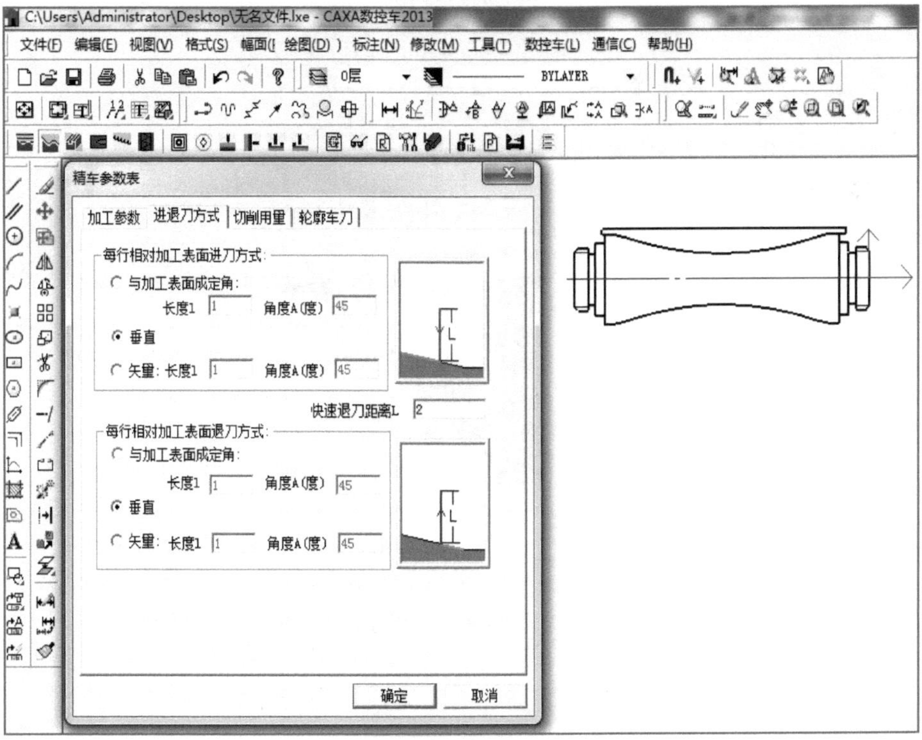

b) 进退刀方式设置

图 2-51 轮廓精车参数设置

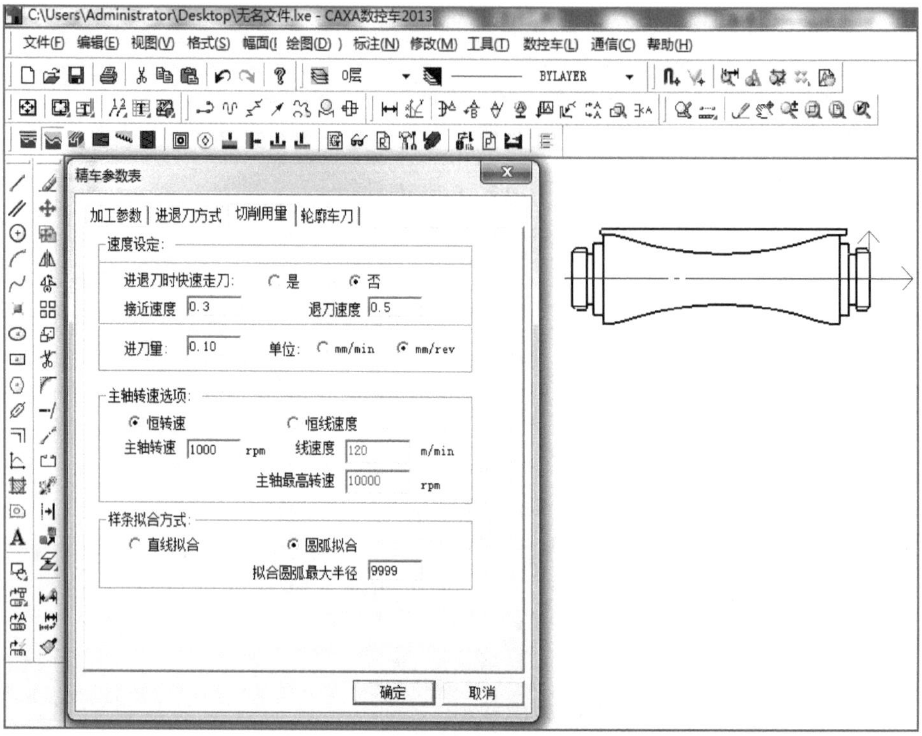

c) 切削用量设置

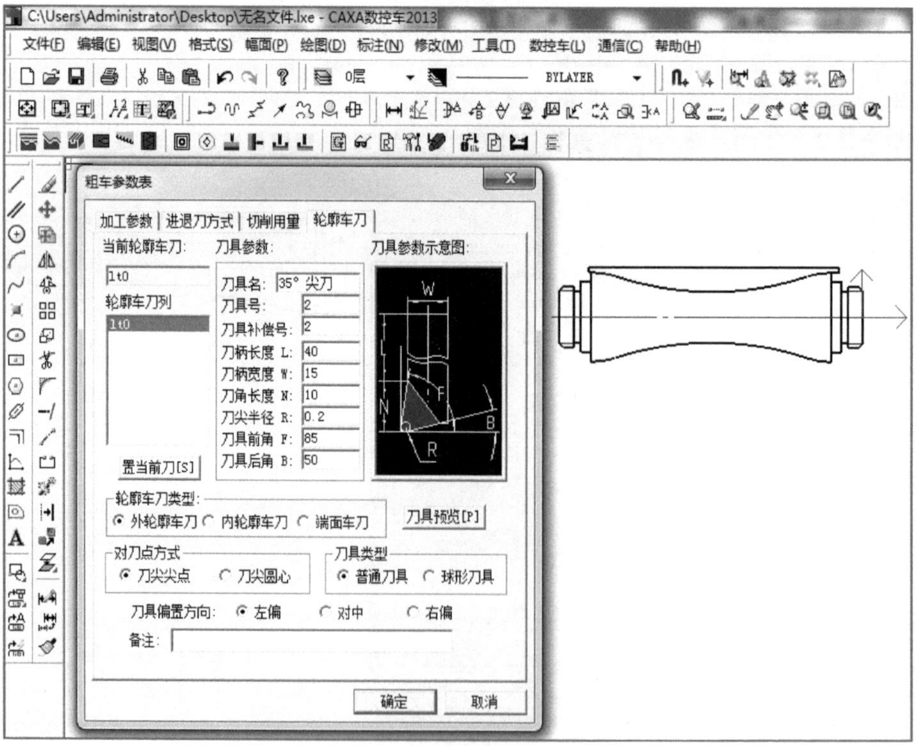

d) 轮廓车刀设置

图 2-51　轮廓精车参数设置（续）

2）确定拾取方向，拾取精车区域，如图 2-52 所示。

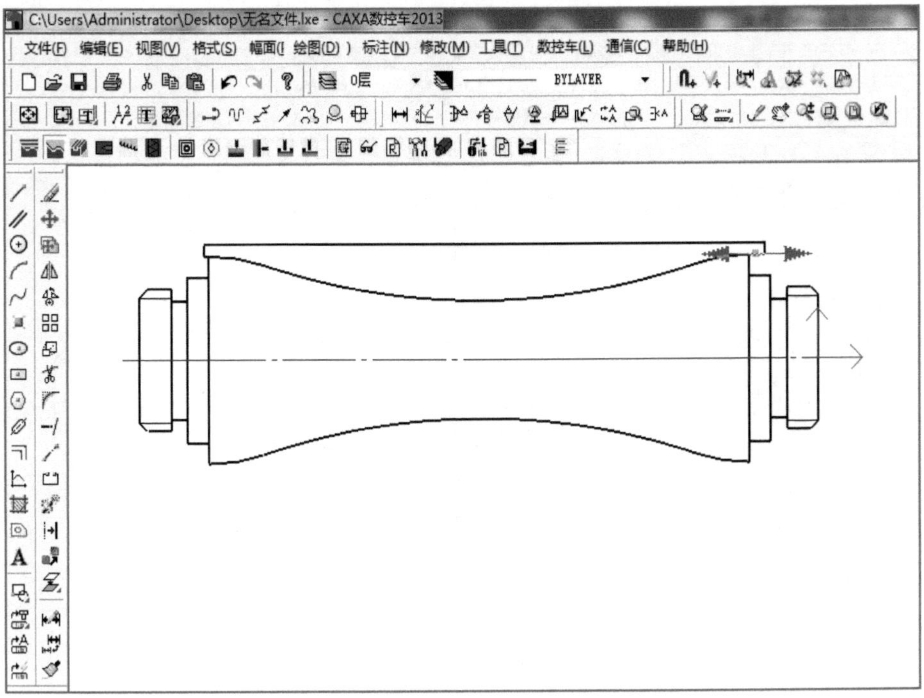

图 2-52　确定拾取方向，拾取精车区域

3）自动生成轮廓精车轨迹，如图 2-53 所示。

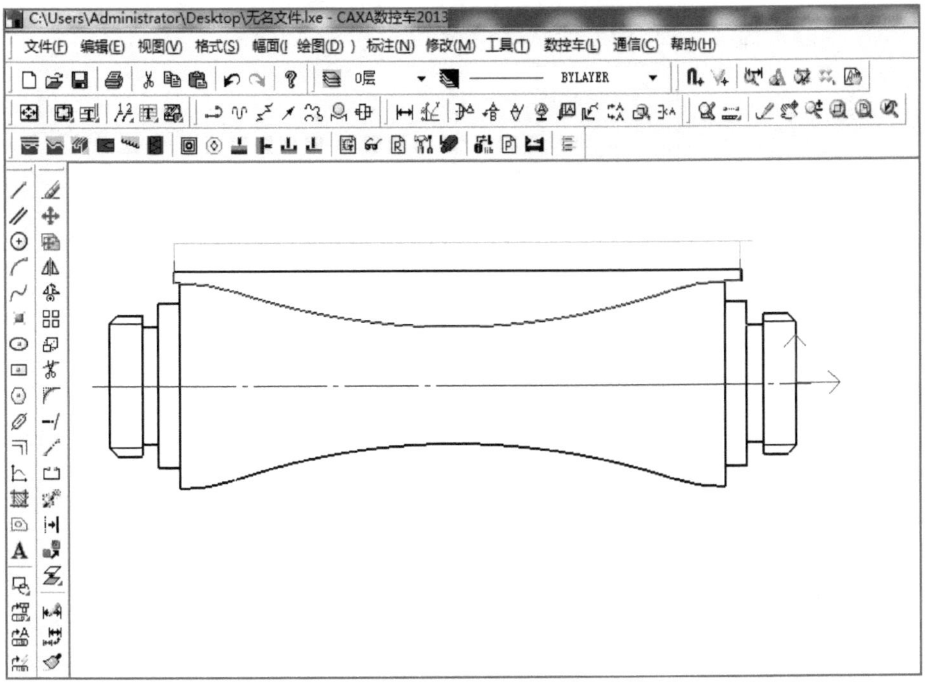

图 2-53　生成轮廓精车轨迹

4）自动生成精加工程序，如图 2-54 所示。

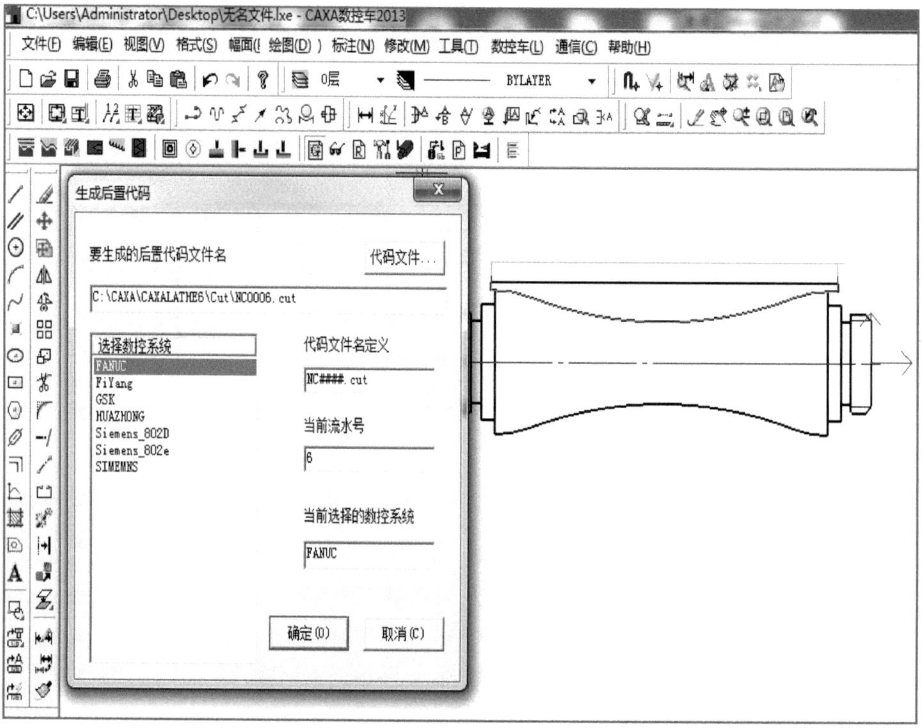

a) 数控系统的选择

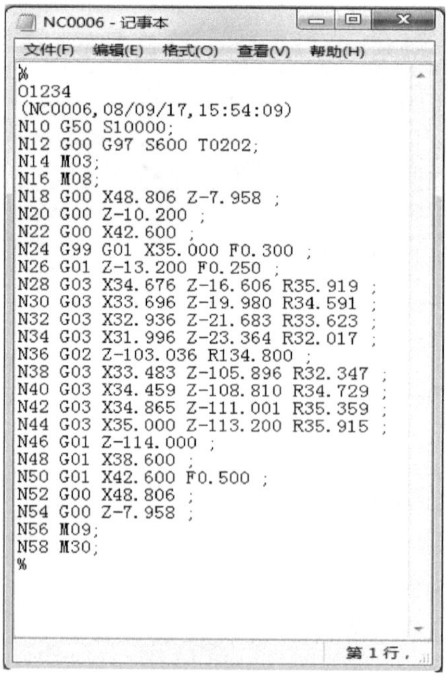


```
%
O1234
(NC0006,08/09/17,15:54:09)
N10 G50 S10000;
N12 G00 G97 S600 T0202;
N14 M03;
N16 M08;
N18 G00 X48.806 Z-7.958 ;
N20 G00 Z-10.200 ;
N22 G00 X42.600 ;
N24 G99 G01 X35.000 F0.300 ;
N26 G01 Z-13.200 F0.250 ;
N28 G03 X34.676 Z-16.606 R35.919 ;
N30 G03 X33.696 Z-19.980 R34.591 ;
N32 G03 X32.936 Z-21.683 R33.623 ;
N34 G03 X31.996 Z-23.364 R32.017 ;
N36 G02 Z-103.036 R134.800 ;
N38 G03 X33.483 Z-105.896 R32.347 ;
N40 G03 X34.459 Z-108.810 R34.729 ;
N42 G03 X34.865 Z-111.001 R35.359 ;
N44 G03 X35.000 Z-113.200 R35.915 ;
N46 G01 Z-114.000 ;
N48 G01 X38.600 ;
N50 G01 X42.600 F0.500 ;
N52 G00 X48.806 ;
N54 G00 Z-7.958 ;
N56 M09;
N58 M30;
%
```

b) 精加工程序

图 2-54 生成轮廓精加工后置文件

5）精车轨迹仿真加工如图 2-55 所示。

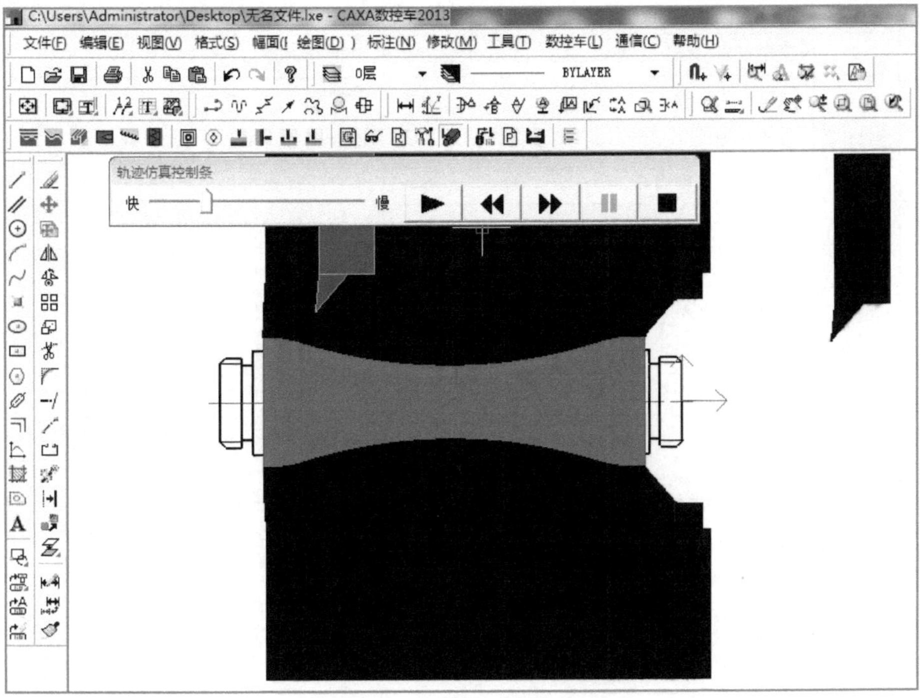

图 2-55　精车轨迹仿真加工

7. 调头，一夹一顶加工工件左端台阶、槽、螺纹，步骤同 2、3、4

8. 加工完毕，检验

【考核评价】

曲面哑铃轴的自动编程与加工评分标准，见表 2-14。

表 2-14　曲面哑铃轴的自动编程与加工评分标准

姓名		零件名称	曲面哑铃轴	时间	240min	总得分	
项目	序号	检查内容		配分	评分标准	检测记录	得分
工件加工（50 分）	1	外圆尺寸	$\phi28^{+0.021}_{0}$ mm（两处）	8	每处 4 分，超差不得分		
	2	圆弧尺寸	$R135$mm	6	超差不得分		
	3	长度尺寸	100mm、4mm、13mm	6	每处 2 分，超差不得分		
	4	槽	3mm×2mm	1	超差不得分		
	5	螺纹尺寸	外径	1	不合格全扣		
			牙型	2	不合格全扣		
			中径	3	超差不得分		
			表面粗糙度	2	每处降低一级扣 1 分		
	6	椭圆尺寸	椭圆 50mm×35mm	8	超差不得分		
	7	倒角尺寸 $C1.5$mm、毛刺		3	不合格全扣		
	8	表面粗糙度		10	每处降低一级扣 1 分		

（续）

项目	序号	检查内容	配分	评分标准	检测记录	得分
参数设置与程序（25分）	9	程序正确、完整	6	不正确每处扣1分		
	10	程序格式规范	6	不规范每处扣0.5分		
	11	工艺合理	6	不合理每处扣1分		
	12	程序参数选择合理	6	不合理每处扣0.5分		
机床操作（17分）	13	工件装夹合理	4	不合理每次扣1分		
	14	刀具选择及安装正确	3	不正确每次扣1分		
	15	对刀及坐标系设定正确	4	不正确每次扣1.5分		
	16	机床面板操作正确	4	误操作每次扣1分		
	17	意外情况处理合理	3	不正确每次扣1.5分		
文明生产（8分）	18	安全操作	4	违反操作规程全扣		
	19	机床整理	4	不合格全扣		

【拓展训练】

加工如图2-7所示螺纹轴，材料为45钢，毛坯为ϕ40mm×120mm的棒料，按要求完成下列任务。

1）完成螺纹轴的自动编程与加工；

2）提交自动编程视频。

【课后测评】

加工如图2-8所示椭圆轴，材料为45钢，毛坯为ϕ42mm×100mm的棒料（两件），按要求对该椭圆轴零件进行自动编程与实际加工。

任务二　椭圆帽的加工

在前面任务中练习了通孔螺纹的编程与加工，不通孔螺纹如何加工呢？外表面为曲面时，如何装夹呢？如图2-56所示为一椭圆帽零件图，毛坯尺寸为ϕ40mm×60mm，材料为45

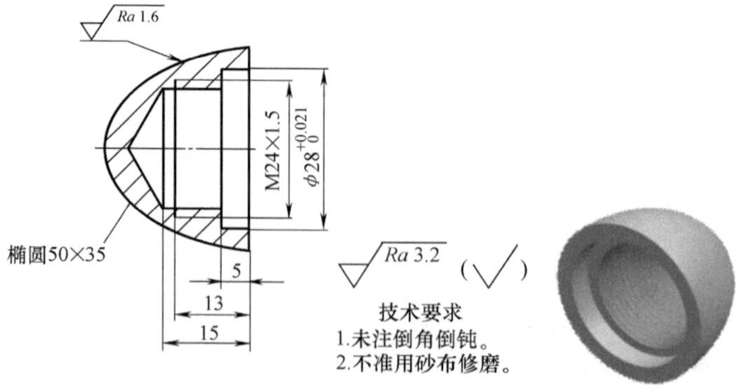

图2-56　椭圆帽

钢，生产类型为单件或小批量生产，无热处理工艺要求，试正确设定工件坐标系，制订加工工艺方案，选择合理的刀具和切削工艺参数，正确编制数控加工程序并完成零件的加工。

子任务一　编制椭圆帽的数控加工工艺

【任务目标】

1. 知识目标

1）掌握不通孔的加工方法。

2）掌握不通孔螺纹的加工方法。

2. 能力目标

1）合理选择螺纹底孔尺寸。

2）合理选择刀具。

3. 素质目标

1）具备编制工艺的能力。

2）具备自我学习的能力。

3）具备语言表达能力。

【任务分析】

椭圆帽由内螺纹、内孔及椭圆构成，零件结构较复杂。该零件内部有螺纹、圆柱面的加工，要合理选择刀具、切削用量和装夹方法。该零件装夹比较困难，用前面所学的装夹方法不能实现，需制作工艺夹头或用曲面哑铃轴为工艺夹头。

【知识储备】

一、装夹方案分析

1. 用螺纹塞堵（工艺夹头）装夹椭圆帽

加工内表面时使用普通自定心卡盘装夹；加工外表面时，用自定心卡盘无法装夹，只能制作装夹夹具——螺纹塞堵（工艺夹头），如图 2-57 所示。加工好内表面后，再将工件安装在螺纹塞堵（工艺夹头）上加工外椭圆面。一般生产批量较大时，可制作螺纹塞堵作为工艺夹头。工艺夹头左端台阶外圆长度一般为 10~15mm，直径尺寸一般比相邻台阶外圆小 4~6mm 为宜。

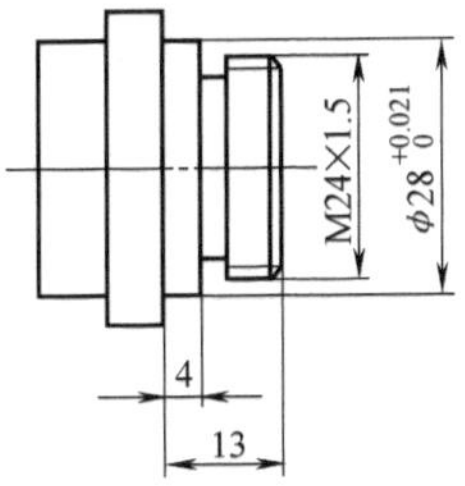

图 2-57　螺纹塞堵

2. 用曲面哑铃轴装夹椭圆帽

零件批量小或单件生产时，可先把椭圆帽内部尺寸加工好，安装在曲面哑铃轴上，与螺纹部分配合，然后加工椭圆帽的外部轮廓。

二、刀具选择

椭圆帽的结构复杂，内孔尺寸较小，外表面为椭圆面。选用刀具时应注意刀具的几何角度及内孔刀具的刚性，以保证椭圆帽的加工精度。

【任务实施】

一、椭圆帽加工的机床、刀具选择

1. 设备选择

选用 FANUC 0i 系统数控车床，计算机及仿真软件；采用自定心卡盘装夹。

2. 零件毛坯

选用 ϕ40mm×60mm 棒料，多件练习时也可以采用加长棒料，毛坯材质为 45 钢。

3. 工件的装夹

加工内表面时使用普通自定心卡盘装夹；加工外表面时，将工件安装在曲面哑铃轴上，与螺纹配合加工外椭圆面。

4. 刀具选择

选用 35°外圆车刀、内孔车刀、60°内螺纹车刀。制订数控加工刀具卡片，见表 2-15。

表 2-15 数控加工刀具卡片

产品名称或代号：			零件名称：椭圆帽			零件图号：
序号	刀具号	刀具规格及名称	材质	数量	加工表面	备注
1	T01	35°外圆车刀	YT15	1 把	粗、精车外圆、端面、椭圆	R0.2mm
2	T02	内孔车刀	YT15	1 把	车内孔	
3	T03	60°内螺纹车刀	YT15	1 把	车螺纹	
4	T04	ϕ20mm 麻花钻	高速工具钢	1 个	钻孔	
5	T05	切槽刀	YT15	1 把	切断	
编制：			审核：			

二、编制加工工艺

以工件两端面轴心处为工件编程坐标原点，先加工内部尺寸，再加工外椭圆面。工艺路线安排如下：

1）夹持外圆，伸出长 40mm，车削外圆。

2）工件调头，车端面，粗车外圆，粗、精车内部尺寸。

3）切断。

4）车端面，粗、精车内部尺寸（第二件）。

5）将工件安装在曲面哑铃轴上加工外椭圆面。

数控加工工艺卡片见表 2-16。

表 2-16　数控加工工艺卡片

零件名称	椭圆帽	零件图号		工件材质	45 钢	
工序号	程序编号	夹具名称		数控系统	车间	
1	O3005～O3006	自定心卡盘		FANUC 0i		
工步号	工步内容	刀具号	主轴转速/(r/min)	进给量/(mm/r)	背吃刀量/mm	备注
1	粗车外圆	T01	500	0.15	1	自动
	工件调头					
1	车端面	T01	500	0.15	1	自动
2	粗车外圆	T01	500	0.15	1	自动
3	钻孔 ϕ20mm	T04	800	0.2	2	手动
4	精车 ϕ22.6mm 内孔	T02	800	0.1	0.5	自动
5	粗、精车 ϕ28mm 内孔	T02	600、800	0.1	0.5	自动
6	粗、精车 M24×1.5 螺纹	T03	800			
7	切断	T05	500	0.15	1	自动
	将工件安装在曲面哑铃轴上					
1	粗车椭圆面	T01	600	0.2	0.25	自动
2	精车椭圆面	T01	1500	0.1	0.5	自动
编制		审核		批准		

【考核评价】

椭圆帽数控加工工艺的评分标准，见表 2-17。

表 2-17　椭圆帽数控加工工艺的评分标准

姓名		零件名称	椭圆帽		总得分	
项目	序号	检查内容	配分	评分标准	小组互评	教师评价
加工工艺(50 分)	1	设备	5	设备选择合理		
	2	刀具	10	刀具选择合理		
	3	装夹方法	5	装夹方法合理		
	4	加工工艺	25	合理		
	5	切削用量	5	选择合理		
实际训练(30 分)	6	任务完成质量	20	质量好		
	7	作业网络互动	10	积极、按时		
团队协作(20 分)	8	小组协作	10	协调		
	9	考勤	10	考勤情况		

【拓展训练】

加工如图 2-58 所示零件，材料为 45 钢，毛坯为 ϕ50mm×100mm 的棒料，按要求完成下列任务。

1）编写数控加工刀具卡片；

2）编写数控加工工艺卡片。

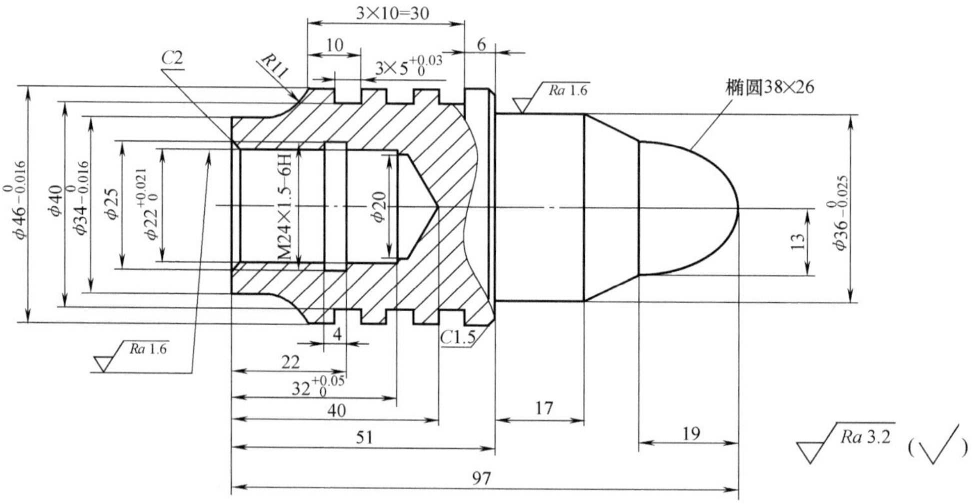

图 2-58 零件图

【课后测评】

一、判断题

1.（　　）机床标准坐标采用左手笛卡儿直角坐标系。

2.（　　）数控机床按控制系统的特点可分为开环、全闭环和半闭环系统。

3.（　　）数控刀具应具有较高的寿命和刚度、良好的材料热脆性、良好的断屑性能、可调节、易更换等特点。

4.（　　）粗加工时，前角应取较大值；而精加工时，前角应取较小值。

5.（　　）在高速切削加工范围内，随着切削速度的提高，切削力减小。

二、选择题

1. 切削用量不包括（　　）。

A. 主轴转速　　B. 进给量　　C. 切削深度　　D. 切削速度

2. 不爱护工、夹、量具的做法是（　　）。

A. 工、夹、量具要放在工作台上　　B. 按规定维护工、夹、量具

C. 正确使用工、夹、量具　　D. 工、夹、量具要放在指定地点

3. 在 FANUC 0i 数控系统中，下列指令中属于外圆固定循环指令的是（　　）。

A. G94　　B. G71　　C. G90　　D. G73

4. 在 FANUC 0i 数控系统中，G71 UΔd Re；G71 Pns Qnf UΔu WΔw Ff Ss Tt；Δd 表示（　　）。

A. Z 方向精加工余量　　B. X 方向精加工余量

C. 每次径向背吃刀量　　D. 总径向背吃刀量

5. 在 FANUC 0i 数控系统中，G73 U$\underline{\Delta i}$ W$\underline{\Delta k}$ R$\underline{d}$；G73 P$\underline{ns}$ Q$\underline{nf}$ U$\underline{\Delta u}$ W$\underline{\Delta w}$ F$\underline{f}$ S$\underline{s}$ T$\underline{t}$；Δu 表示（　　）。

A. *Z* 方向精加工余量　　B. *X* 方向精加工余量

C. *X* 方向总加工余量　　D. *Z* 方向总加工余量

三、简答题

1. 工件在什么情况下用工艺夹头装夹？

2. 椭圆帽工艺夹头应如何加工？

四、做中学

加工如图 2-59 所示椭圆零件，材料为 45 钢，毛坯为 ϕ60mm×67mm 的棒料，按要求完成下列任务。

1）分析椭圆零件的数控加工工艺；

2）编写椭圆零件的数控加工刀具卡片；

3）编写椭圆零件的数控加工工艺卡片。

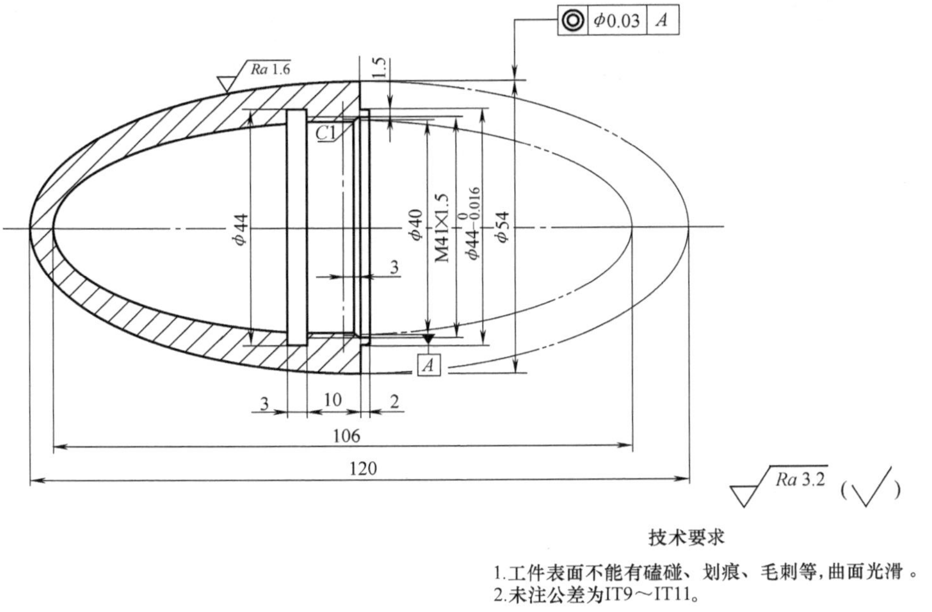

图 2-59　椭圆

子任务二　椭圆帽的手工编程与加工

【任务目标】

1. 知识目标

1）巩固宏变量的种类和使用方法。

2）掌握不通孔螺纹的加工方法。

3）熟练应用 B 类宏程序编写椭圆的加工程序。

2. 能力目标

1）会正确装夹工件。

2）熟练操作数控机床并完成椭圆帽零件的加工。

3）能正确测量椭圆帽零件尺寸。

3. 素质目标

1）具备规范操作的能力。

2）具备自我学习的能力。

3）具备语言表达能力。

【任务分析】

椭圆帽由内螺纹、内孔及椭圆构成，零件结构较复杂。该零件内部有螺纹、圆柱面的加工，可用前面所学的直线插补、螺纹插补、固定循环、复合循环等指令来完成，零件的椭圆部分用宏程序来编写加工程序，会使程序编制容易，程序简洁。

【知识储备】

知识点、技能点在前面任务中已介绍，巩固旧知识，熟练编程与操作技能。

一、工艺知识

1. 刀具

用麻花钻钻不通孔时，注意钻尖的尺寸。

2. 切削用量

加工椭圆帽时，由于工件装夹刚性差，切削用量都要选择小些。

二、加工指令

1）基本指令 G00、G90、G71、G73 等。

2）宏程序指令。

【任务实施】

一、任务准备

1）准备相关教学资料，包括教材、教参、多媒体课件、视频文件等。

2）准备教学用辅具、量具、刀具；选用 FANUC 0i 系统数控车床，计算机及仿真软件；采用自定心卡盘装夹。选用 ϕ40mm×60mm 棒料，毛坯材质为 45 钢。

3）准备相关工艺生产资料。

4）量具选用。

① 钢直尺：0~300mm。

② 游标卡尺：0.02mm/0~150mm。

③ 外径千分尺：0.01mm/25~50mm。

④ 内径千分尺：25~50mm，ϕ28mm 塞规。

⑤ M24×1.5 螺纹塞规。

⑥ 表面粗糙度样板。

⑦ 椭圆样板。

5）安全文明教育。

二、椭圆帽的编程与加工

1. 程序设计

1）椭圆帽内部轮廓的参考程序见表 2-18。

表 2-18　椭圆帽内部轮廓的参考程序

加 工 程 序	程 序 说 明	仿真图示
O3005;	程序号	
G99 G97 M03 S500 T0101 F0.15;	调用 1 号刀及 1 号刀补，主轴转速为 500r/min	
G00 X42.0 Z2.0;	车刀靠近工件并到达循环起点	
G90 X37.0 Z40.0 F0.15;	粗车外圆	
M05;	主轴停止转动，程序暂停，工件调头	
M00;		
G00 X42.0 Z2.0;	车刀靠近工件并到达循环起点	
G90 X37.0 Z-20.0 F0.15;	粗车外圆	
G94 X-0.5 Z0.0 F0.15;	车端面	
G00 X100. Z100.;	回换刀点	
M03 S600 T0202;	换 2 号刀	
G00 X18.0 Z2.0;	车刀靠近工件并到达循环起点	
G71 U1.0 R1.0;	用 G71 复合循环指令粗、精车工件右端内表面	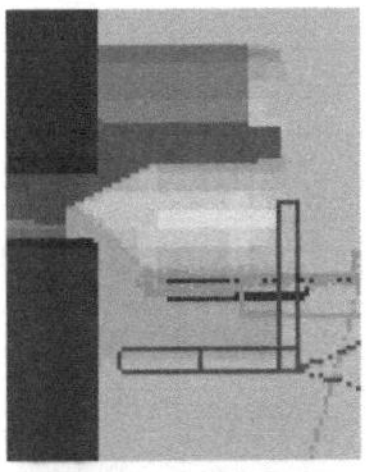 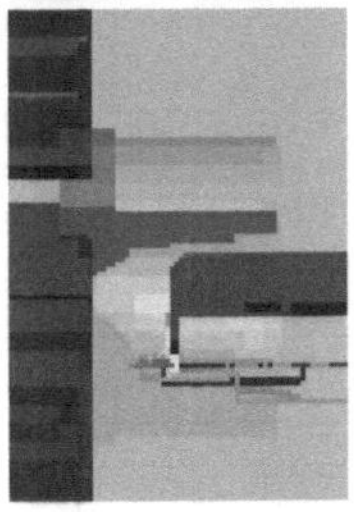
G71 P1 Q2 U-1.0 W0;		
N1 G00 X29.0;		
G01 Z0.0;		
X28.0 Z-0.5;		
Z-5.0;		
X21.5;		
X22.5 Z-5.5;		
Z-17.0;		
N2 G01 X18.0;		
G00 Z150.0;		
M05;		

（续）

加 工 程 序	程 序 说 明	仿真图示
M00；	用 G71 复合循环指令粗、精车工件右端内表面	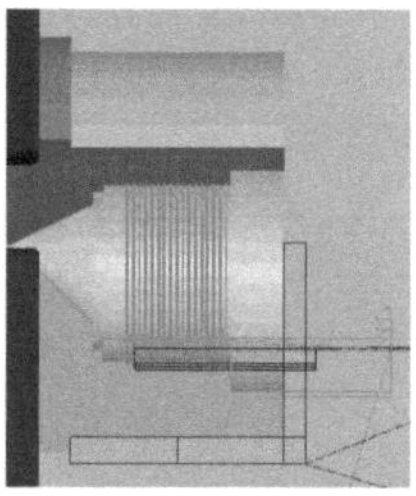
M03 S800 T0202 F0.1；		
G00 X18.0 Z2.0；		
G70 P1 Q2；		
G00 Z150.0；		
G99 G97 M03 S800 T0303 F1.5；	调用 3 号螺纹车刀及 3 号刀补，主轴转速为 500r/min	
G00 X20.0 Z2.0；	2 号刀快速离开工件	
G92 X23.1 Z-15.0 F1.5；	G92 指令分三次车削 M24×1.5 内螺纹	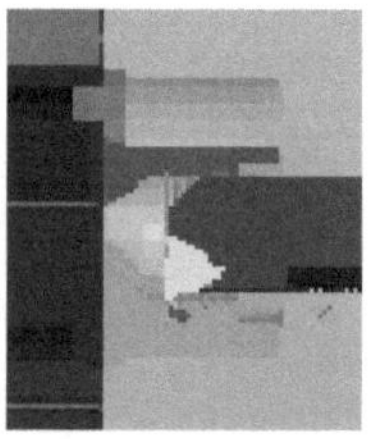
X23.6；		
X24.1；		
G00 Z150.0；	回换刀点	
M05；	主轴停	
M30；	程序结束，返回程序头	

2）椭圆帽外部轮廓的参考程序见表 2-19。

表 2-19　椭圆帽外部轮廓的参考程序

加 工 程 序	程 序 说 明	仿真图示
O3006；	程序号	
G99 G97 M03 S600 T0101 F0.2；	调用 1 号刀及 1 号刀补，主轴正转，转速为 600r/min	
G00 X41.0 Z2.0；	车刀靠近工件并到达循环起点	
G73 U18.0 W0 R9.0；	粗、精车外椭圆面	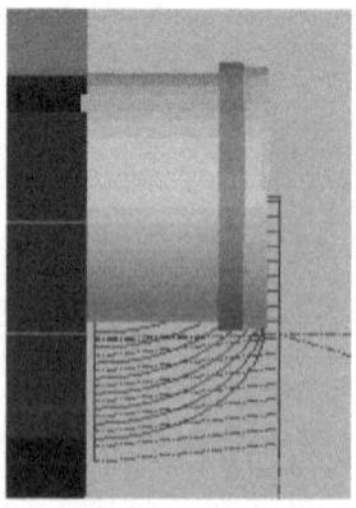
G73 P3 Q4 U1.0 W0.0；		
N3 G00 X0.0；		
G01 Z0.0；		
#1=25；		
WHILE [#1GE0] DO1；		
N1 #2=17.5 * SQRT[1-#1 * #1/625]；		
G01 X[2 * #2] Z[#1-25]；		
#1=#1-0.5；		
END1；		

（续）

加工程序	程序说明	仿真图示
N4 G01 X42.0 F0.3；	粗、精车外椭圆面	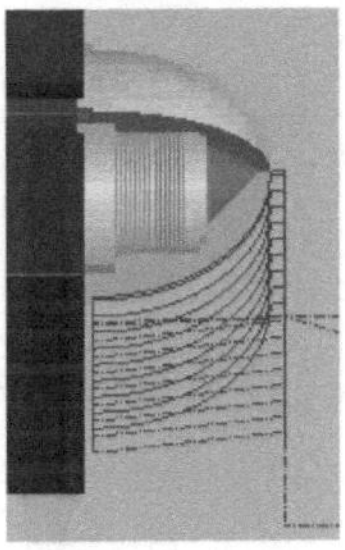
G00 X100.0；		
Z100.0；		
M05；		
M00；		
M03 S1500 T0101 F0.1；		
G00 G42 X41.0 Z2.0；		
G70 P3 Q4；		
G00 G40 X100.0；	快速回换刀点	
Z100.0；		
M05；	主轴停	
M30；	程序结束，返回程序头	

提示：

以角度值为自变量时，椭圆的加工精度与编程时所选择的角度值有关。角度值越小，加工精度越高；但是减小角度值会造成数控系统工作量加大，运算烦琐，影响进给速度的提高，从而降低加工效率。因此，必须根据加工要求合理选择角度值。一般在满足加工要求的前提下，应尽可能选取较大的角度值。

2. 椭圆帽的加工

加工内表面时使用普通自定心卡盘装夹；加工外表面时，将工件安装在曲面哑铃轴上，与螺纹配合加工外椭圆面。车刀安装时不宜伸出过长，刀尖高度应与机床主轴中心等高。椭圆帽的加工过程见表2-20。

表2-20 椭圆帽的加工过程

零件名称	椭圆帽	零件图号		工件材质	45钢
工步号	工步内容	刀具号	简图		备注
夹持毛坯			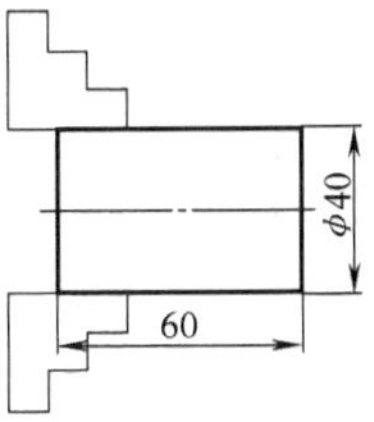		
1	粗车外圆	T01	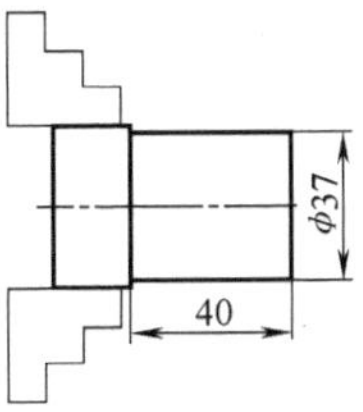		

（续）

工步号	工步内容	刀具号	简图	备注
	工件调头		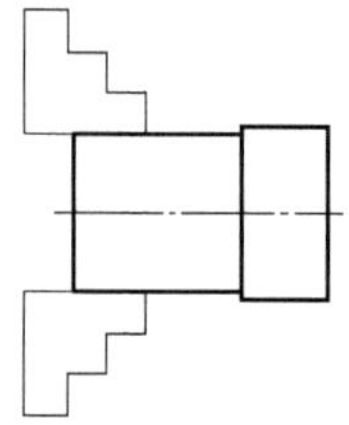	
1	车端面	T01	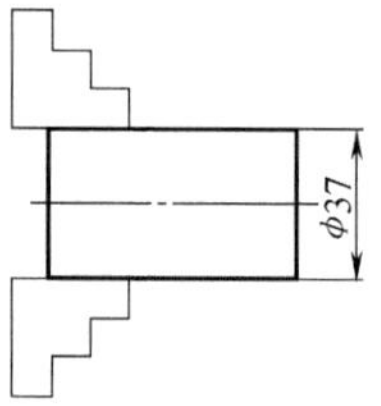	
2	粗车外圆	T01		
3	钻孔 ϕ20mm	T04	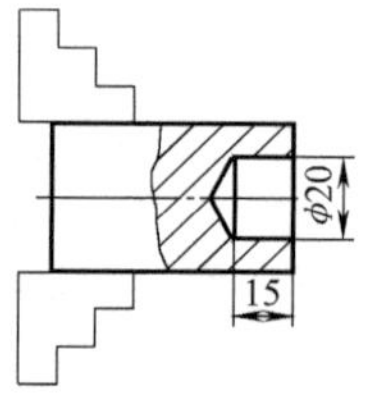	钻孔时，去除钻尖长度尺寸
4	精车 ϕ22.6mm 内孔	T02	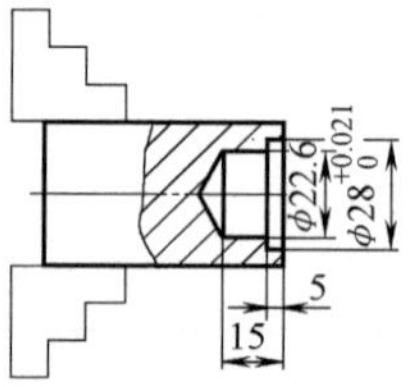	车不通孔时，严格控制孔的长度，避免损坏刀具
5	粗、精车 ϕ28mm 内孔	T02		
6	粗、精车 M24×1.5 螺纹	T03	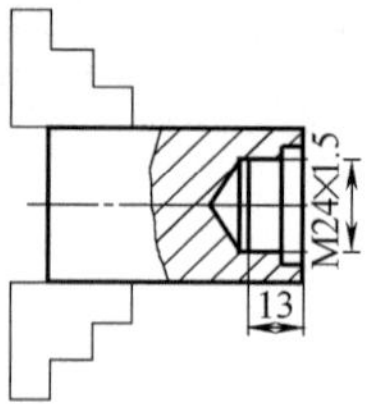	车螺纹时，严格控制螺纹的长度，避免损坏刀具
7	切断	T05		因为是实心切断，注意切断刀的几何尺寸
	将工件安装在曲面哑铃轴上		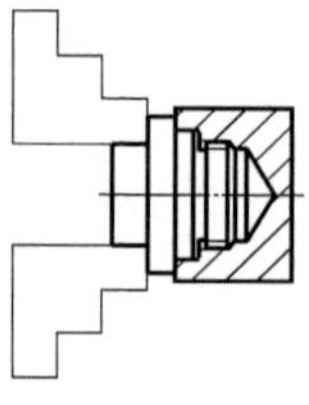	

（续）

工步号	工步内容	刀具号	简图		备注
1	粗车椭圆面	T01	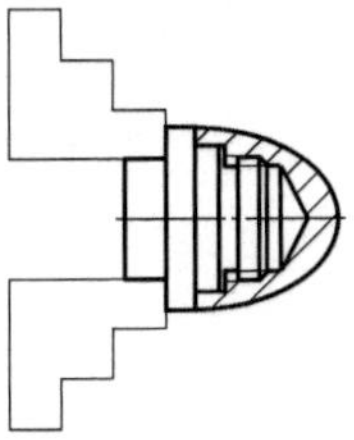		
2	精车椭圆面	T01			
3	去毛刺				
4	检测	用游标卡尺测量总长、孔深等尺寸，用内径千分尺检测 $\phi28^{+0.021}_{0}$mm 内孔尺寸，用螺纹塞规测量螺纹 M24×1.5，用椭圆样板检测椭圆			
编制		审核		批准	

【考核评价】

椭圆帽的手工编程与加工评分标准，见表 2-21。

表 2-21 椭圆帽的手工编程与加工评分标准

姓名		零件名称	椭圆帽	时间	240min	总得分	
项目	序号	检查内容		配分	评分标准	检测记录	得分
工件加工（50 分）	1	内孔尺寸	$\phi28^{+0.021}_{0}$mm	10	超差不得分		
	2	孔深尺寸	5mm、15mm	8	每处 4 分，超差不得分		
	3	螺纹尺寸	M24×1.5	7	超差不得分		
			公称直径	2	超差不得分		
			表面粗糙度	2	每处降低一级扣 1 分		
	4	椭圆尺寸	椭圆 50mm×35mm 外形	8	超差不得分		
	5	尖角、毛刺		3	不合格全扣		
	6	表面粗糙度		10	每处降低一级扣 1 分		
加工程序（25 分）	7	程序正确、完整		6	不正确每处扣 1 分		
	8	程序格式规范		5	不规范每处扣 0.5 分		
	9	工艺合理		5	不合理每处扣 1 分		
	10	程序参数选择合理		4	不合理每处扣 0.5 分		
	11	指令选用合理		5	不合理每处扣 1 分		
机床操作（17 分）	12	工件装夹合理		3	不合理每次扣 1 分		
	13	刀具选择及安装正确		3	不正确每次扣 1 分		
	14	对刀及坐标系设定正确		4	不正确每次扣 1.5 分		
	15	机床面板操作正确		4	误操作每次扣 1 分		
	16	意外情况处理合理		3	不正确每次扣 1.5 分		
文明生产（8 分）	17	安全操作		4	违反操作规程全扣		
	18	机床整理		4	不合格全扣		

【拓展训练】

加工如图 2-58 所示零件，材料为 45 钢，毛坯为 ϕ50mm×100mm 的棒料，按要求完成下列任务。

1）编写加工程序（用 B 类宏程序编写加工程序）；

2）对该零件进行仿真与实际加工。

【课后测评】

一、判断题

1. （　　）因为毛坯表面的重复定位精度差，所以粗基准一般只能使用一次。
2. （　　）*Z* 坐标的圆心坐标符号一般用 K 表示。
3. （　　）数控机床上的轴仅仅是指机床部件的直线运动方向。
4. （　　）半闭环伺服系统数控机床可直接测量机床工作台的位移量。
5. （　　）外圆粗车循环方式适合于加工要去除较大切削余量的棒料毛坯。

二、选择题

1. 在 FANUC 0i 数控系统中，每按下一次（　　）按钮，机床将执行一段程序后暂停。

A. 　　B. 　　C. 　　D. 

2. 在 FANUC 0i 数控系统中，开机后主轴的旋转必须在（　　）方式下起动。

A. MDI　　B. EDIT　　C. AUTO　　D. HND

3. 下面（　　）是程序段号的正确表达方式。

A. N0001　　B. O0001　　C. P0001　　D. X0001

4. 对 INPUT 说法错误的是（　　）。

A. 用于参数编程等的输入　　B. 用于 I/O 设备输入开始

C. MDI 方式的指令数据的输入　　D. 某些程序中的符号的输入

5. 下面关于指令 G71、G72 的运用，说法不正确的是（　　）。

A. 指令 G71、G72 的选择主要看工件的长径比，长径比小时用 G71

B. 指令 G71、G72 刀具的安装方式不一样，G72 时刀具的主切削刃向下

C. 指令 G71 和 G72 的走刀轨迹不一样

D. 用指令 G71 来加工棒料毛坯时，显得很不经济

三、简答题

1. 加工椭圆时，选择的角度值对加工精度有什么影响？
2. A 类宏程序和 B 宏程序有什么区别？

四、做中学

加工如图 2-59 所示椭圆零件，材料为 45 钢，毛坯为 ϕ60mm×67mm 的棒料，按要求完成下列任务。

1）编写椭圆零件的加工程序（用 B 类宏程序编写加工程序）；

2）对椭圆零件进行仿真与实际加工。

子任务三　椭圆帽的自动编程与加工

【任务目标】

1. 知识目标

1）巩固 CAXA 软件功能键的使用方法。

2）掌握 CAXA 软件的基本操作方法。

3）掌握粗精加工参数的选择方法。

4）掌握生成加工程序的操作方法。

2. 能力目标

1）能熟练操作数控车 CAXA 软件。

2）能用数控车 CAXA 软件生成椭圆帽的加工程序。

3）能用数控车 CAXA 软件完成椭圆帽零件的加工。

3. 素质目标

1）具备自动编程操作的能力。

2）具备自我学习的能力。

3）具备语言表达能力。

【任务分析】

椭圆帽的结构复杂，手工编程比较麻烦，用自动编程完成椭圆帽的加工，既省时又不易出错，工件质量较好。

【知识储备】

一、CAXA 数控车自动编程软件简介

CAXA 数控车是在全新的数控加工平台上开发的数控车床加工编程和二维图形设计软件。CAXA 数控车具有 CAD 软件的强大绘图功能和完善的外部数据接口，可以绘制任意复杂的图形，可通过 DXF、IGES 等数据接口与其他系统交换数据。CAXA 数控车具有轨迹生成及通用后置处理功能。该软件提供了功能强大、使用简洁的轨迹生成手段，可按加工要求生成各种复杂图形的加工轨迹。通用的后置处理模块使 CAXA 数控车可以满足各种机床的代码格式，可输出 G 代码，并对生成的代码进行校验及加工仿真。

1. 用户界面简介

用户界面（简称界面）是交互式绘图软件与用户进行信息交流的中介。系统通过界面反映当前信息状态或将要执行的操作，用户按照界面提供的信息做出判断，并经由输入设备进行下一步的操作。因此，用户界面被认为是人机对话的桥梁。

CAXA 数控车的用户界面主要包括三个部分，即菜单栏、工具栏和状态栏。另外，需要特别说明的是 CAXA 数控车提供了立即菜单的交互方式，用来代替传统的逐级查找的问答式交互，使得交互过程更加直观和快捷。CAXA 数控车使用新界面，如图 2-60 所示，更贴近用户，更简明易懂。

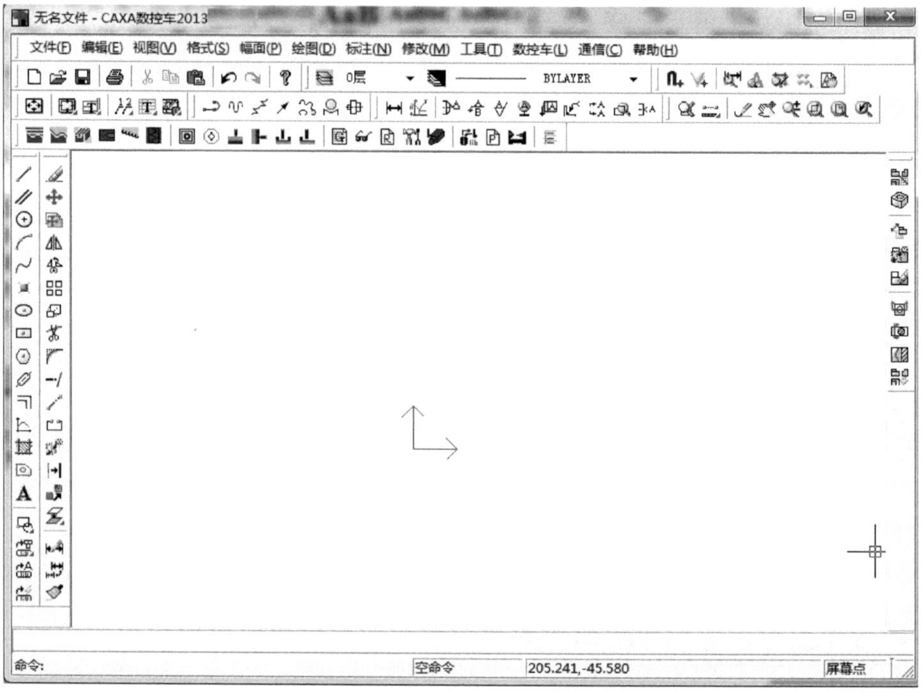

图 2-60 CAXA 数控车新界面

单击任意一个菜单项（如设置），都会弹出一个子菜单。单击“绘制工具”工具图标，在弹出的当前绘制工具栏中单击任意一个按钮，系统会弹出一个立即菜单，并在状态栏显示相应的操作提示和执行命令状态，如图 2-61 所示。

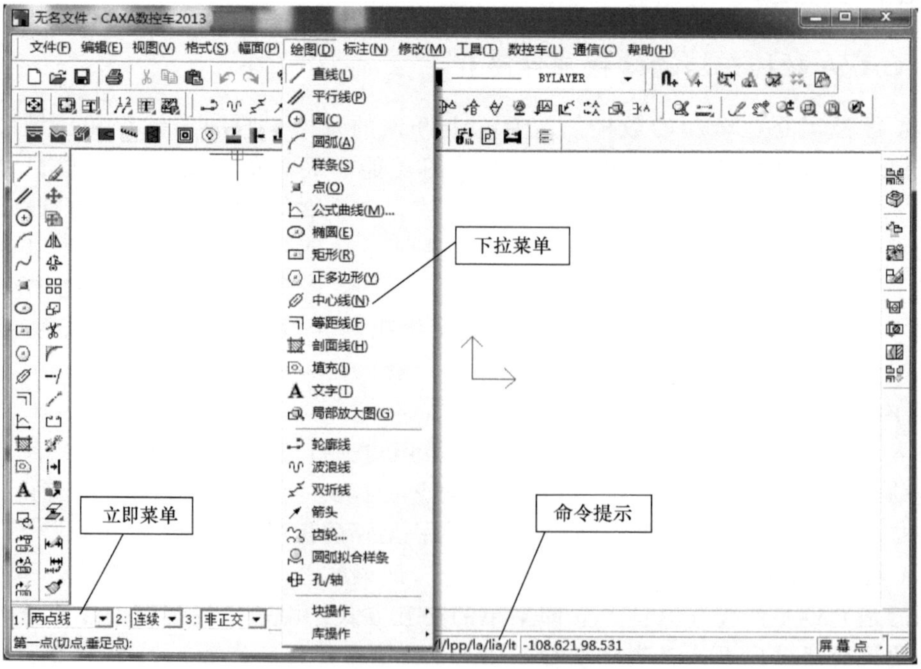

图 2-61 菜单结构

在立即菜单环境下，单击其中的某一项（如“1. 两点线”）或按“Alt+数字”组合键（如“Alt+1”），会在其下方出现一个选项菜单或者改变该项的内容，如图 2-62 左下方所示。另外，在这种环境下（工具菜单提示为“屏幕点”），按空格键，屏幕上会弹出一个被称为“工具点菜单”的选项菜单，用户可以根据作图需要从中选取特征点进行捕捉，如图 2-62 右侧所示。

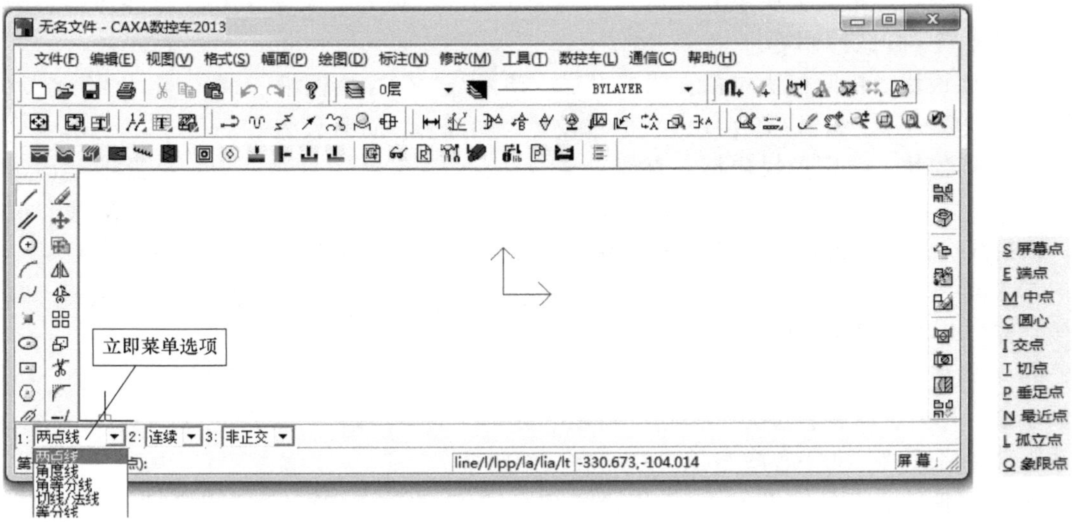

图 2-62 立即菜单的选项菜单及工具点菜单

2. 用户界面的主要内容

（1）绘图区 绘图区是用户进行绘图设计的工作区域，如图 2-60 所示的空白区域。它位于屏幕的中心，并占据了屏幕的大部分面积。广阔的绘图区为显示全图提供了清晰的空间。在绘图区的中央设置了一个二维直角坐标系，该坐标系称为世界坐标系，它的坐标原点为（0.0000，0.0000）。

CAXA 数控车以当前用户坐标系的原点为基准，水平方向为 X 方向，并且向右为正，向左为负；垂直方向为 Y 方向，向上为正，向下为负。在绘图区用指针拾取的点或由键盘输入的点，均以当前用户坐标系为基准。

（2）菜单系统 CAXA 数控车的菜单系统包括主菜单、立即菜单和工具菜单三个部分。

1）主菜单区。如图 2-63 所示，主菜单位于屏幕的顶部。它由菜单栏及其子菜单组成，菜单栏包括文件、编辑、视图、格式、幅面、绘图、标注、修改、工具、数控车和帮助等。每个部分都含有若干个下拉菜单。

图 2-63 菜单栏

① 文件模块。它主要对系统的文件进行管理，包括：新文件、打开文件、在新窗口中打开文件、存储文件、另存文件、并入文件、部分存储、绘图输出、文件检索、DWG/DXF 批转换器、应用程序管理器、退出等。

② 编辑模块。它主要对对象进行编辑，包括：取消操作、重复操作、选择所有、图形

剪切、复制、粘贴、选择性粘贴、插入对象、删除对象、链接、OLE 对象、对象属性和清除、清除所有字形识别等。

③ 视图模块。将视图控制的各项命令安排在屏幕子主菜单的“视图”菜单中，包括：重画、重新生成、全部重新生成、显示窗口、显示平移、显示全部、显示复原、显示比例、显示回溯、显示向后、显示缩小、动态平移/缩放、全屏显示等。

④ 格式模块。格式模块主要包括：层控制、线型、颜色、文本风格、标注风格、剖面图案、点样式、样式控制等。

⑤ 幅面模块。幅面模块包括：图幅设置、调入/定义/存储图框、调入/定义/存储/填写标题栏、生成/删除/编辑/交换序号、序号设置、明细表、背景设置等。

⑥ 绘图模块。绘图模块包括：直线、平行线、圆、圆弧、样条、点、公式曲线、正多边形、中心线、矩形、椭圆、等距线、剖面线、填充、文字、局部放大图、轮廓线、波浪线、双折线、箭头、齿轮、圆弧拟合样条、孔/轴、块操作、库操作等。

⑦ 标注模块。标注模块包括：尺寸/坐标/倒角/中心孔标注、粗糙度、引出说明、基准代号、形位公差、焊接/剖切符号等。

⑧ 修改模块。修改模块主要包括：删除、删除重线、平移、复制选择到、旋转、镜像、比例缩放、阵列、裁剪、过渡、齐边、打断、拉伸、打散、改变层/颜色/线型、标注修改、尺寸驱动、格式刷、文字查找替换、块的在位编辑等。

⑨ 工具模块。工具模块包括：三视图导航、查询、属性查看、用户坐标系、外部工具、捕捉点设置、拾取过滤设置、视图管理、自定义操作、界面操作、选项等。

⑩ 数控车模块。数控车模块是最重要的模块，CAXA 数控车后置处理、轨迹生成等功能项都在其中。后置处理包括：后置设置、机床设置代码生成、参数修改、轨迹仿真、查看代码等；轨迹生成包括：刀具库管理、轮廓粗车、轮廓精车、切槽、钻中心孔、车螺纹等。

⑪ 帮助模块。帮助模块包括：日积月累、帮助索引、实例教程、命令列表、关于 CAXA 数控车等。

2）立即菜单区。立即菜单描述了该项命令执行的各种情况和使用条件。用户根据当前的作图要求，正确地选择某一选项，即可得到准确的响应。

3）工具菜单区。工具菜单包括工具点菜单、拾取元素菜单。

（3）状态栏　CAXA 数控车提供了多种显示当前状态的功能，包括屏幕状态显示、操作信息提示、当前工具点设置及拾取状态显示等。

1）当前点坐标显示区。当前点坐标显示区位于屏幕底部状态栏的中部。当前点的坐标值随指针的移动做动态变化。

2）操作信息提示区。操作信息提示区位于屏幕底部状态栏的左侧，用于提示当前命令执行情况或提醒用户输入。

3）工具菜单状态提示。当前工具点设置及拾取状态提示位于状态栏的右侧，自动提示当前点的性质以及拾取方式。例如，点可能为屏幕点、切点、端点等，拾取方式为添加状态、移出状态等。

4）点捕捉状态设置区。点捕捉状态设置区位于状态栏的最右侧，在此区域内设置点的捕捉状态，分别为自由、智能、导航和栅格。

5）命令与数据输入区。命令与数据输入区位于状态栏左侧，用于由键盘输入命令或数据。

6）命令提示区。命令提示区位于命令与数据输入区与操作信息提示区之间，显示目前执行的功能的键盘输入命令的提示，便于用户快速掌握数控车的键盘命令。

（4）工具栏　在工具栏中，可以通过单击相应的功能按钮进行操作，系统默认工具栏包括“标准”工具栏、“属性”工具栏、“常用”工具条、“绘图工具”工具栏、“绘图工具Ⅱ”工具栏、“标注工具”工具栏、“图幅操作”工具栏、“设置工具”工具栏、“编辑工具”工具栏。工具栏也可以根据用户自己的习惯和需求进行定义。

3. 系统的交互方式

（1）立即菜单　立即菜单是CAXA数控车提供的独特的交互方式，大大改善了交互过程。立即菜单的典型示例如图2-64所示。

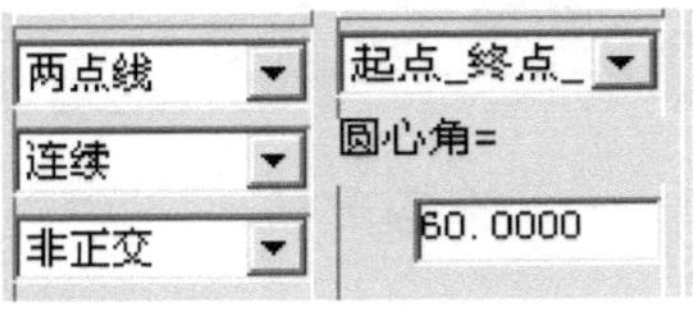

图2-64　立即菜单的典型示例

（2）点的输入　在交互过程中，常常会遇到输入精确定位点的情况。系统提供了点工具菜单，可以利用点工具菜单来精确定位一个点。可用键盘的空格键激活点工具菜单。弹出式点工具菜单如图2-65所示。

二、CAXA软件系统功能

1. CAXA数控车的CAD功能

（1）基本图形的构建

1）直线。单击曲线生成工具图标或从菜单栏中选择“曲线”→“直线”，即可激活直线生成功能。切换立即菜单，可以用不同的方法生成直线。

图2-65　弹出式点工具菜单

2）圆弧。单击曲线生成工具图标或从菜单栏中选择“曲线”→“圆弧”，即可激活圆弧生成功能。通过切换立即菜单，可以采用不同的方式生成圆弧。

（2）曲线的编辑　曲线的编辑包括曲线过渡、曲线裁剪、曲线打断、曲线组合和曲线延伸等。

1）曲线过渡。曲线过渡是对指定的两条曲线进行圆弧过渡、尖角过渡、对两条直线进行倒角过渡。

① 圆角过渡。用于在两条曲线之间进行给定半径的圆弧光滑过渡。

② 尖角过渡。用于在给定的两条曲线之间进行过渡，过渡后在两曲线的交点处呈尖角。

③ 倒角过渡。用于在给定的两条直线之间进行过渡，过渡后在两直线之间倒一条直线。

2）曲线裁剪。曲线裁剪是指使用曲线做剪刀，裁掉其他曲线上不需要的部分。系统提供的曲线裁剪方式有四种：快速裁剪、线裁剪、点裁剪和修剪。

2. CAXA数控车的CAM功能

（1）加工轨迹　功能强大、使用简洁的轨迹生成手段，可按加工要求生成各种复杂图形的加工轨迹。

（2）通用后置　通用的后置处理模块使CAXA数控车可以满足各种机床的代码格式，可输出G代码，并可对生成的代码进行校验及加工仿真。

（3）刀具管理　可以定义、确定刀具的有关数据，以便于用户从刀具库中获取刀具信息和对刀具库进行维护；刀具库定义支持车削加工中心。

（4）代码反读　代码反读功能可以随时查看编程输出后的代码图形。

（5）轨迹仿真　对已有的加工轨迹进行加工过程模拟，以检查加工轨迹的正确性。

（6）数据接口　DXF、IGES 数据接口通行无阻，可接收其他软件的数据。

（7）参数修改　对生成的轨迹不满意时可以用参数修改功能对轨迹的各种参数进行修改，以生成新的加工轨迹。

【任务实施】

一、任务准备

1）准备相关教学资料，包括教材、教参、多媒体课件、视频文件等。

2）准备教学用辅具；选用 FANUC 0i 系统数控车床，计算机及 CAXA 软件。

二、椭圆帽的自动加工

单击桌面左下角的“开始”→“程序”→“CAXA 数控车”来运行软件。运用 CAXA 数控车软件完成椭圆帽的自动加工。

1. 加工造型

在“CAXA 数控车 2013”中完成椭圆帽的加工造型（建模），如图 2-66 所示。

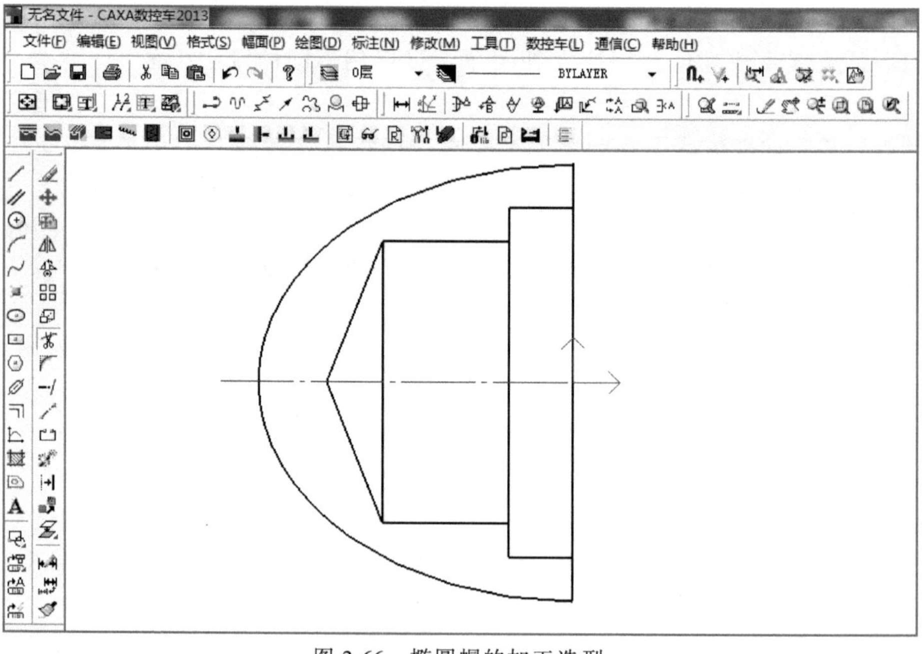

图 2-66　椭圆帽的加工造型

2. 机床类型设置

单击按钮，弹出“机床类型设置”对话框，如图 2-67 所示。

设置完成后单击 确定[O] 按钮保存。

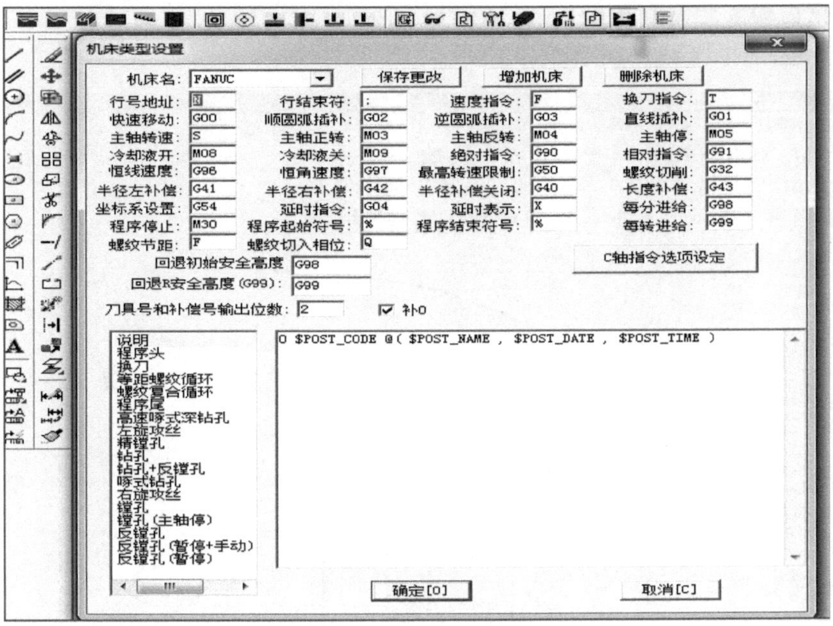

图 2-67 机床类型设置

3. 后置处理设置

单击按钮，弹出“后置处理设置”对话框，如图 2-68 所示。

图 2-68 后置处理设置

设置完成后单击 确定[O] 按钮保存。

机床类型和后置处理设置完成后，按椭圆帽的加工工艺依次对该工件各部分进行自动加工设置。

4. 椭圆帽内轮廓粗车加工

1）形成封闭加工区域，如图 2-69 所示。

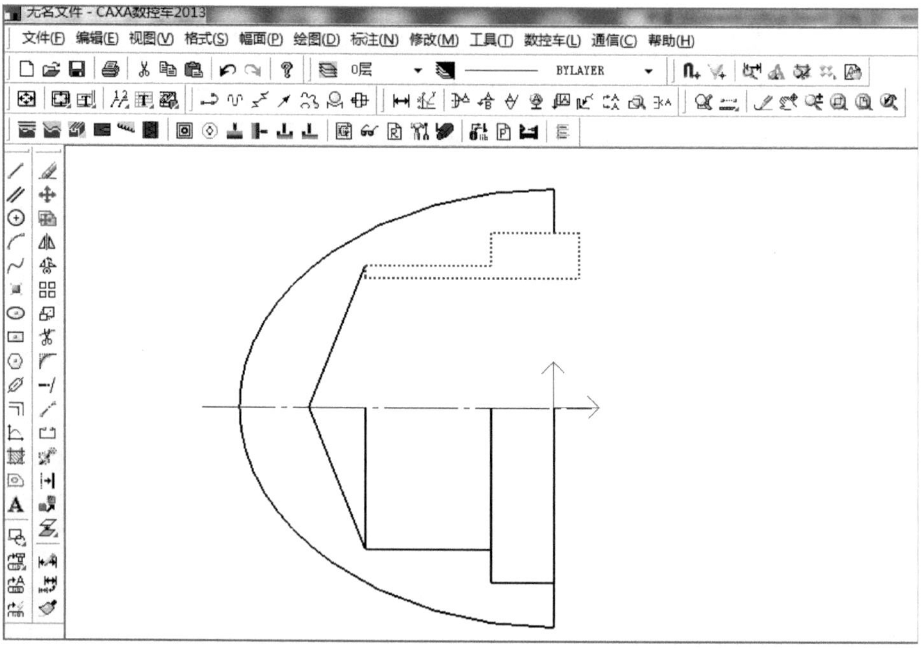

图 2-69　内轮廓加工区域

2）内轮廓粗车参数设置。单击“数控车”→“轮廓粗车”菜单，或单击按钮，弹出“粗车参数表”对话框，按图 2-70 进行参数设置。

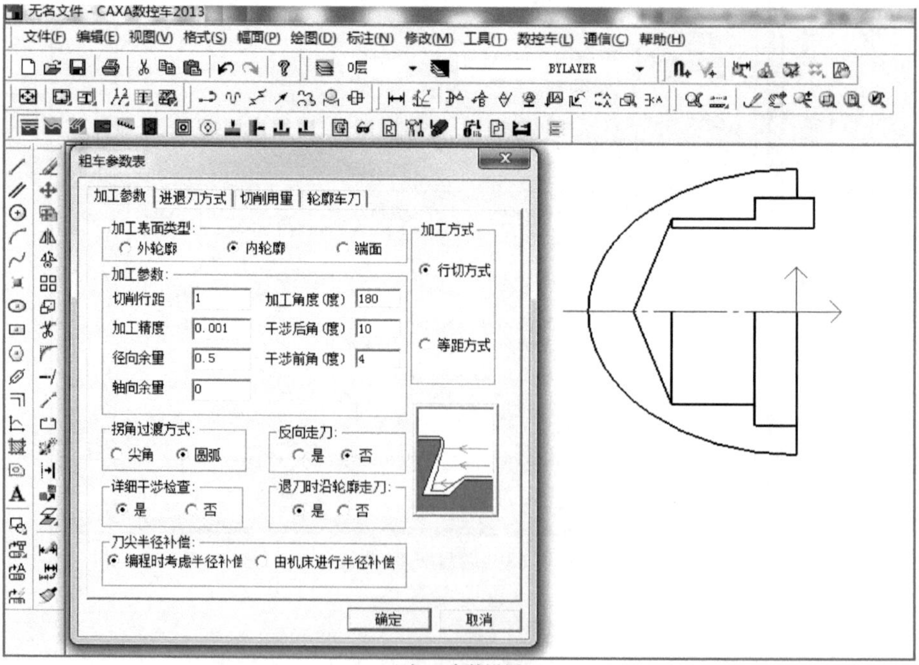

a) 加工参数设置

图 2-70　粗车参数设置

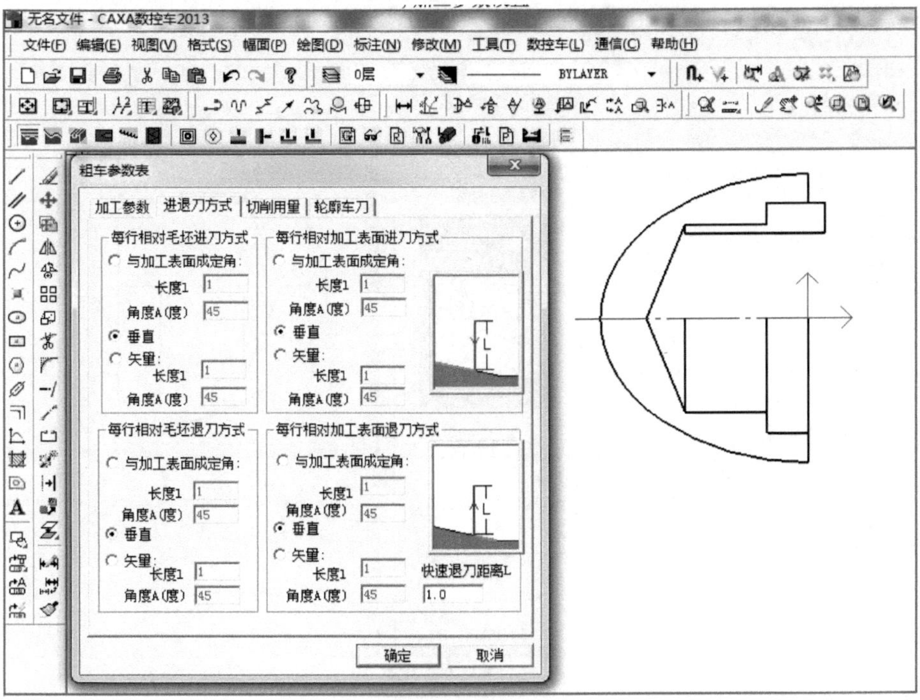

b) 进退刀方式设置

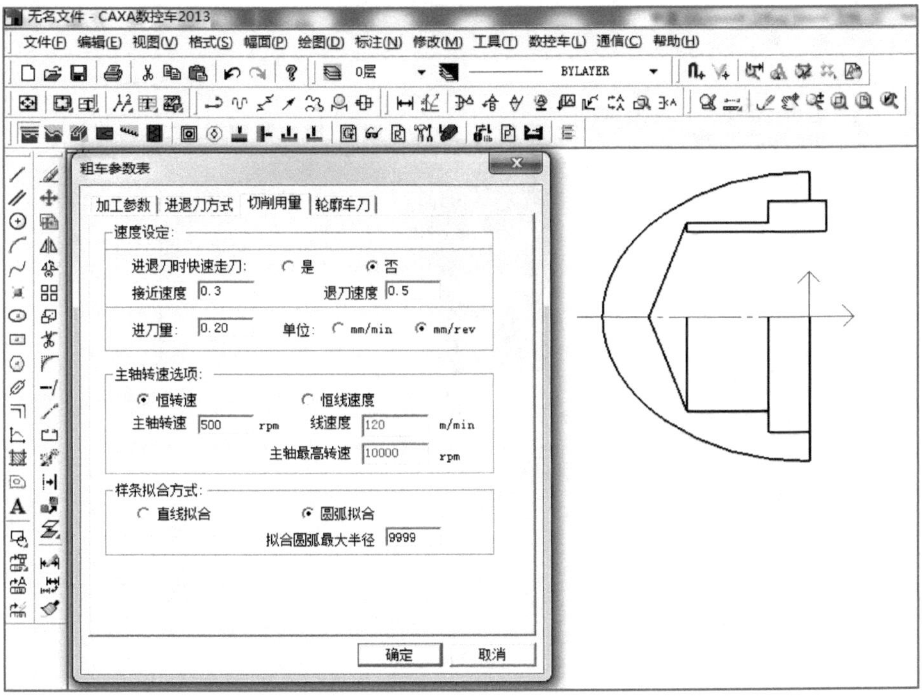

c) 切削用量设置

图 2-70　粗车参数设置（续）

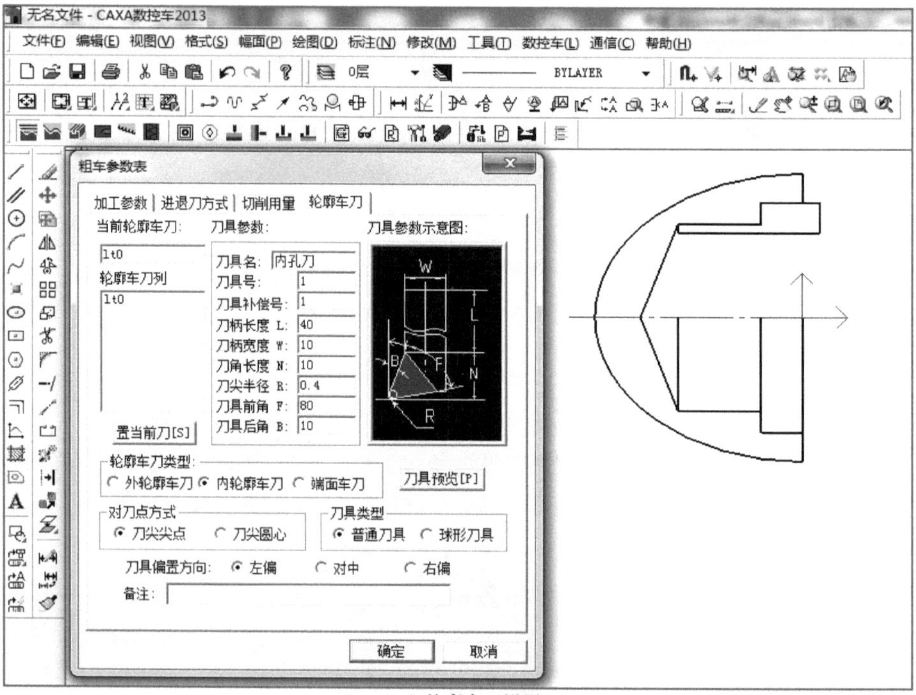

d) 轮廓车刀设置

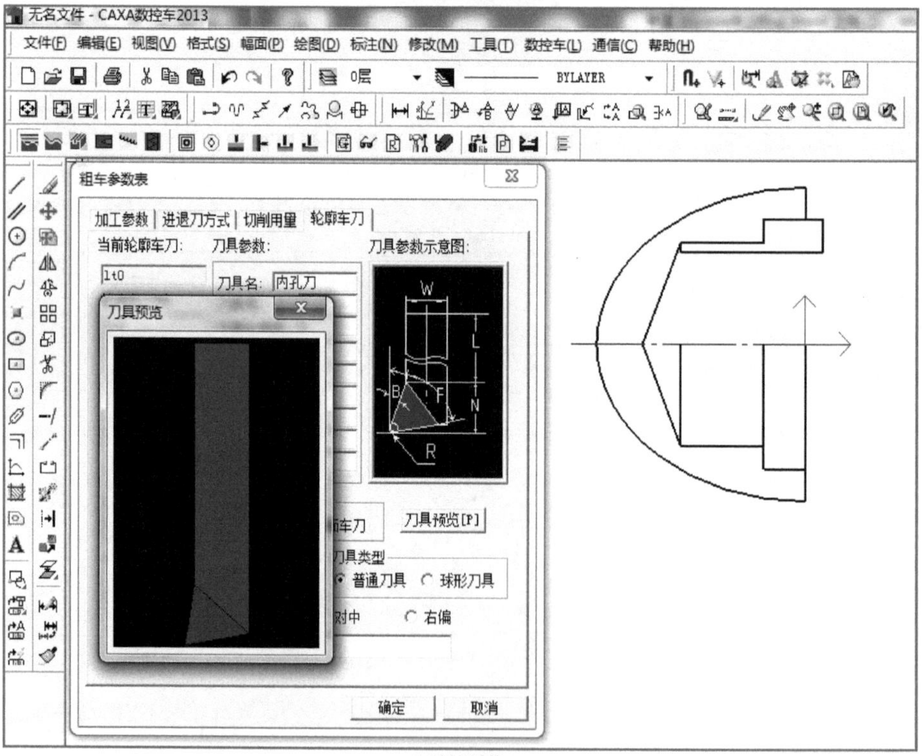

e) 刀具预览

图 2-70 粗车参数设置（续）

3）设置完成后，单击“确定”按钮，用“单个拾取”方式拾取被加工工件表面轮廓，单击鼠标右键，根据提示拾取毛坯轮廓，然后在毛坯外面单击，选择一点作为刀具的进退刀点，即生成轮廓粗车轨迹，生成轮廓粗车轨迹的过程如图 2-71 所示。

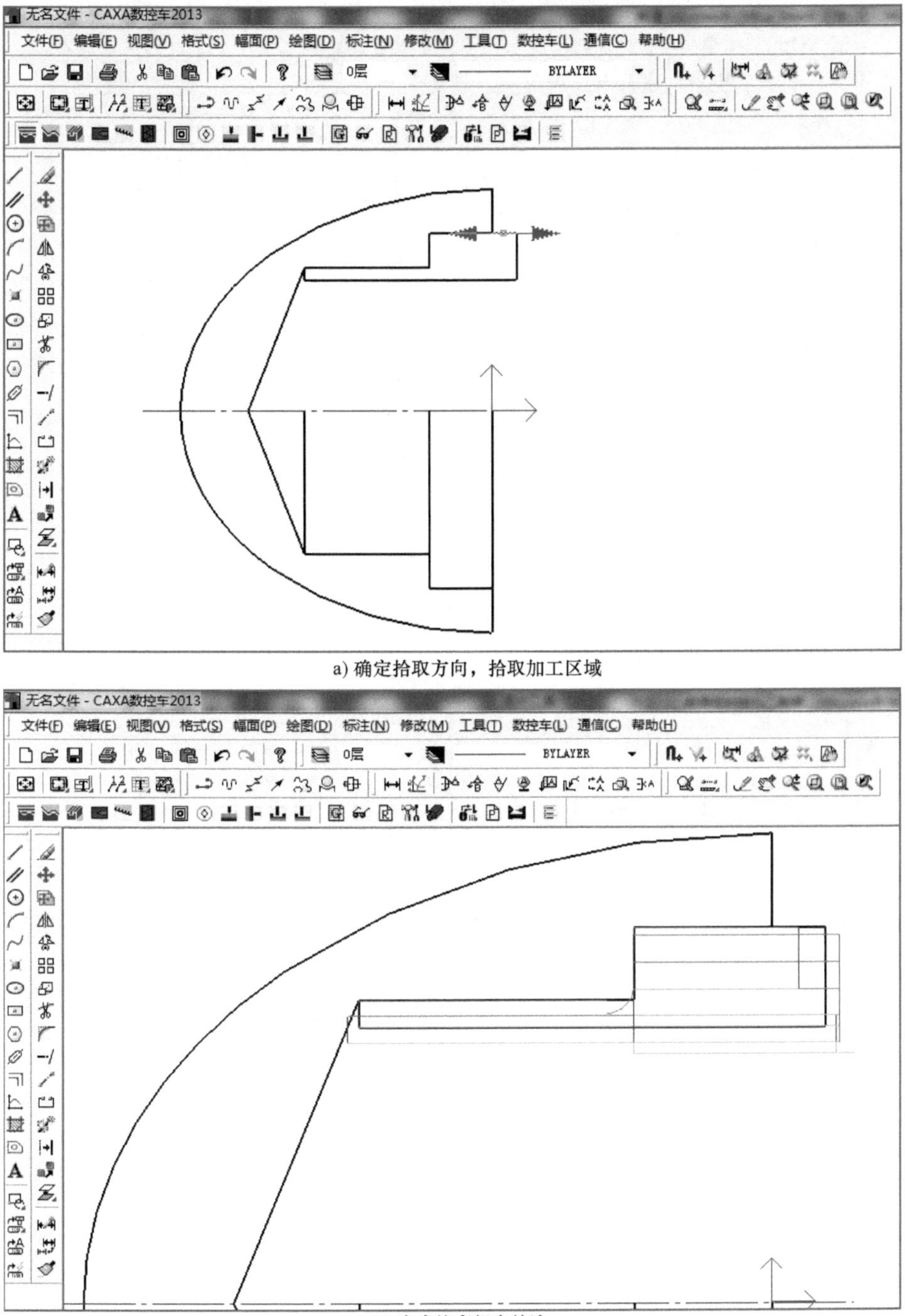

a) 确定拾取方向，拾取加工区域

b) 生成轮廓粗车轨迹

图 2-71　生成轮廓粗车轨迹的过程

4）生成 NC 代码。单击“数控车”→“代码生成”菜单，或单击  按钮，弹出“生成后置代码”对话框，输入文件名，选择好存放文件的目录，如图 2-72 所示。

按照加工工艺顺序，选择“轮廓粗车轨迹”，单击鼠标右键，即生成 NC 代码（粗加工

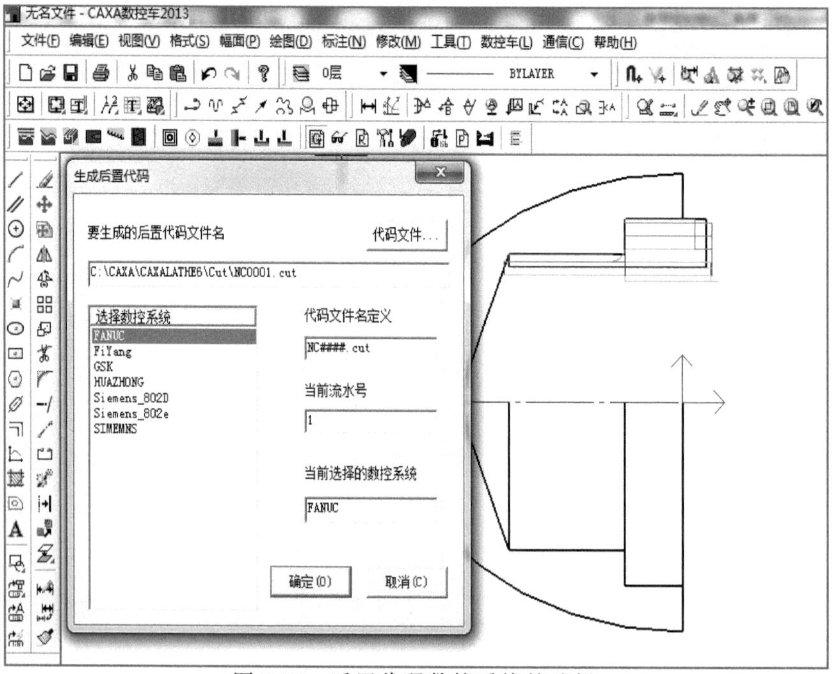

图 2-72　后置代码数控系统的选择

程序），如图 2-73 所示。

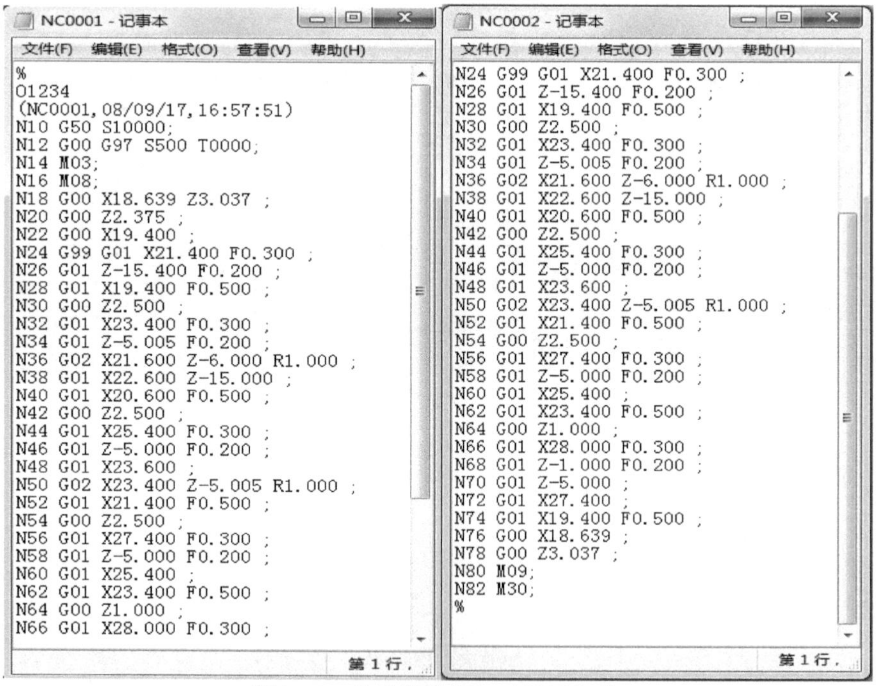


```
%
O1234
(NC0001,08/09/17,16:57:51)
N10 G50 S10000;
N12 G00 G97 S500 T0000;
N14 M03;
N16 M08;
N18 G00 X18.639 Z3.037 ;
N20 G00 Z2.375 ;
N22 G00 X19.400 ;
N24 G99 G01 X21.400 F0.300 ;
N26 G01 Z-15.400 F0.200 ;
N28 G01 X19.400 F0.500 ;
N30 G00 Z2.500 ;
N32 G01 X23.400 F0.300 ;
N34 G01 Z-5.005 F0.200 ;
N36 G02 X21.600 Z-6.000 R1.000 ;
N38 G01 X22.600 Z-15.000 ;
N40 G01 X20.600 F0.500 ;
N42 G00 Z2.500 ;
N44 G01 X25.400 F0.300 ;
N46 G01 Z-5.000 F0.200 ;
N48 G01 X23.600 ;
N50 G02 X23.400 Z-5.005 R1.000 ;
N52 G01 X21.400 F0.500 ;
N54 G00 Z2.500 ;
N56 G01 X27.400 F0.300 ;
N58 G01 Z-5.000 F0.200 ;
N60 G01 X25.400 ;
N62 G01 X23.400 F0.500 ;
N64 G00 Z1.000 ;
N66 G01 X28.000 F0.300 ;
```



```
N24 G99 G01 X21.400 F0.300 ;
N26 G01 Z-15.400 F0.200 ;
N28 G01 X19.400 F0.500 ;
N30 G00 Z2.500 ;
N32 G01 X23.400 F0.300 ;
N34 G01 Z-5.005 F0.200 ;
N36 G02 X21.600 Z-6.000 R1.000 ;
N38 G01 X22.600 Z-15.000 ;
N40 G01 X20.600 F0.500 ;
N42 G00 Z2.500 ;
N44 G01 X25.400 F0.300 ;
N46 G01 Z-5.000 F0.200 ;
N48 G01 X23.600 ;
N50 G02 X23.400 Z-5.005 R1.000 ;
N52 G01 X21.400 F0.500 ;
N54 G00 Z2.500 ;
N56 G01 X27.400 F0.300 ;
N58 G01 Z-5.000 F0.200 ;
N60 G01 X25.400 ;
N62 G01 X23.400 F0.500 ;
N64 G00 Z1.000 ;
N66 G01 X28.000 F0.300 ;
N68 G01 Z-1.000 F0.200 ;
N70 G01 Z-5.000 ;
N72 G01 X27.400 ;
N74 G01 X19.400 F0.500 ;
N76 G00 X18.639 ;
N78 G00 Z3.037 ;
N80 M09;
N82 M30;
%
```


图 2-73　生成轮廓粗加工后置文件

5）粗车轨迹仿真加工如图 2-74 所示。单击“数控车”→“轨迹仿真”菜单，可指定仿真的类型和仿真的步长。拾取要仿真的加工轨迹，此时可使用系统提供的选择拾取工具。在结束拾取前，仍可修改仿真的类型和仿真的步长。单击鼠标右键结束拾取，系统弹出“轨迹仿真控制条”，单击 ▶ 按钮开始仿真。仿真过程中可单击 ⏸ 按钮暂停仿真，单击 ⏩

按钮仿真下一步，单击按钮仿真上一步，单击按钮终止仿真。仿真结束后，可以单击按钮重新仿真，或者单击按钮终止仿真。

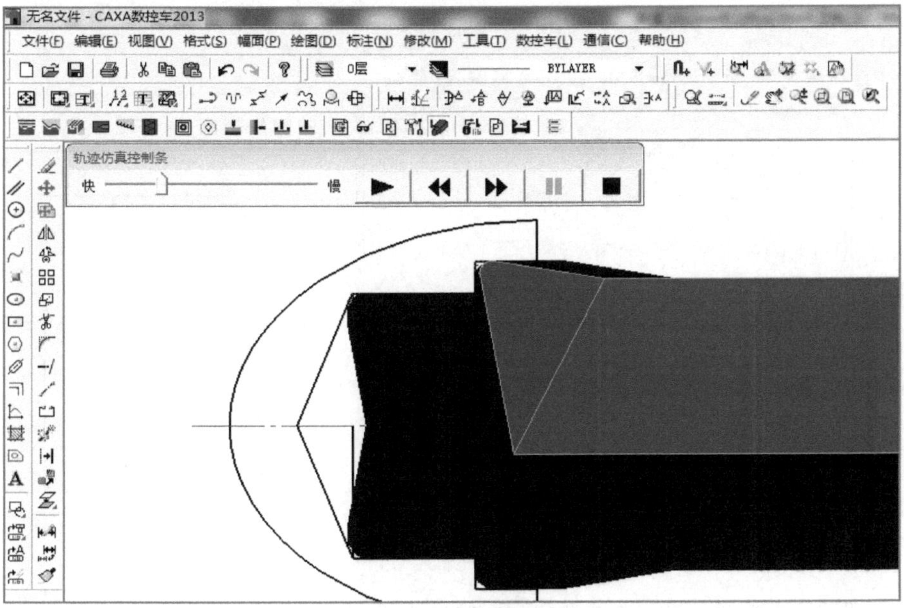

图 2-74　粗车轨迹仿真加工

5. 椭圆帽内轮廓精车加工

1）形成封闭加工区域，如图 2-75 所示。

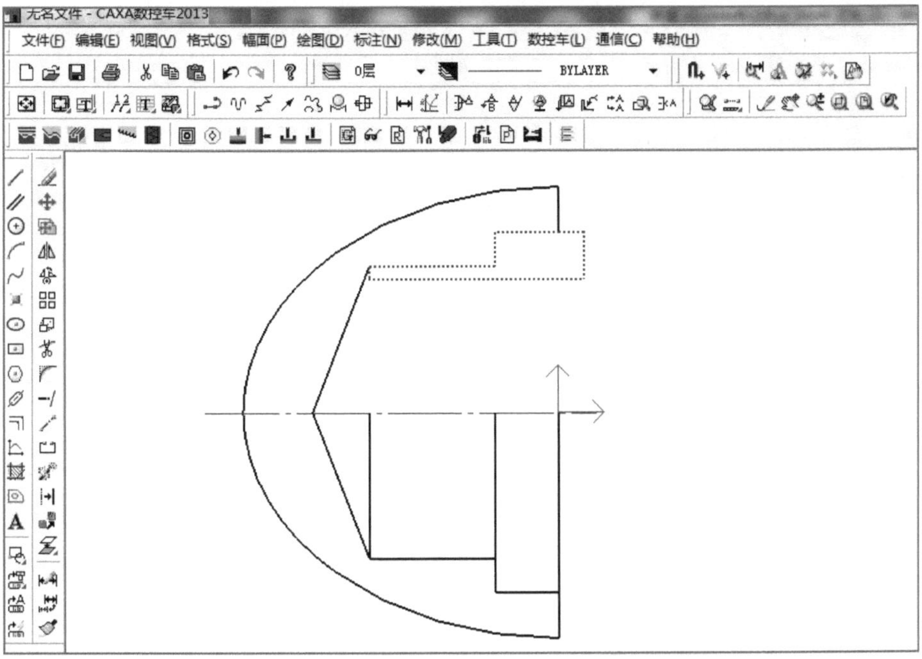

图 2-75　精车加工区域

2）内轮廓精车参数设置。单击“数控车”→“轮廓精车”菜单，或单击按钮，弹出“精车参数表”对话框，按图 2-76 进行参数设置。

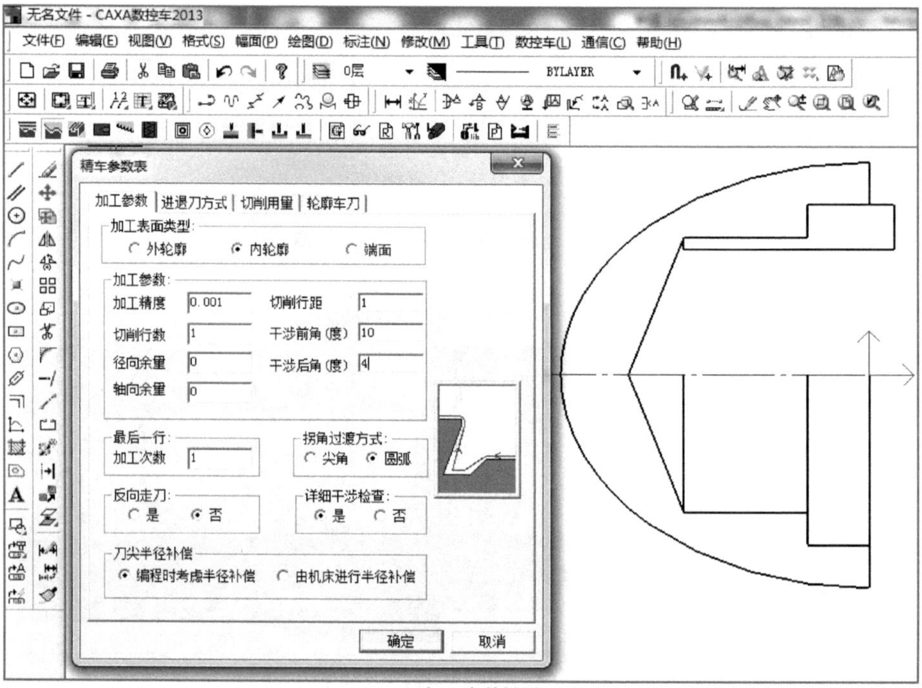

a) 加工参数设置

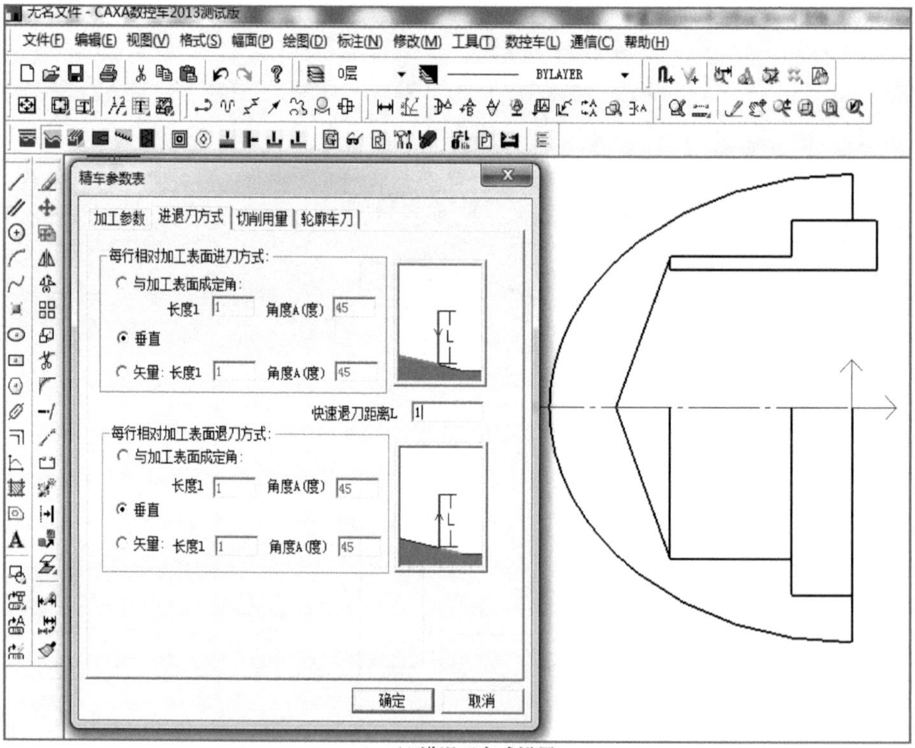

b) 进退刀方式设置

图 2-76 精车

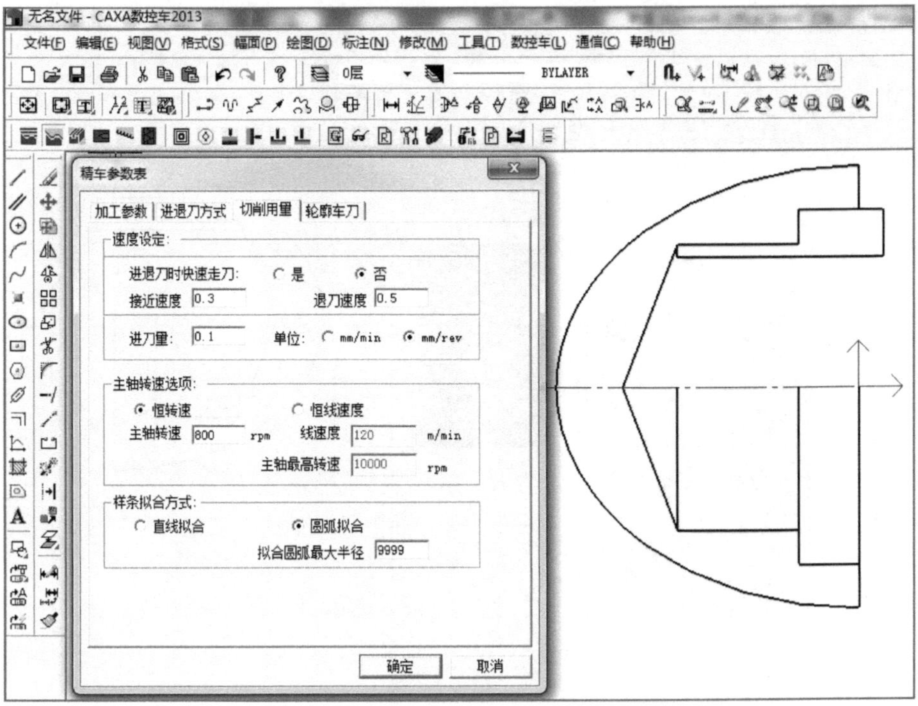

c) 切削用量设置

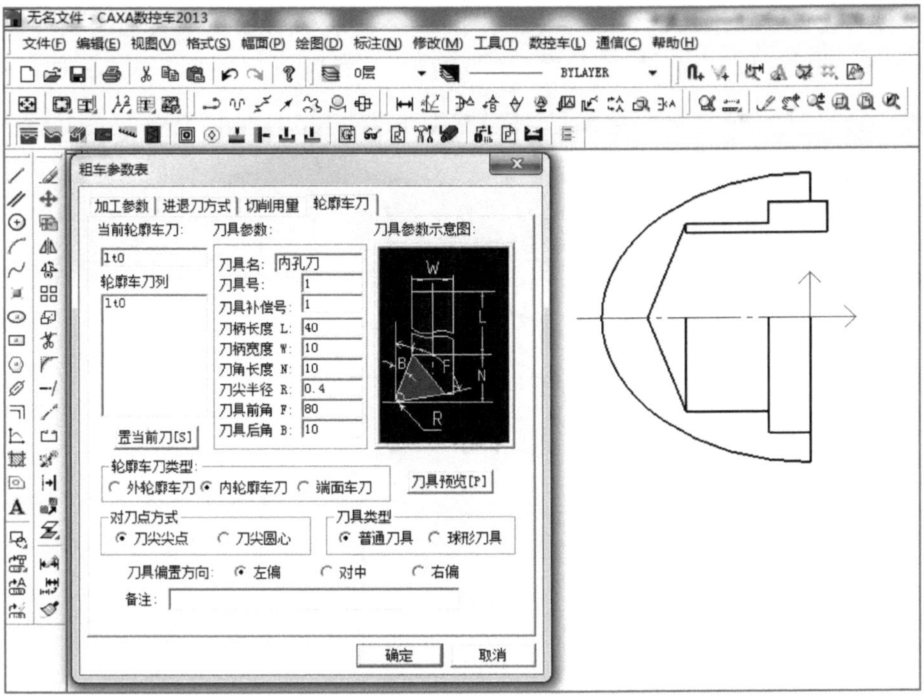

d) 轮廓车刀设置

参数设置

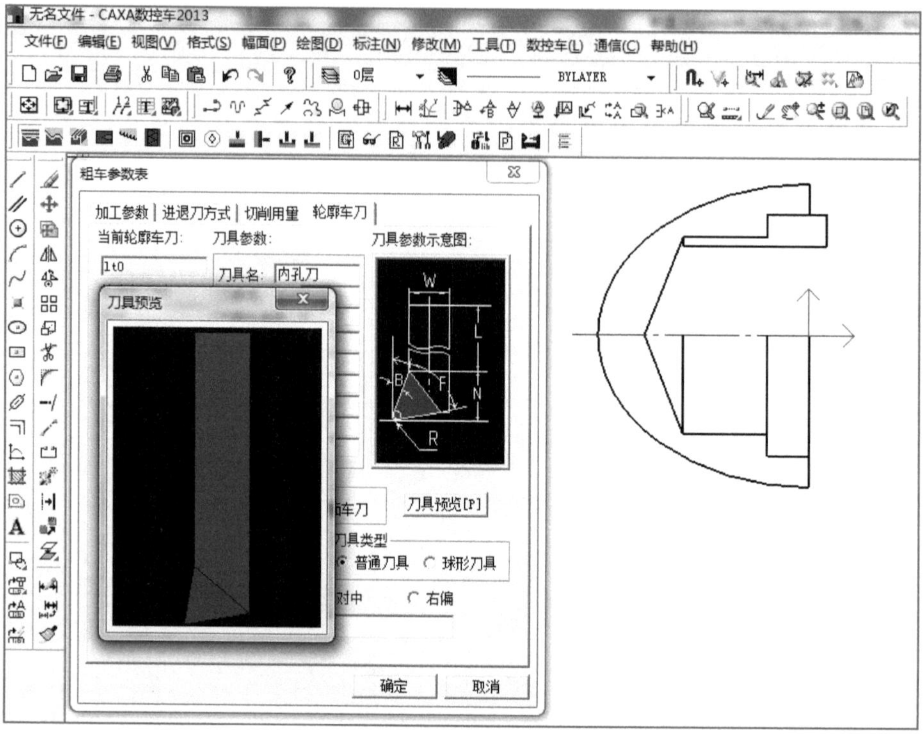

e) 刀具预览

图 2-76 精车参数设置（续）

3）设置完成后，单击“确定”按钮，用“单个拾取”方式拾取被加工工件表面轮廓，单击鼠标右键，根据提示拾取精加工区域（图 2-77），然后在毛坯外面单击，选择一点作为

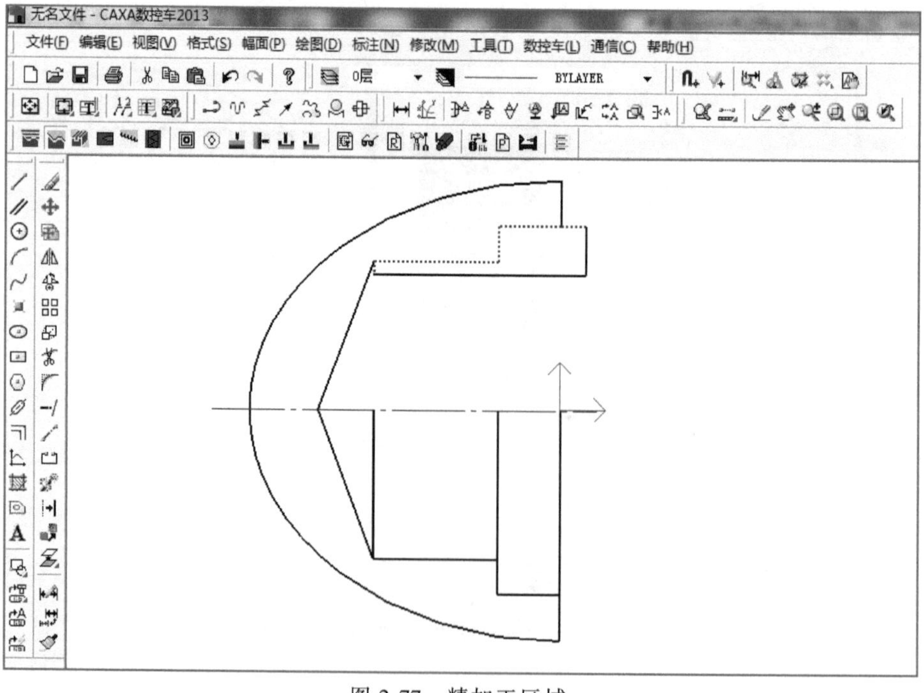

图 2-77 精加工区域

刀具的进退刀点，即生成轮廓精车轨迹，如图 2-78 所示。

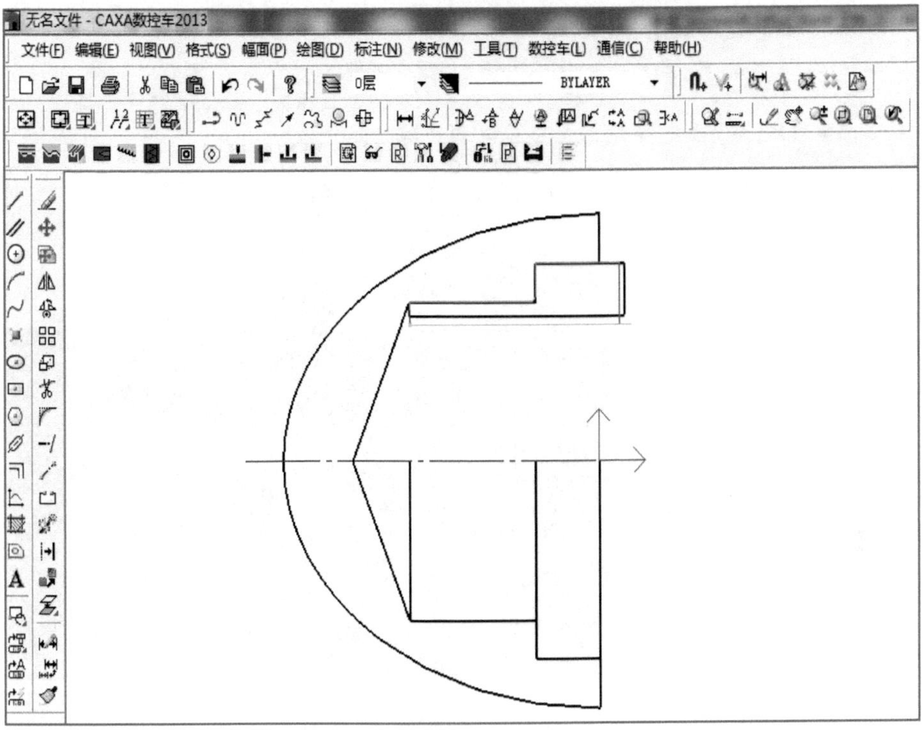

图 2-78　生成轮廓精车轨迹

4）自动生成精加工程序，如图 2-79 所示。

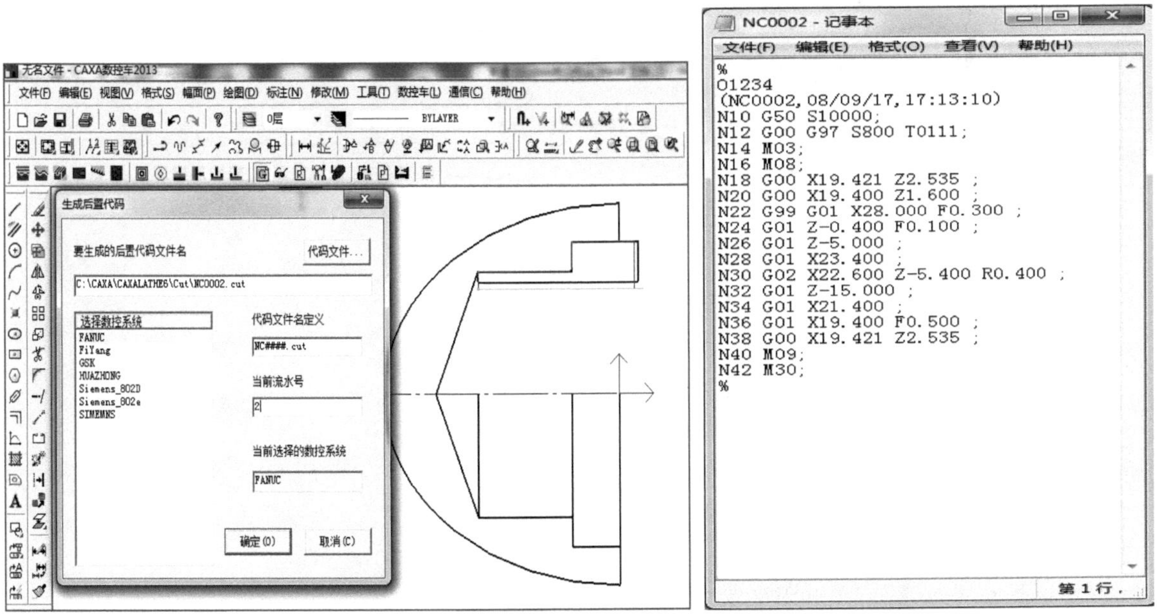

a) 数据系统的选择　　　　b) 精加工程序

图 2-79　生成轮廓精加工后置文件

5）精车轨迹仿真加工如图 2-80 所示。

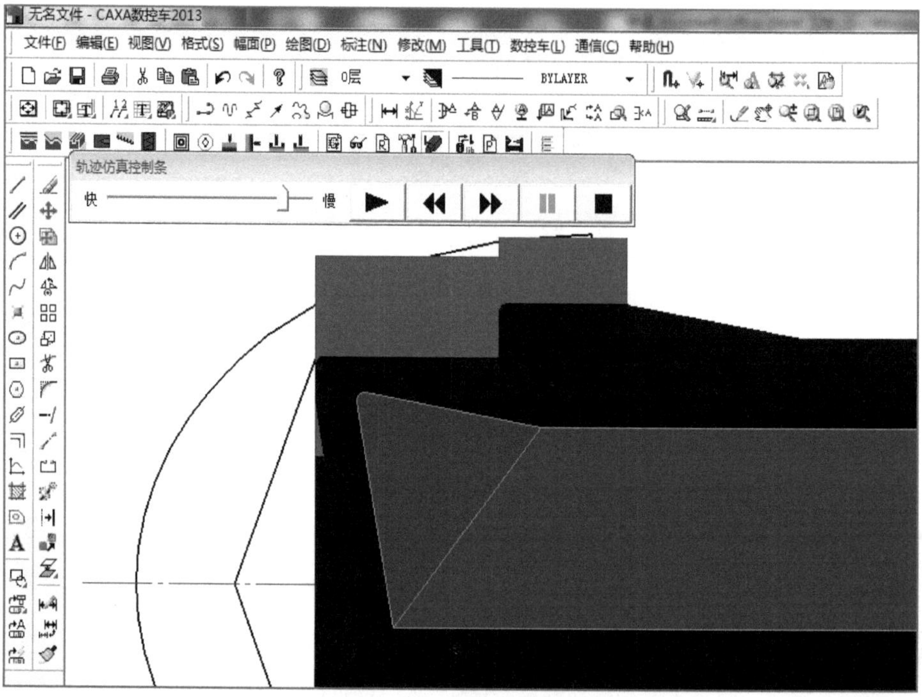

图 2-80　精车轨迹仿真加工

6. 椭圆帽内螺纹粗、精车加工

1）在工件右端螺纹区域拾取螺纹起始点，如图 2-81 所示。

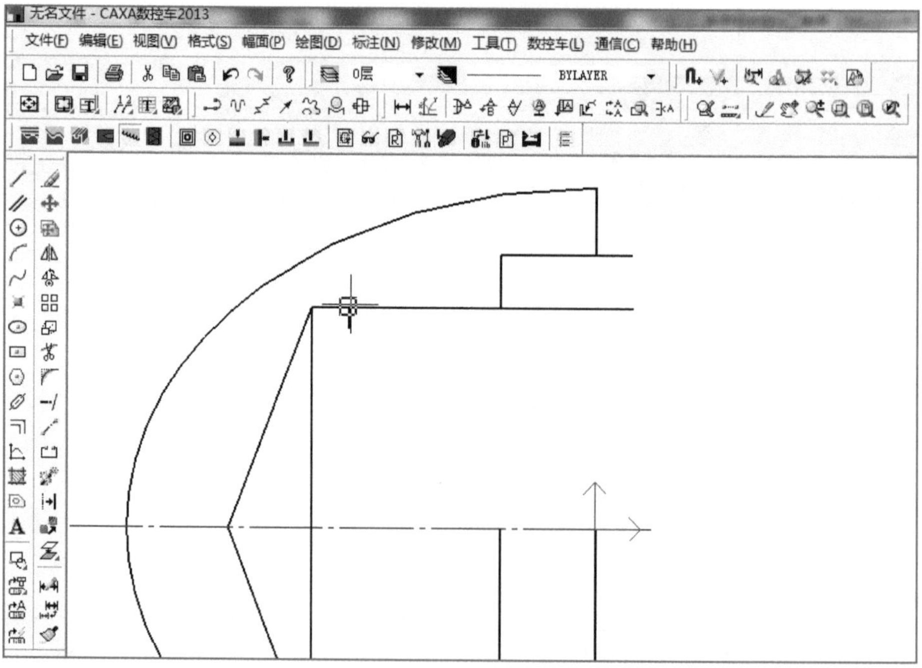

图 2-81　螺纹起始点的拾取

2）螺纹参数设置。单击“数控车”→“车螺纹”菜单，或单击按钮，按提示拾取螺纹起始点和螺纹终点，弹出“螺纹参数表”对话框，按图 2-82 进行参数设置。

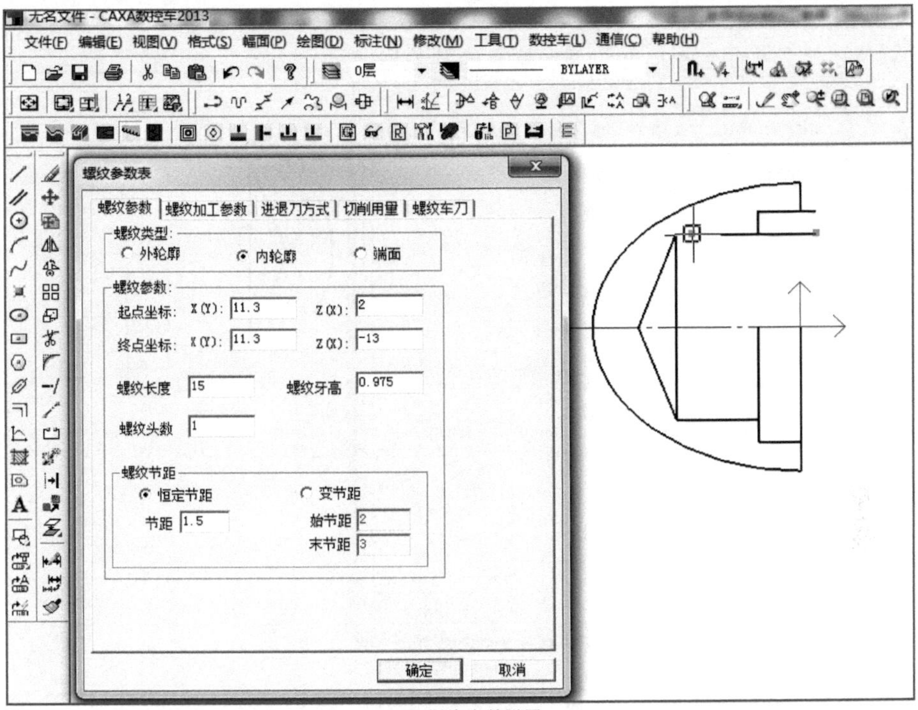

a) 螺纹参数设置

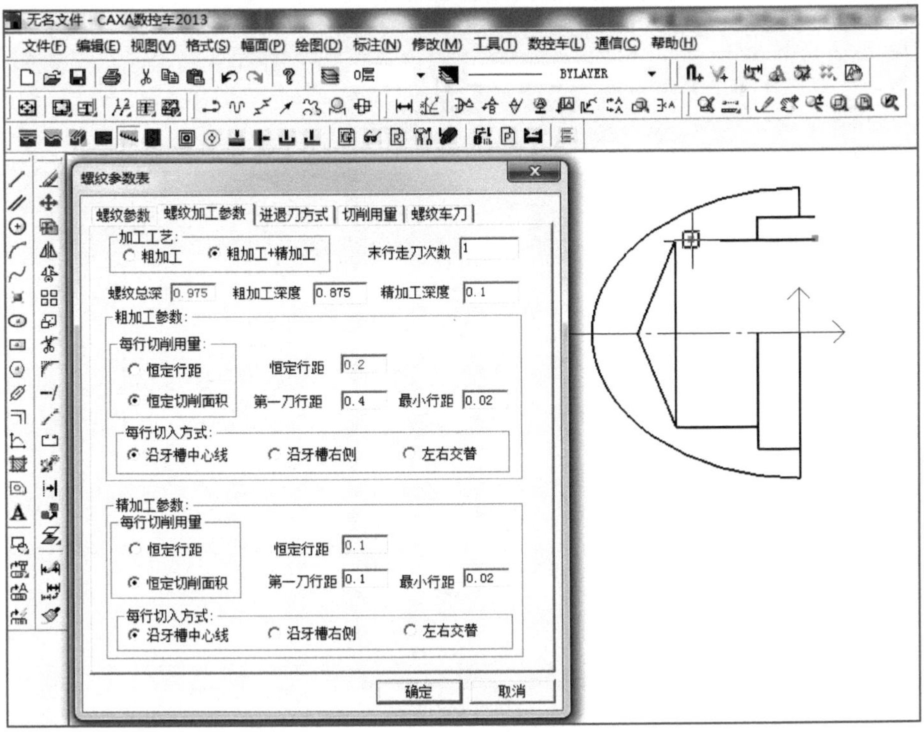

b) 螺纹加工参数设置

图 2-82　螺纹参数设置

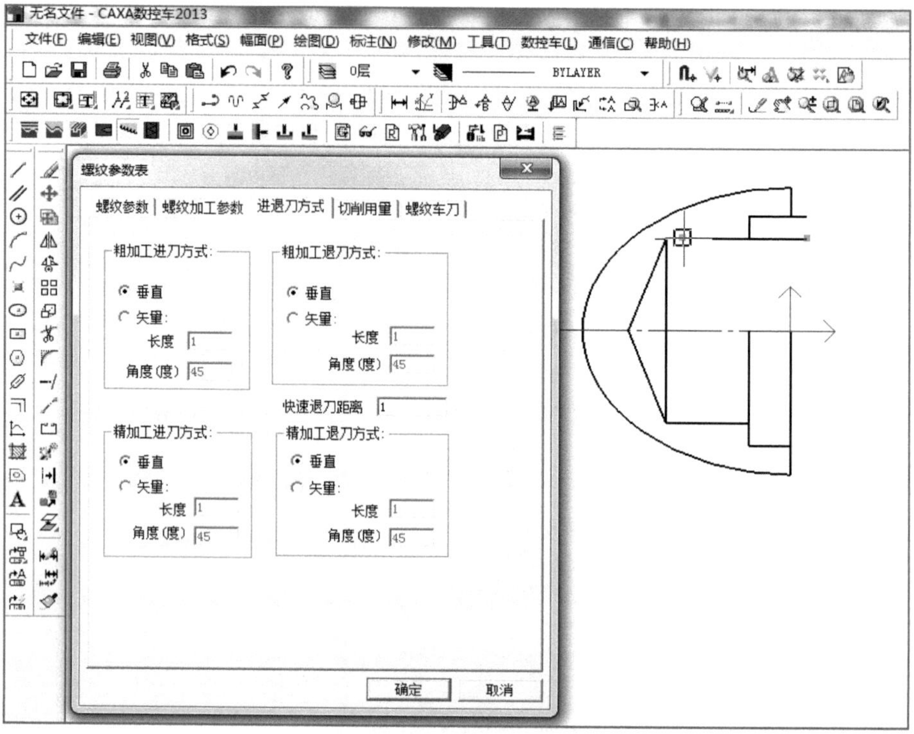

c) 进退刀方式设置

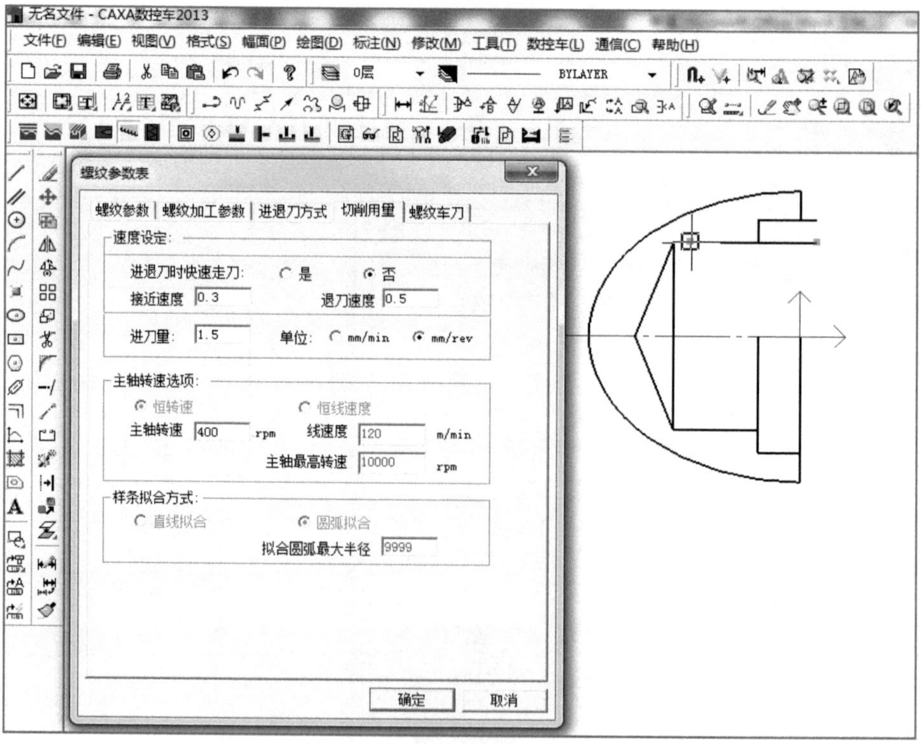

d) 切削用量设置

图 2-82 螺纹参数设置（续）

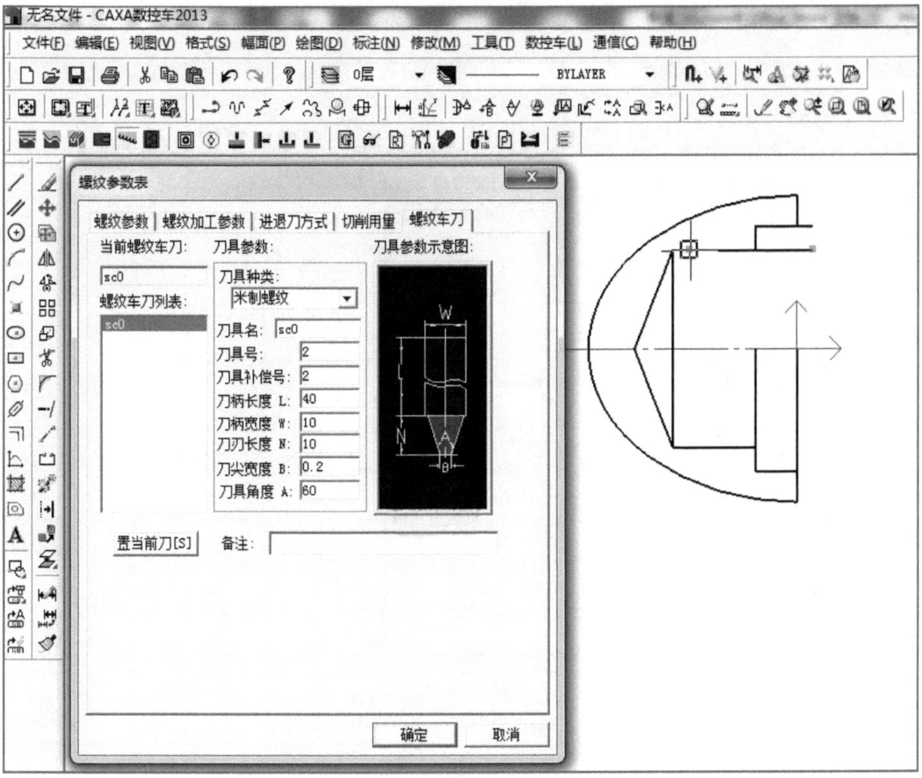

e) 螺纹车刀设置

图 2-82　螺纹参数设置（续）

3）设置完成后，单击“确定”按钮，在毛坯外面单击，选择一点作为刀具的进退刀点，即生成螺纹加工轨迹，如图 2-83 所示。

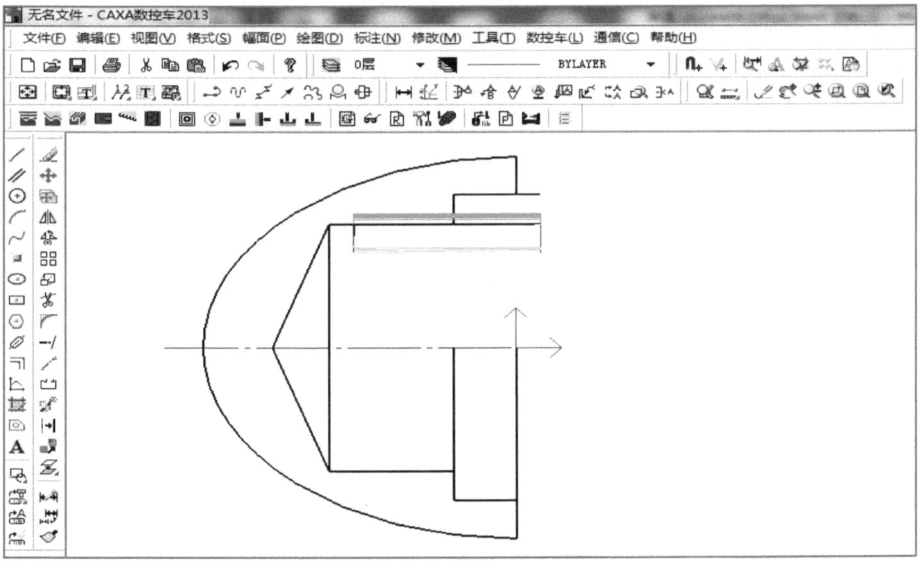

图 2-83　生成螺纹加工轨迹

4）自动生成螺纹加工程序，如图 2-84 所示。

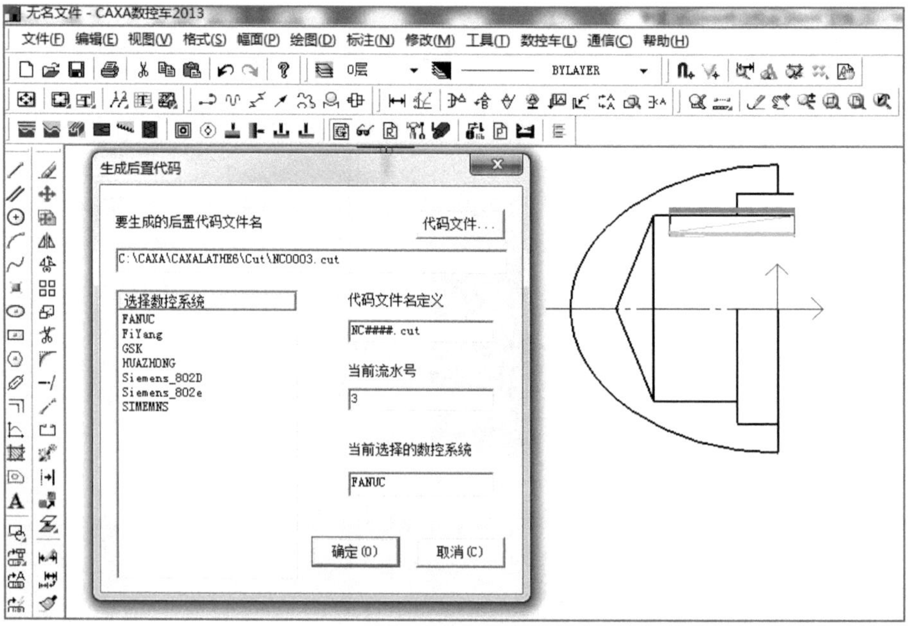

a) 数控系统的选择

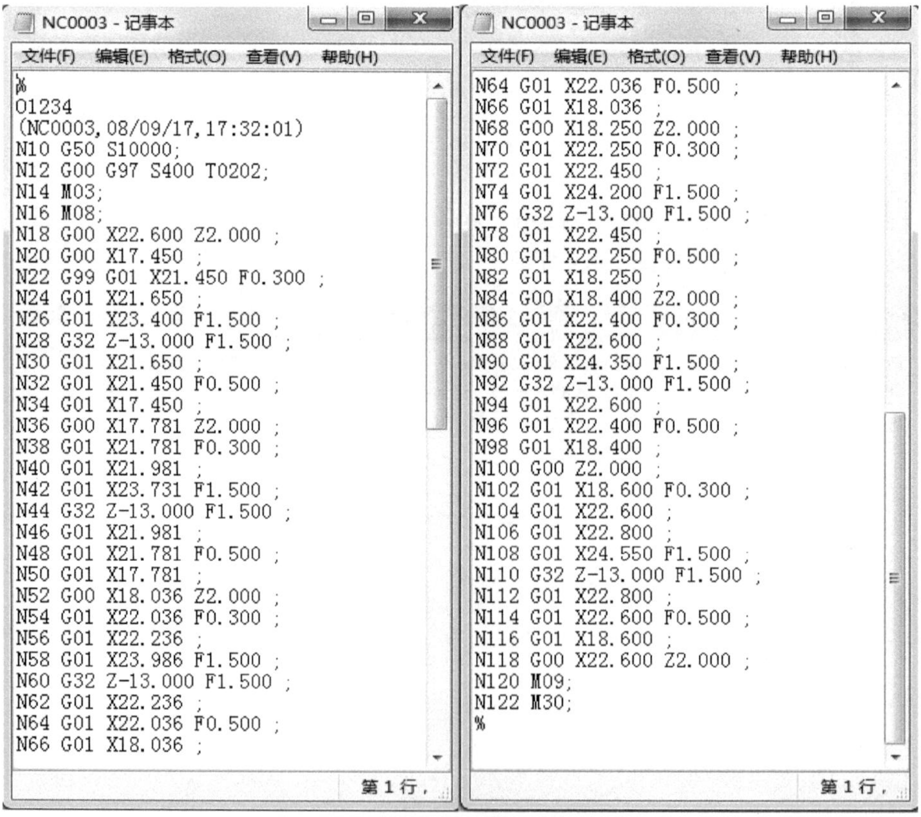


```
%
O1234
(NC0003,08/09/17,17:32:01)
N10 G50 S10000;
N12 G00 G97 S400 T0202;
N14 M03;
N16 M08;
N18 G00 X22.600 Z2.000 ;
N20 G00 X17.450 ;
N22 G99 G01 X21.450 F0.300 ;
N24 G01 X21.650 ;
N26 G01 X23.400 F1.500 ;
N28 G32 Z-13.000 F1.500 ;
N30 G01 X21.650 ;
N32 G01 X21.450 F0.500 ;
N34 G01 X17.450 ;
N36 G00 X17.781 Z2.000 ;
N38 G01 X21.781 F0.300 ;
N40 G01 X21.981 ;
N42 G01 X23.731 F1.500 ;
N44 G32 Z-13.000 F1.500 ;
N46 G01 X21.981 ;
N48 G01 X21.781 F0.500 ;
N50 G01 X17.781 ;
N52 G00 X18.036 Z2.000 ;
N54 G01 X22.036 F0.300 ;
N56 G01 X22.236 ;
N58 G01 X23.986 F1.500 ;
N60 G32 Z-13.000 F1.500 ;
N62 G01 X22.236 ;
N64 G01 X22.036 F0.500 ;
N66 G01 X18.036 ;
```



```
N64 G01 X22.036 F0.500 ;
N66 G01 X18.036 ;
N68 G00 X18.250 Z2.000 ;
N70 G01 X22.250 F0.300 ;
N72 G01 X22.450 ;
N74 G01 X24.200 F1.500 ;
N76 G32 Z-13.000 F1.500 ;
N78 G01 X22.450 ;
N80 G01 X22.250 F0.500 ;
N82 G01 X18.250 ;
N84 G00 X18.400 Z2.000 ;
N86 G01 X22.400 F0.300 ;
N88 G01 X22.600 ;
N90 G01 X24.350 F1.500 ;
N92 G32 Z-13.000 F1.500 ;
N94 G01 X22.600 ;
N96 G01 X22.400 F0.500 ;
N98 G01 X18.400 ;
N100 G00 Z2.000 ;
N102 G01 X18.600 F0.300 ;
N104 G01 X22.600 ;
N106 G01 X22.800 ;
N108 G01 X24.550 F1.500 ;
N110 G32 Z-13.000 F1.500 ;
N112 G01 X22.800 ;
N114 G01 X22.600 F0.500 ;
N116 G01 X18.600 ;
N118 G00 X22.600 Z2.000 ;
N120 M09;
N122 M30;
%
```

b) 螺纹加工程序

图 2-84 生成螺纹加工后置文件

5）螺纹轨迹仿真加工如图 2-85 所示。

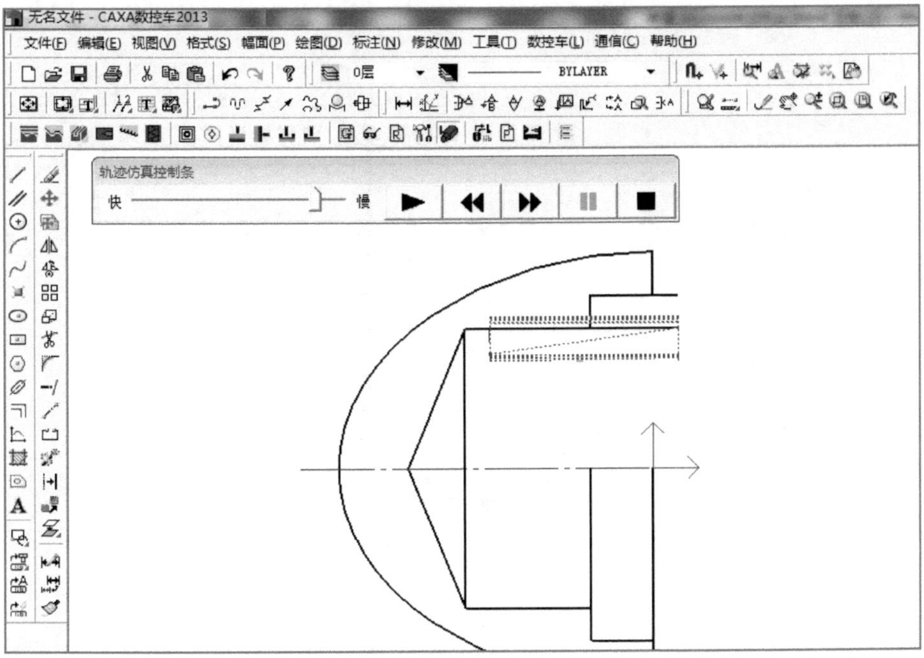

图 2-85 螺纹轨迹仿真加工

7. 椭圆帽外轮廓粗车加工

1）形成封闭加工区域，如图 2-86 所示。

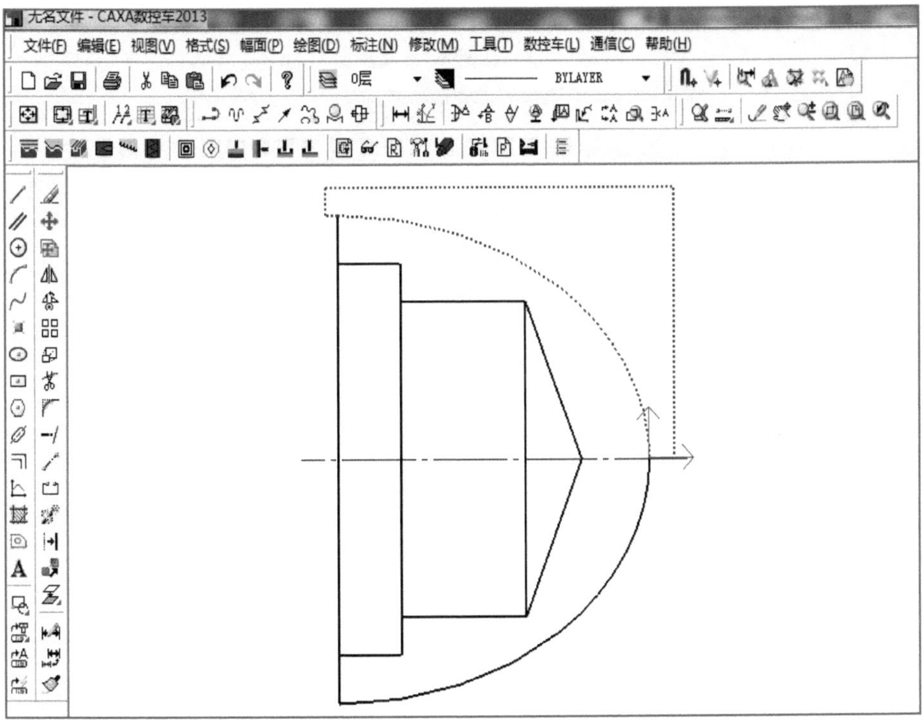

图 2-86 形成封闭加工区域

2）轮廓粗车参数设置，如图 2-87 所示。

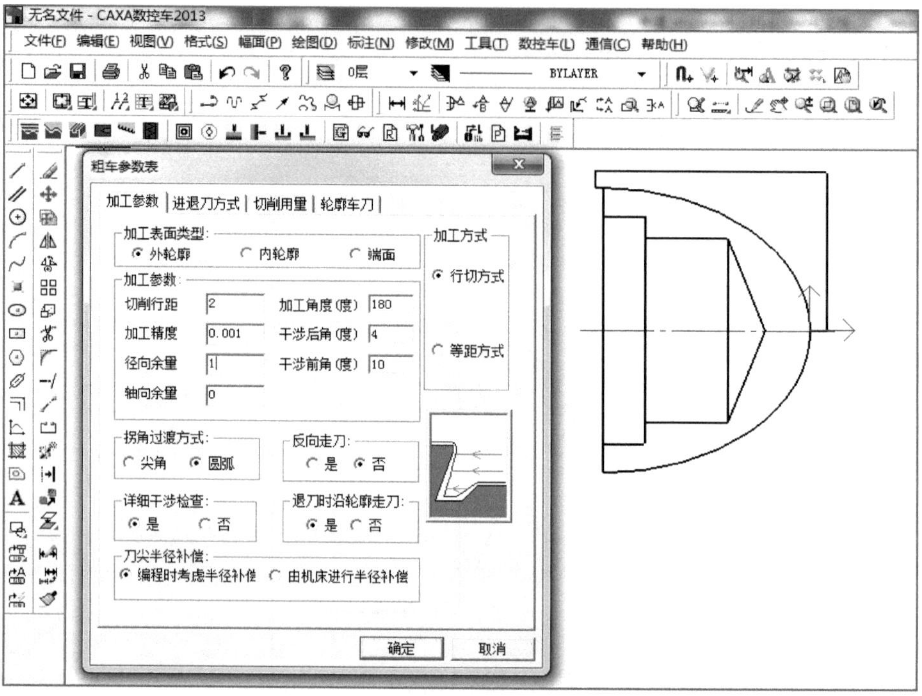

a) 加工参数设置

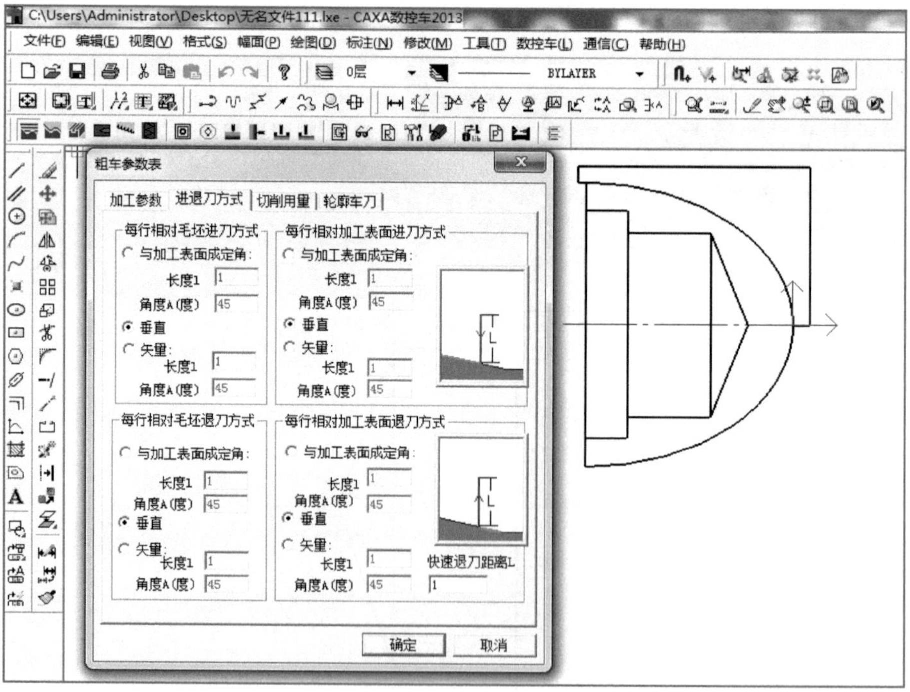

b) 进退刀方式设置

图 2-87　轮廓粗

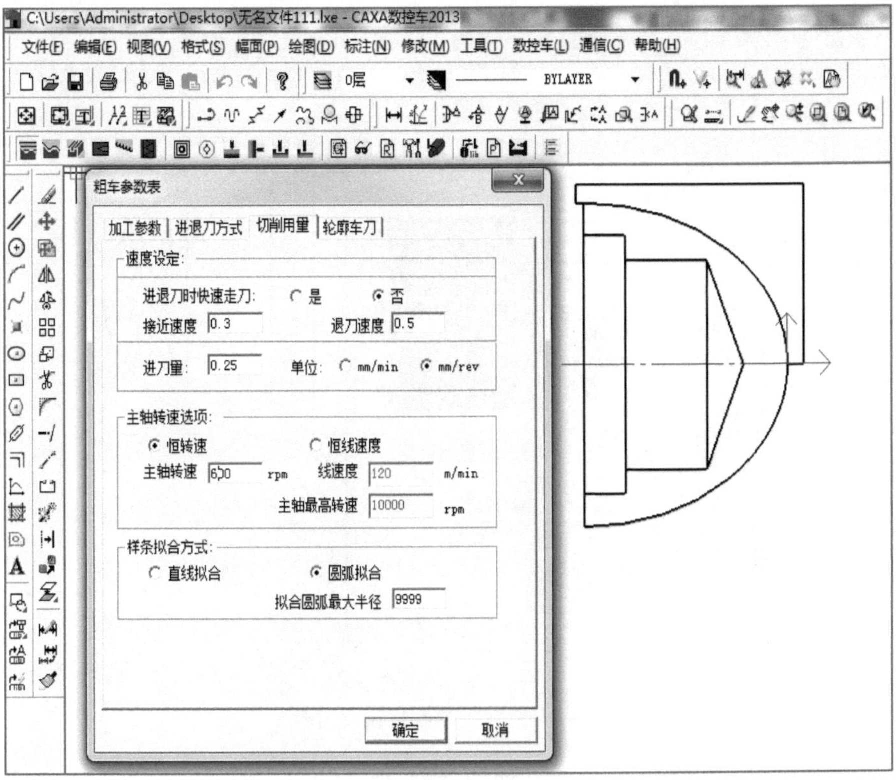

c) 切削用量设置

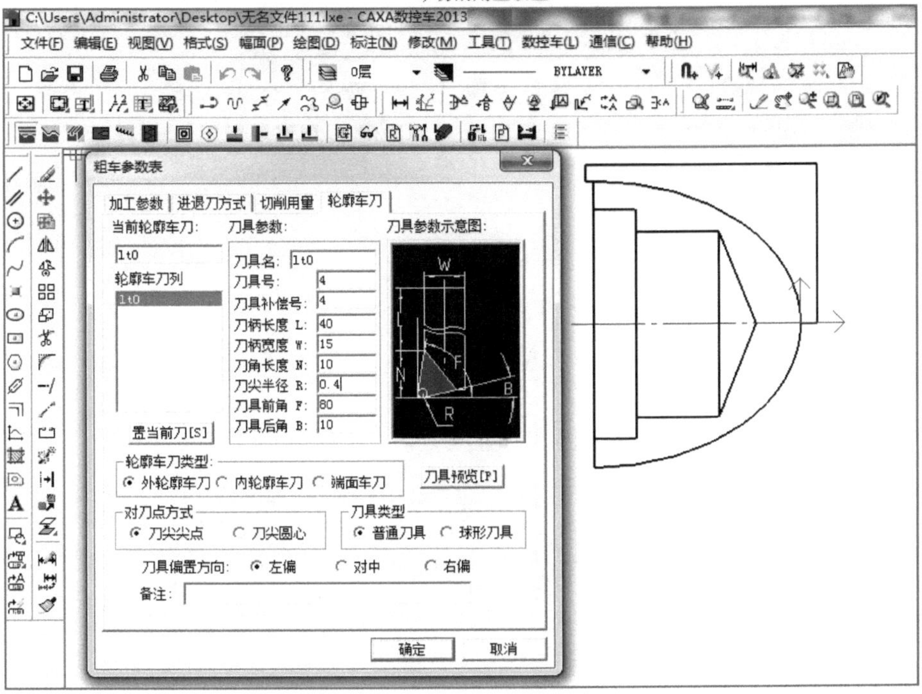

d) 轮廓车刀设置

车参数设置

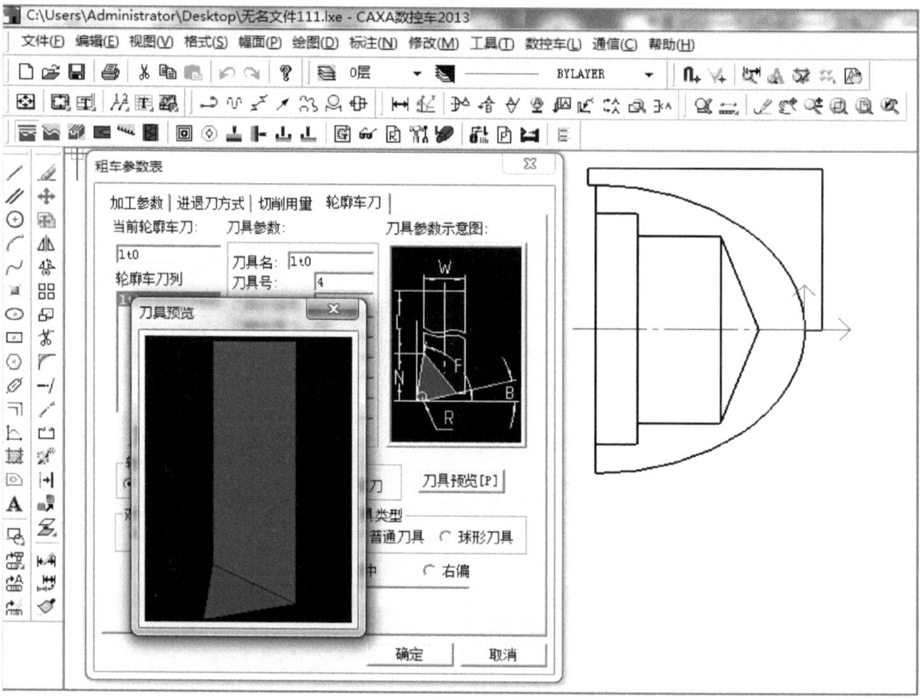

e) 刀具预览

图 2-87　轮廓粗车参数设置（续）

3）确定拾取方向，拾取加工区域，如图 2-88 所示。

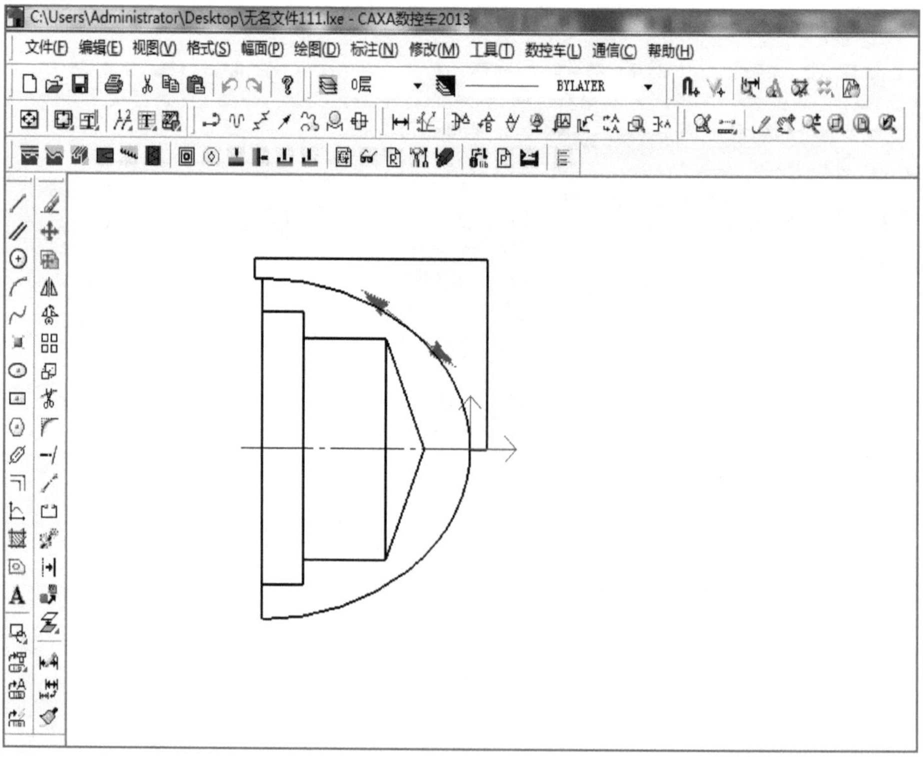

图 2-88　确定拾取方向，拾取加工区域

4）自动生成轮廓粗车轨迹，如图 2-89 所示。

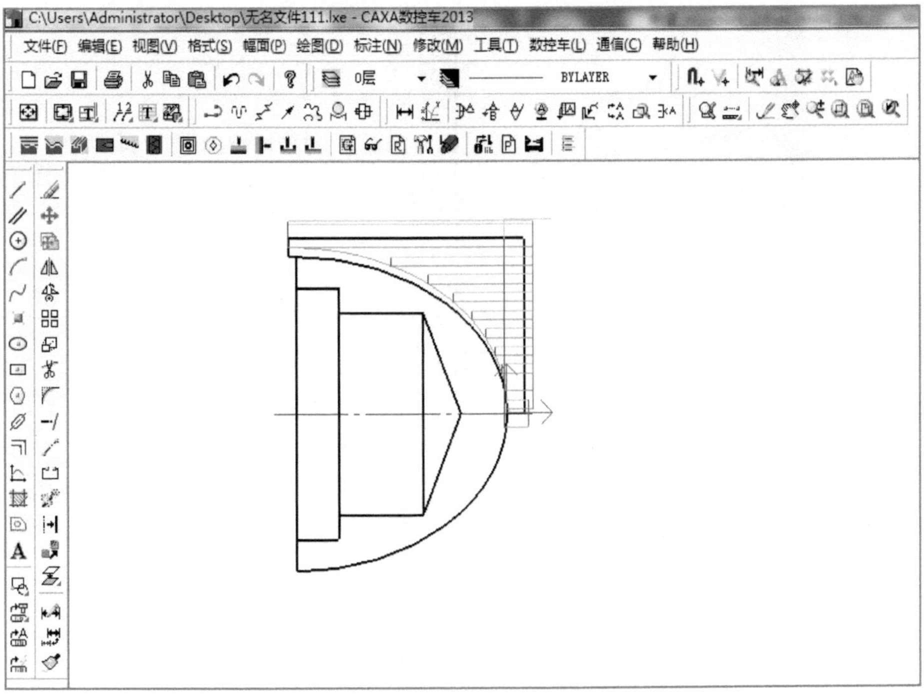

图 2-89　生成轮廓粗车轨迹

5）自动生成粗加工程序，如图 2-90 所示。

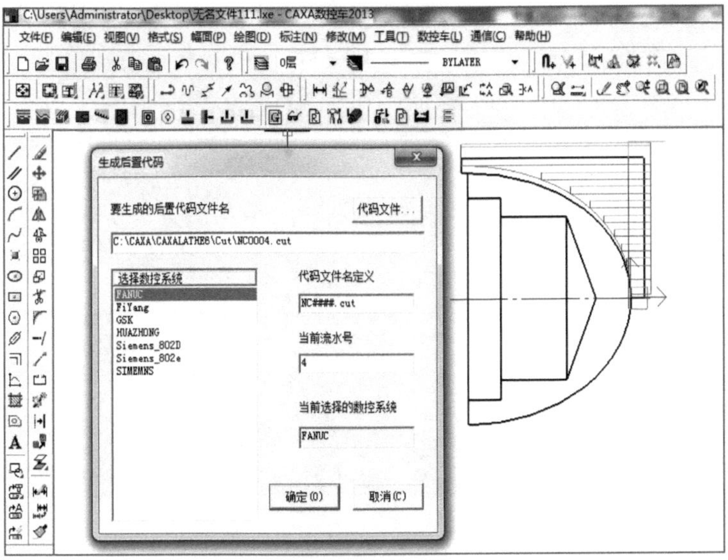

a) 数控系统的选择

图 2-90　生成轮廓粗加工后置文件

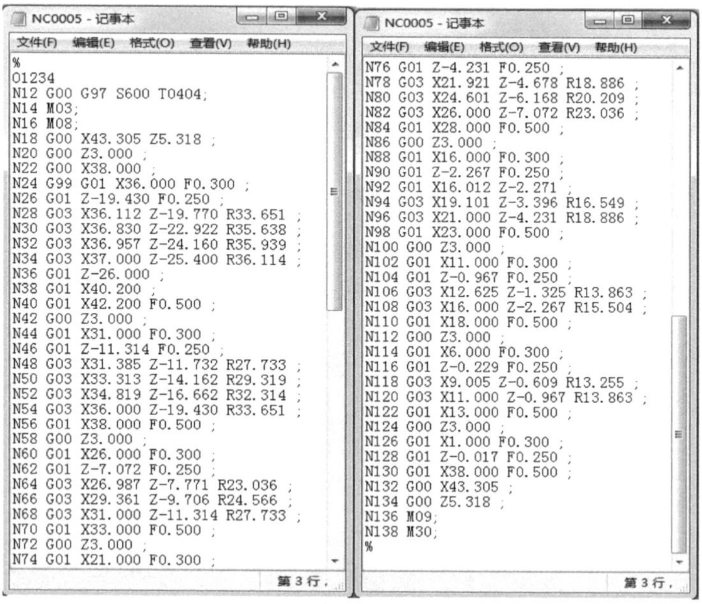

```
%
O1234
N12 G00 G97 S600 T0404;
N14 M03;
N16 M08;
N18 G00 X43.305 Z5.318 ;
N20 G00 Z3.000 ;
N22 G00 X38.000 ;
N24 G99 G01 X36.000 F0.300 ;
N26 G01 Z-19.430 F0.250 ;
N28 G03 X36.112 Z-19.770 R33.651 ;
N30 G03 X36.830 Z-22.922 R35.638 ;
N32 G03 X36.957 Z-24.160 R35.939 ;
N34 G03 X37.000 Z-25.400 R36.114 ;
N36 G01 Z-26.000 ;
N38 G01 X40.200 ;
N40 G01 X42.200 F0.500 ;
N42 G00 Z3.000 ;
N44 G01 X31.000 F0.300 ;
N46 G01 Z-11.314 F0.250 ;
N48 G03 X31.385 Z-11.732 R27.733 ;
N50 G03 X33.313 Z-14.162 R29.319 ;
N52 G03 X34.819 Z-16.662 R32.314 ;
N54 G03 X36.000 Z-19.430 R33.651 ;
N56 G01 X38.000 F0.500 ;
N58 G00 Z3.000 ;
N60 G01 X26.000 F0.300 ;
N62 G01 Z-7.072 F0.250 ;
N64 G03 X26.987 Z-7.771 R23.036 ;
N66 G03 X29.361 Z-9.706 R24.566 ;
N68 G03 X31.000 Z-11.314 R27.733 ;
N70 G01 X33.000 F0.500 ;
N72 G00 Z3.000 ;
N74 G01 X21.000 F0.300 ;
N76 G01 Z-4.231 F0.250 ;
N78 G03 X21.921 Z-4.678 R18.886 ;
N80 G03 X24.601 Z-6.168 R20.209 ;
N82 G03 X26.000 Z-7.072 R23.036 ;
N84 G01 X28.000 F0.500 ;
N86 G00 Z3.000 ;
N88 G01 X16.000 F0.300 ;
N90 G01 Z-2.267 F0.250 ;
N92 G01 X16.012 Z-2.271 ;
N94 G03 X19.101 Z-3.396 R16.549 ;
N96 G03 X21.000 Z-4.231 R18.886 ;
N98 G01 X23.000 F0.500 ;
N100 G00 Z3.000 ;
N102 G01 X11.000 F0.300 ;
N104 G01 Z-0.967 F0.250 ;
N106 G03 X12.625 Z-1.325 R13.863 ;
N108 G03 X16.000 Z-2.267 R15.504 ;
N110 G01 X18.000 F0.500 ;
N112 G00 Z3.000 ;
N114 G01 X6.000 F0.300 ;
N116 G01 Z-0.229 F0.250 ;
N118 G03 X9.005 Z-0.609 R13.255 ;
N120 G03 X11.000 Z-0.967 R13.863 ;
N122 G01 X13.000 F0.500 ;
N124 G00 Z3.000 ;
N126 G01 X1.000 F0.300 ;
N128 G01 Z-0.017 F0.250 ;
N130 G01 X38.000 F0.500 ;
N132 G00 X43.305 ;
N134 G00 Z5.318 ;
N136 M09;
N138 M30;
%
```

b) 粗加工程序

图 2-90　生成轮廓粗加工后置文件（续）

6）粗车轨迹仿真加工如图 2-91 所示。

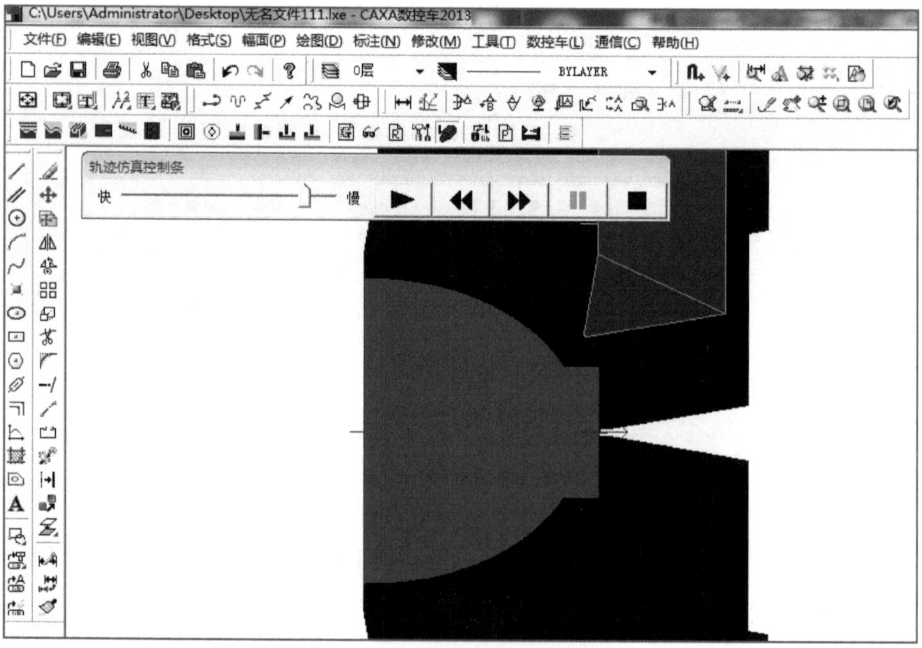

图 2-91　粗车轨迹仿真加工

8. 椭圆帽外轮廓精车加工

1）轮廓精车参数设置，如图 2-92 所示。

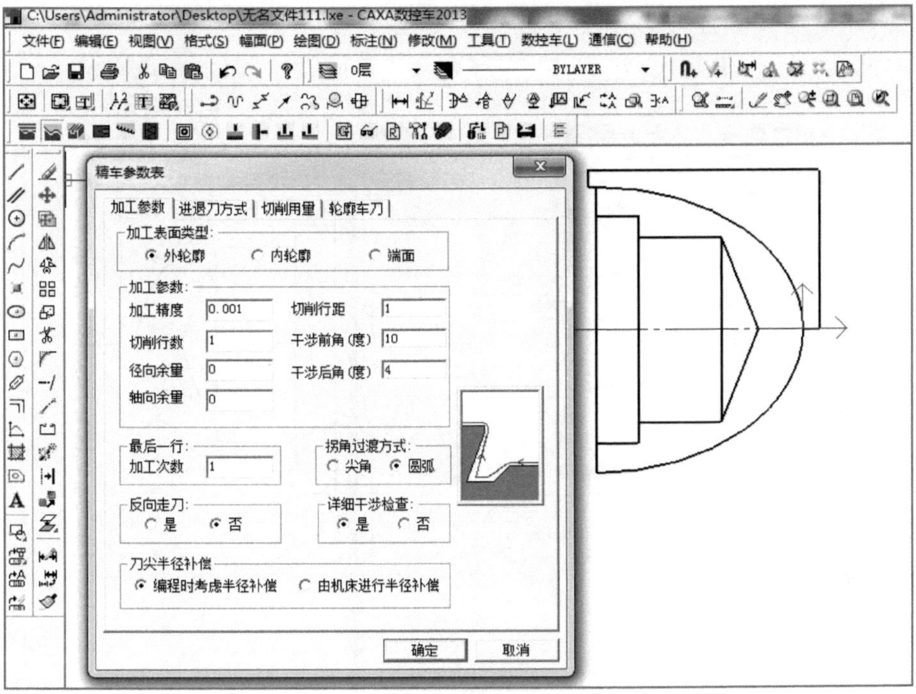

a) 加工参数设置

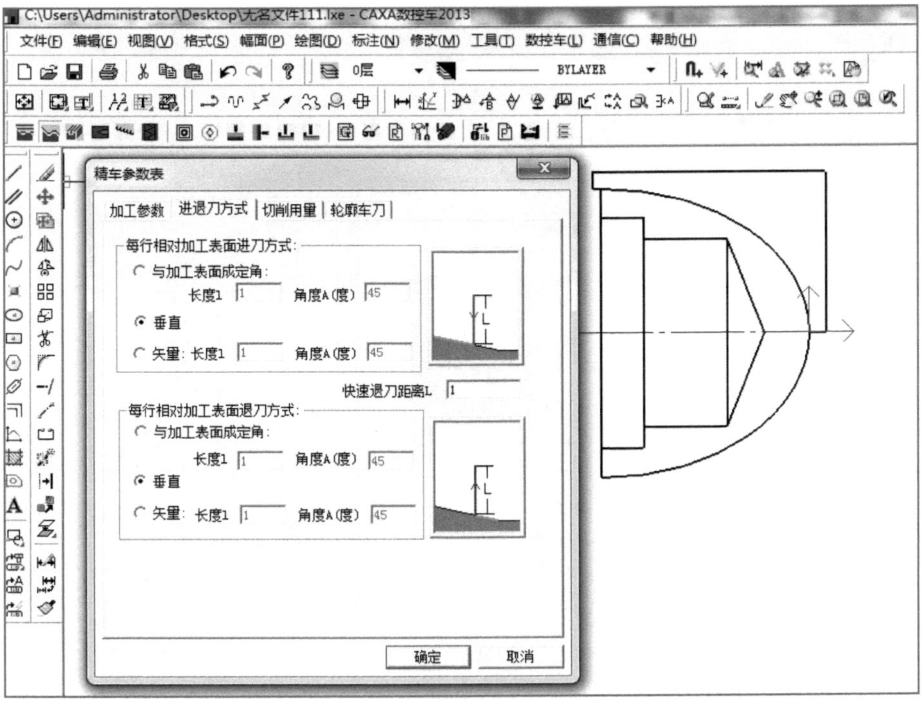

b) 进退刀方式设置

图 2-92　轮廓精车参数设置

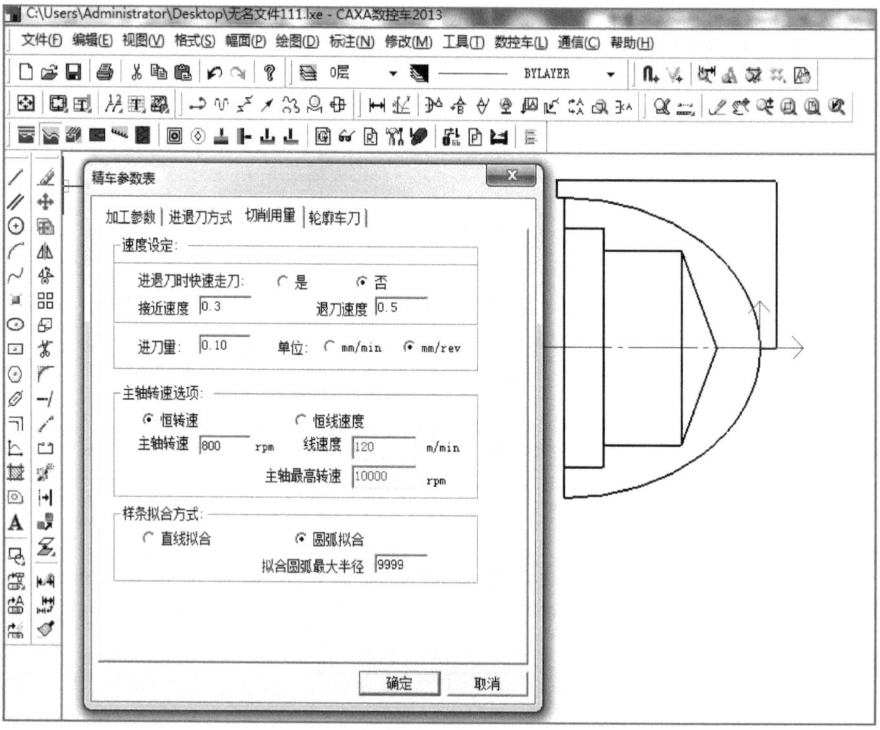

c) 切削用量设置

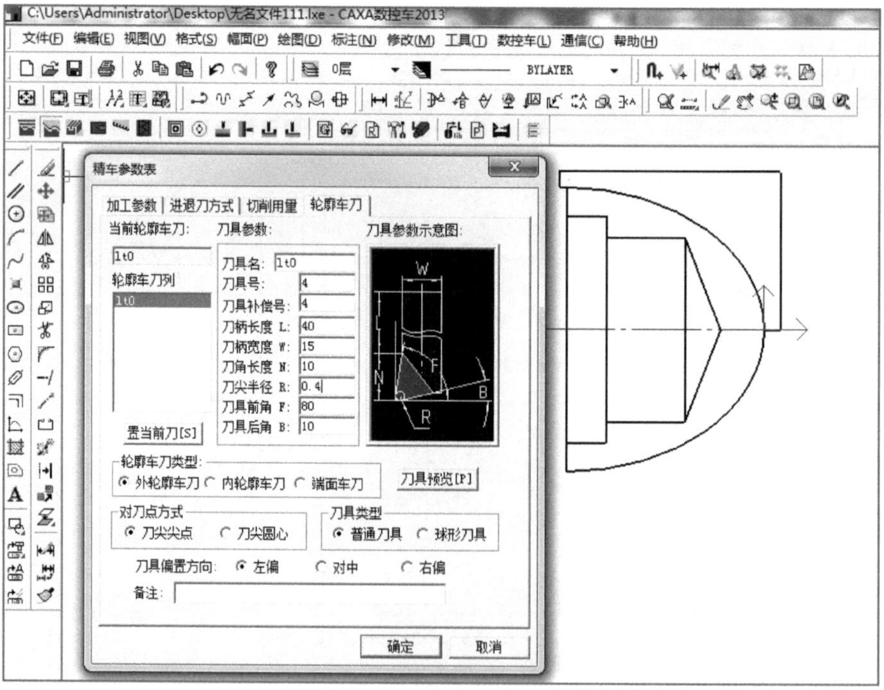

d) 轮廓车刀设置

图 2-92 轮廓精车参数设置（续）

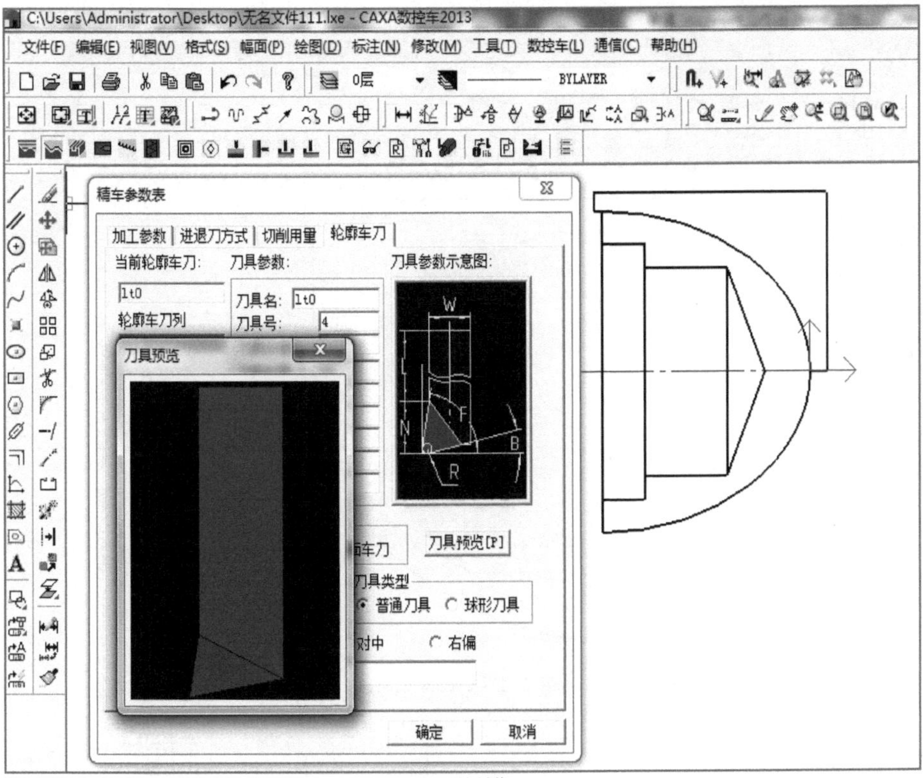

e) 刀具预览

图 2-92 轮廓精车参数设置（续）

2）确定拾取方向，拾取加工区域，如图 2-93 所示。

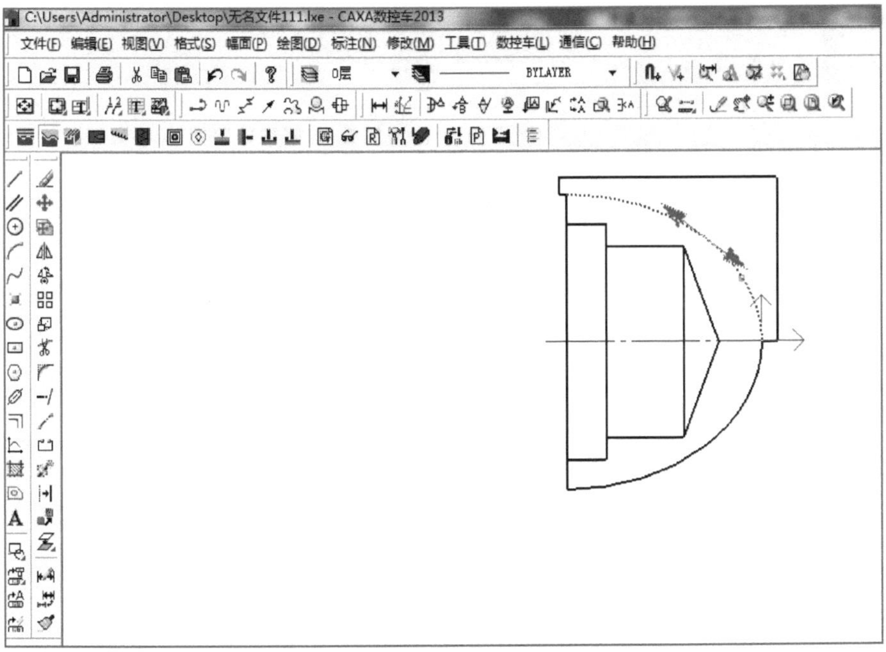

图 2-93 确定拾取方向，拾取加工区域

3）自动生成轮廓精车轨迹，如图 2-94 所示。

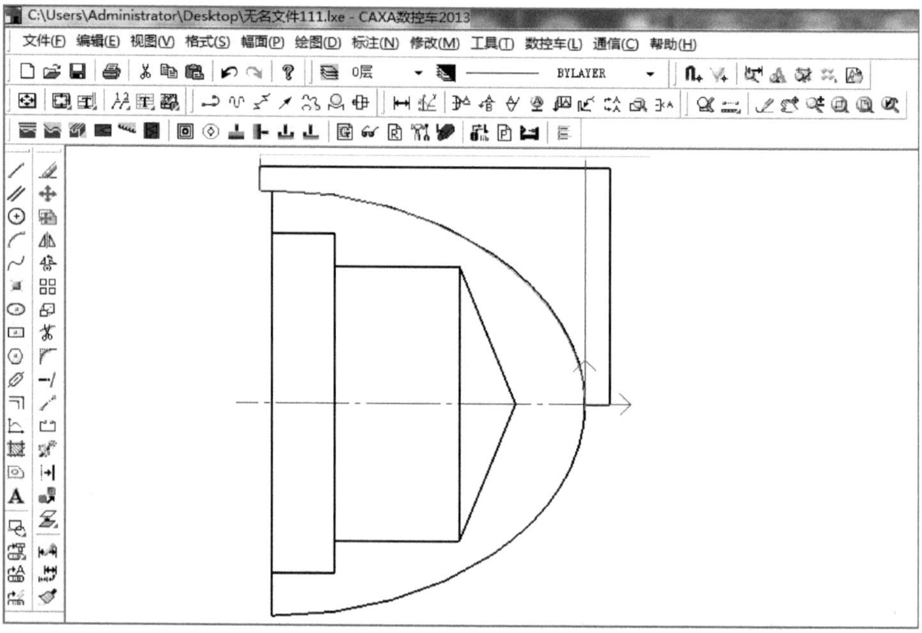

图 2-94　生成轮廓精车轨迹

4）生成 NC 代码。单击“数控车”→“代码生成”菜单，或单击按钮，弹出“生成后置代码”对话框，输入文件名，选择好存放文件的目录，如图 2-95 所示。

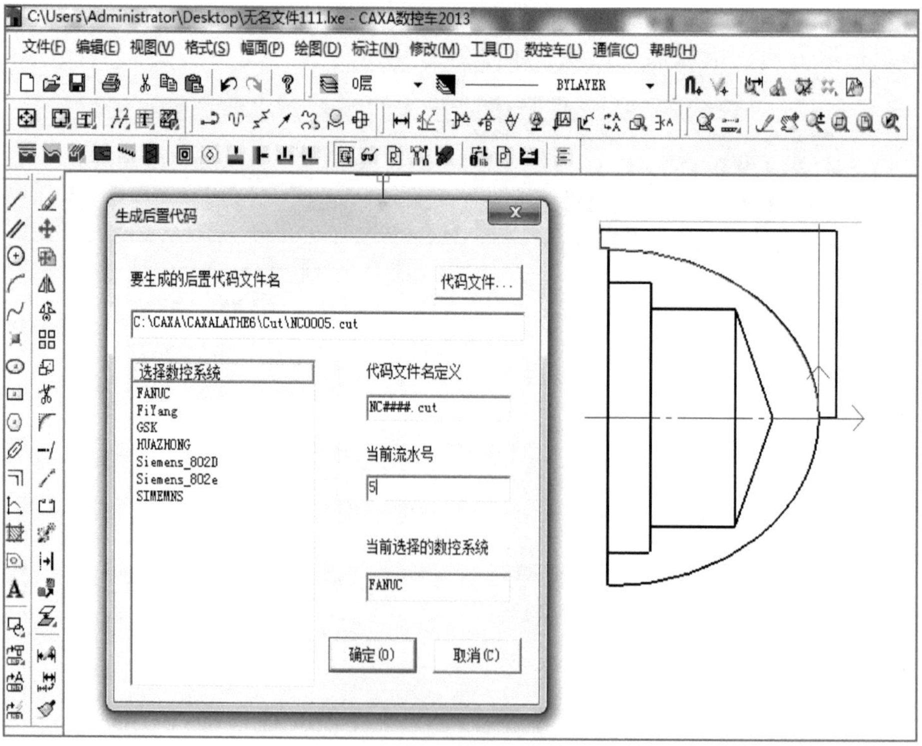

图 2-95　数控系统的选择

然后按照加工工艺顺序，选择“椭圆轨迹”，单击鼠标右键，即生成 NC 代码（精加工程序），如图 2-96 所示。

5）精车轨迹仿真加工如图 2-97 所示。

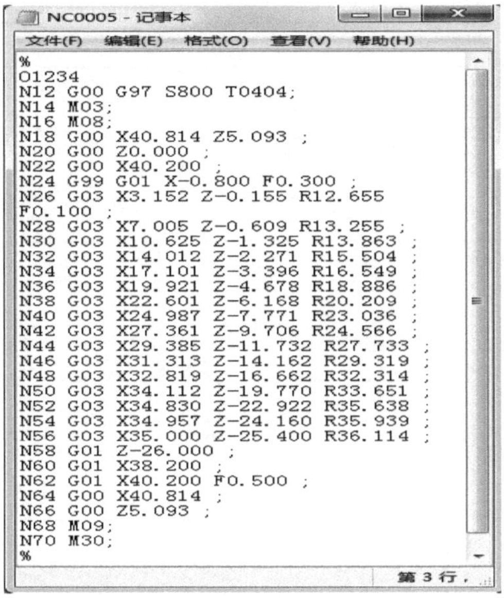


```
%
O1234
N12 G00 G97 S800 T0404;
N14 M03;
N16 M08;
N18 G00 X40.814 Z5.093 ;
N20 G00 Z0.000 ;
N22 G00 X40.200 ;
N24 G99 G01 X-0.800 F0.300 ;
N26 G03 X3.152 Z-0.155 R12.655
F0.100 ;
N28 G03 X7.005 Z-0.609 R13.255 ;
N30 G03 X10.625 Z-1.325 R13.863 ;
N32 G03 X14.012 Z-2.271 R15.504 ;
N34 G03 X17.101 Z-3.396 R16.549 ;
N36 G03 X19.921 Z-4.678 R18.886 ;
N38 G03 X22.601 Z-6.168 R20.209 ;
N40 G03 X24.987 Z-7.771 R23.036 ;
N42 G03 X27.361 Z-9.706 R24.566 ;
N44 G03 X29.385 Z-11.732 R27.733 ;
N46 G03 X31.313 Z-14.162 R29.319 ;
N48 G03 X32.819 Z-16.662 R32.314 ;
N50 G03 X34.112 Z-19.770 R33.651 ;
N52 G03 X34.830 Z-22.922 R35.638 ;
N54 G03 X34.957 Z-24.160 R35.939 ;
N56 G03 X35.000 Z-25.400 R36.114 ;
N58 G01 Z-26.000 ;
N60 G01 X38.200 ;
N62 G01 X40.200 F0.500 ;
N64 G00 X40.814 ;
N66 G00 Z5.093 ;
N68 M09;
N70 M30;
%
```

图 2-96　生成轮廓精加工后置文件

图 2-97　精车轨迹仿真加工

9. 加工完成，卸件检验

【考核评价】

椭圆帽的自动编程与加工评分标准，见表 2-22。

表 2-22　椭圆帽的自动编程与加工评分标准

姓名		零件名称	椭圆帽	时间	240min	总得分	
项目	序号	检查内容		配分	评分标准	检测记录	得分
工件加工（50 分）	1	内孔尺寸	$\phi28^{+0.021}_{0}$ mm	10	超差不得分		
	2	孔深尺寸	5mm、15mm	8	每处 4 分，超差不得分		
	3	螺纹尺寸	M24×1.5	7	超差不得分		
			公称直径	2	超差不得分		
			表面粗糙度	2	每处降低一级扣 1 分		
	4	椭圆尺寸	椭圆 50mm×35mm、外形	8	超差不得分		
	5	尖角、毛刺		3	不合格全扣		
	6	表面粗糙度		10	每处降低一级扣 1 分		
参数设置与程序（24 分）	7	程序正确、完整		6	不正确每处扣 1 分		
	8	程序格式规范		6	不规范每处扣 0.5 分		
	9	工艺合理		6	不合理每处扣 1 分		
	10	程序参数选择合理		6	不合理每处扣 0.5 分		

（续）

项目	序号	检查内容	配分	评分标准	检测记录	得分
机床操作（18分）	11	工件装夹合理	4	不合理每次扣1分		
	12	刀具选择及安装正确	3	不正确每次扣1分		
	13	对刀及坐标系设定正确	4	不正确每次扣1.5分		
	14	机床面板操作正确	4	误操作每次扣1分		
	15	意外情况处理合理	3	不正确每次扣1.5分		
文明生产（8分）	16	安全操作	4	违反操作规程全扣		
	17	机床整理	4	不合格全扣		

【拓展训练】

加工如图2-58所示零件，材料为45钢，毛坯为ϕ50mm×100mm的棒料，按要求完成下列任务。

1）完成该零件的自动编程与加工；

2）提交自动编程视频。

【课后测评】

加工如图2-59所示椭圆零件，材料为45钢，毛坯为ϕ60mm×67mm的棒料，按要求对该零件进行自动编程与加工，并提交自动编程视频。

参考文献

［1］ 李河水，龚建国. 数控加工编程与操作［M］. 北京：机械工业出版社，2011.

［2］ 黄华. 数控车削编程与加工技术［M］. 北京：机械工业出版社，2008.

［3］ 张安全. 数控加工与编程［M］. 北京：中国轻工业出版社，2005.

［4］ 申晓龙. 数控加工技术［M］. 北京：冶金工业出版社，2012.

［5］ 郭恒，郑贤奎，谢竟成. 数控车床操作实训教程［M］. 西安：西北工业大学出版社，2009.

［6］ 于久清. 数控车床/加工中心编程方法、技巧与实例［M］. 2版. 北京：机械工业出版社，2013.

［7］ 张晓东，王小玲. 数控编程与加工技术［M］. 北京：机械工业出版社，2008.

［8］ 赵金凤，井新文，王振宝. 数控车床编程与加工［M］. 北京：中国轻工业出版社，2016.

［9］ 周晓刚，郑爱权. 数控加工技术［M］. 天津：南开大学出版社，2010.

［10］ 王泉国，王小玲. 数控车床编程与加工：广数系统［M］. 北京：机械工业出版社，2012.

［11］ 陈秋霞. 数控加工技术［M］. 武汉：武汉大学出版社，2011.

［12］ 张士印，孔建，张志浩，等. 数控车床加工应用教程［M］. 北京：清华大学出版社，2011.